# 内蒙古暴(风)雪天气研究

主　编：孟雪峰
副主编：孙永刚

气象出版社
China Meteorological Press

## 内容简介

本书针对内蒙古地区沙尘暴灾害性天气,在深入研究沙尘暴气候规律、大尺度环流特征、影响系统分型及动力热力结构、灾害天气过程成因及发生机理、非常规资料分析应用、预报模型及预报指标、预报产品检验的基础上,根据我国气象观测自动化进程的要求,研究在自动化观测数据支持下,沙尘暴的定量分级标准,定量监测预警技术,为沙尘暴灾害天气过程的预报预警服务提供借鉴和参考。本书可供从事气象、农牧业、林业、生态、资源与环境、交通运输、区域可持续发展及防灾减灾等专业技术人员和相关专业师生参考。

**图书在版编目(CIP)数据**

内蒙古暴(风)雪天气研究 / 孟雪峰主编. -- 北京:气象出版社,2019.12

ISBN 978-7-5029-7106-9

Ⅰ.①内… Ⅱ.①孟… Ⅲ.①暴风雪-气象灾害-研究-内蒙古 Ⅳ.①P425.5

中国版本图书馆 CIP 数据核字(2019)第 300235 号

**内蒙古暴(风)雪天气研究**

**出版发行:**气象出版社

**地　　址:**北京市海淀区中关村南大街 46 号　　　　**邮政编码:**100081

**电　　话:**010-68407112(总编室)　010-68408042(发行部)

**网　　址:**http://www.qxcbs.com　　　　　　**E-mail:**　qxcbs@cma.gov.cn

**责任编辑:**张　媛　　　　　　　　　　　　　　**终　　审:**吴晓鹏

**责任校对:**王丽梅　　　　　　　　　　　　　　**责任技编:**赵相宁

**封面设计:**博雅锦

**印　　刷:**北京中石油彩色印刷有限责任公司

**开　　本:**787 mm×1092 mm　1/16　　　　　　**印　　张:**17

**字　　数:**435 千字　　　　　　　　　　　　　　**彩　　插:**6

**版　　次:**2019 年 12 月第 1 版　　　　　　　　**印　　次:**2019 年 12 月第 1 次印刷

**定　　价:**70.00 元

# 《内蒙古暴(风)雪天气研究》编写组

主　　编：孟雪峰

副 主 编：孙永刚

参编人员：德勒格日玛　　王洪丽　　王慧清　　王学强

　　　　　仲　夏　　　　祁雁文　　张桂莲　　梁凤娟

　　　　　程玉琴　　　　刘诗韵　　李一平　　赵翠君

　　　　　邹逸航

# 目　录

## 第一部分　暴风雪天气研究

## 第二部分　大雪暴雪天气研究

# 第三部分　客观预报方法研究

# 第一部分　暴风雪天气研究

# 2015 年 2 月 21 日内蒙古风雪沙尘天气分析[*]

孟雪峰　孙永刚　仲夏　荀学义

（内蒙古自治区气象台，呼和浩特 010051）

**摘要**：本文利用高空、地面常规观测资料、NCEP 再分析和内蒙古沙尘暴监测站器测资料，针对 2015 年 2 月 21 日内蒙古中部阴山北麓地区出现暴风雪后转强沙尘暴天气，进行了资料与天气过程对比分析。结果表明：本次天气过程是受强冷空气影响，由高空蒙古冷涡迅速发展加强产生的。地面冷锋形成降雪，锋区风力较大形成了暴风雪，随后副冷锋影响，风力明显增强，产生沙尘暴天气。暴风雪与沙尘暴差异表现在：（1）影响系统影响部位不同，冷涡、冷锋是它们的主要影响系统，暴风雪多发生在锋区及其暖区中；沙尘暴多发生在锋区后部的强冷平流控制区中。（2）水汽条件差异明显，暴风雪相对湿度需要大于 70%；沙尘暴相对湿度小于 30%。（3）大气层结需求不同，暴风雪对不稳定层结要求不高；沙尘暴对不稳定层结，深厚的混合层有较高的要求。（4）暴风雪发生时气温骤降，沙尘暴发生时，温度缓慢持续下降。

**关键词**：沙尘暴；暴风雪；对比分析；$PM_{10}$

## 引言

　　沙尘暴已成为中国北方地区严重的环境问题。内蒙古自治区地处中国北方，是沙尘暴多发地区，在干旱的春季沙尘暴发生尤为频繁。沙尘暴对农牧业生产、城市交通和人民生活造成了严重的危害，受到国际和国内的广泛关注。学者们从观测分析研究[1-2]、天气气候特征[3-6]、成因与预报技术[7-10]、大气层结条件[11-14]、沙尘暴期间高空、地面气象要素变化特征[15-16]、沙尘粒子的物理化学特性[17]、生态环境和气候效应及辐射强迫[18]等方面开展了深入研究。

　　暴风雪俗称白毛风，是内蒙古高原特别是草原牧区的一种危害严重的气象灾害，主要特征是强风、降温、降雪同时发生，能见度低，造成人和家畜摔伤、冻伤、冻死等严重损失。暴风雪研究成果不断增多，在暴风雪成因和预报技术[19-21]、天气气候特征[22]、暴风雪灾害影响评估[23]、暴雪的中尺度数值模拟[24-26]等方面取得了进展。

　　2015 年 2 月 21 日，受入冬以来最强冷空气活动影响，内蒙古大部出现降雪、大风、沙尘

────────────────

\* 本文发表于《中国沙漠》，2016，36（1）：239-246。

暴、寒潮等天气,尤其是中部阴山山脉北麓地区出现了暴风雪转强沙尘暴天气。本文应用常规观测资料、内蒙古沙尘暴监测站观测资料和 NECP 再分析资料,重点针对先后出现暴风雪、沙尘暴的内蒙古中部阴山山脉北麓地区进行深入分析,希望揭示内蒙古暴风雪、沙尘暴两种灾害天气的成因、气象条件、气象要素有哪些差异,为进一步提高灾害天气定量预报奠定基础。

# 1　天气过程

2015 年 2 月 19—22 日,受高空冷涡、地面蒙古气旋和冷锋的共同影响,内蒙古自西向东出现降雪、大风、沙尘暴、寒潮等天气。在内蒙古中、西部以小雪为主,东部地区出现大到暴雪(图 1a,另见彩图 1a),乌兰察布市、锡林郭勒盟、呼伦贝尔市西部出现了吹雪即暴风雪天气(图 1b,另见彩图 1b);内蒙古西部偏北、中部地区出现沙尘天气,乌兰察布市北部、锡林郭勒盟西部出现沙尘暴天气,朱日和最小能见度达 400 m,最大风速二连浩特达到 24 m·s⁻¹;内蒙古中、西部出现寒潮天气,阿拉善盟北部、巴彦淖尔市、鄂尔多斯市、包头市、呼和浩特市、乌兰察布市、锡林郭勒盟西部达到强寒潮(图 1b,另见彩图 1b),最强降温白云鄂博达 14 ℃。2015 年 2 月 21 日,内蒙古中部阴山山脉北麓地区出现了暴风雪后转强沙尘暴天气。这一区域是本次强冷空气活动影响最严重的地区,发生的天气最为复杂多样,是本文重点分析研究的区域。

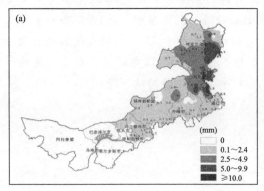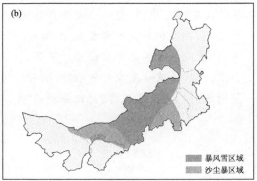

图 1　2015 年 2 月 21 日 08:00 至 22 日 08:00 内蒙古降雪量(a)和
暴风雪、沙尘暴出现区域(b)

# 2　天气成因

## 2.1　环流形势特征

2015 年 2 月 20 日 20:00,500 hPa 欧亚大陆为两脊一槽型,乌拉尔山高压脊强盛,东亚 125°E 为高压脊控制,在蒙古国西部形成一强盛的蒙古冷涡;21 日 08:00,蒙古冷涡迅速发展加强,已经影响到内蒙古北部地区(图 2)。700 hPa、850 hPa 配合有冷涡系统,冷涡后部冷平流异常强盛。冷空气强盛且开始爆发南下,主要影响区域就是内蒙古中部阴山山脉北麓地区。

地面图上,强冷空气快速东移南下,地面冷锋较强(图 3),在冷锋附近形成降雪,冷锋移动过程中内蒙古中西部地区形成小量级降雪,由于冷锋锋区风力较大,形成了吹雪现象(暴风

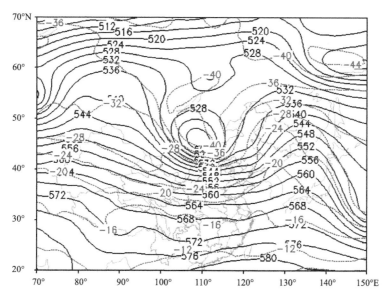

图 2　2015 年 2 月 21 日 08:00 500 hPa 温度场(单位:℃)和高度场(单位:dagpm)

雪)。在地面冷锋后部可以分析出副冷锋,在副冷锋后风力明显增强,伴随沙尘暴天气,冷锋形成降雪和吹雪,随后副冷锋移过形成沙尘暴天气,在内蒙古中部的阴山山脉北麓出现暴风雪后的强沙尘暴天气。

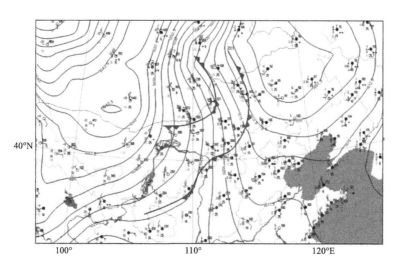

图 3　2015 年 2 月 21 日 08:00 地面冷锋、副冷锋

## 2.2　大风成因

大风是暴风雪、沙尘暴形成的重要因素,大风的形成原因和条件对暴风雪、沙尘暴的预报至关重要。从 21 日 02 时和 21 日 08:00 300 hPa 全风速可见,内蒙古阴山山脉北麓受高空急流出口区右侧高空辐合区控制,形成了高空辐合,下沉气流有动量下传作用,有利于对流层低层形成大风(图 4)。21 日 08:00 850 hPa 全风速大值区已经控制了内蒙古中、西部地区,另

外,700 hPa 温度平流在内蒙古中部地区形成强冷平流中心(图 5),表明强冷空气强劲下冲有利于地面大风的形成。在地面图上形成等压线密集带影响阴山山脉北麓地区(图 3),梯度风使地面风速进一步加大。

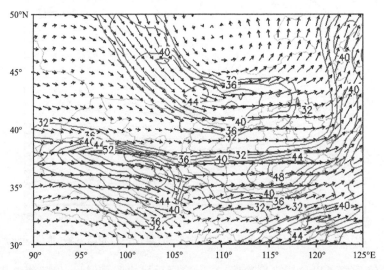

图 4　2015 年 2 月 21 日 08:00 300 hPa 风场和全风速(单位:m·s⁻¹)

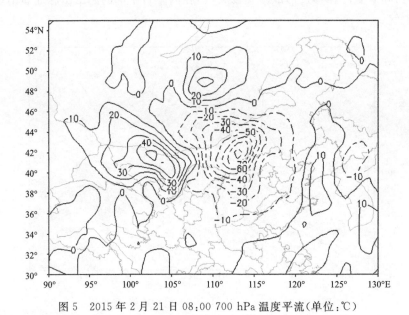

图 5　2015 年 2 月 21 日 08:00 700 hPa 温度平流(单位:℃)

## 2.3　降雪条件

充足的降雪是吹雪、暴风雪形成的必要条件。本次过程内蒙古中、西部地区的降雪是由地面冷锋移过形成的,从动力抬升条件来看,21 日 08:00 受冷锋影响,850 hPa 内蒙古河套北部为正涡度,强度不是很强,到 21 日 14:00 冷锋移过,850 hPa 内蒙古河套北部已经是负涡度区(图 6)。降雪的动力抬升条件较弱且持续时间短,从 700 hPa 相对湿度和风场分析,冷涡系统没有水汽通道配合,降水以本地水汽为主(图7)。从呼和浩特和锡林浩特 $T$-$\ln p$ 图可见,由于前期降水的影响,单站本地水汽条件较好(图8),因此,该地区只形成了小雪天气。由于对流层低层和地面风力较大,形成了吹雪即暴风雪天气。

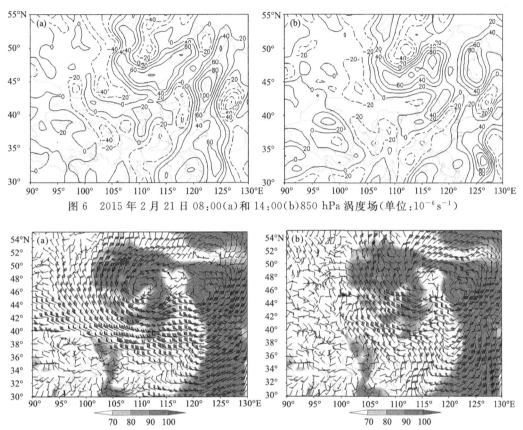

图6 2015年2月21日08:00(a)和14:00(b)850 hPa涡度场(单位:$10^{-6}$ s$^{-1}$)

图7 2015年2月21日08:00 700 hPa(a)850 hPa(b)相对湿度场
(阴影,单位:%)和风场(风向杆)

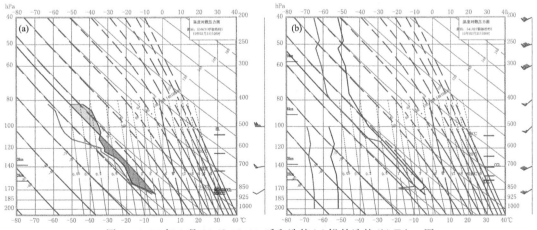

图8 2015年2月21日08:00 呼和浩特(a)锡林浩特(b)$T$-$\ln p$ 图

## 2.4　大气层结条件

大气层结稳定性是沙尘暴形成的重要因素,是沙尘暴预报的关键因素之一。相关研究表明,在沙尘暴天气中,温度平流垂直分布差异直接影响大气层结稳定性,由于高低层这种温度平流差异,使得垂直气温直减率加大并保持这一趋势,形成沙尘暴发生的不稳定层结条件。500～700 hPa 较高的强冷平流中心与其下层的温度平流差异是形成干对流沙尘暴和深厚混合层的根本原因。

从图9可见,强冷平流中心高度在 700 hPa 以上,可见其形成的混合层可以达到 700 hPa 以上,这种大气层结极有利于沙尘暴的形成。因此,在强冷平流到达之前,冷锋锋区抬升作用形成降雪天气,当 700 hPa 强冷平流中心到达后,副冷锋过境,开始形成沙尘暴天气,并持续到温度平流垂直分布差异作用结束,再有太阳辐射日变化作用,使得大气层结不利于沙尘暴形成,沙尘暴天气在入夜后结束。

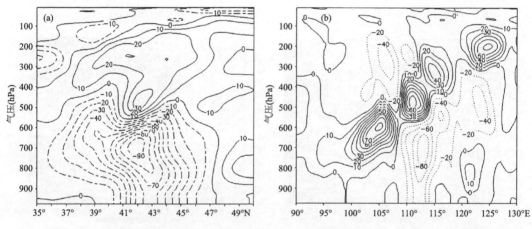

图9　2015 年 2 月 21 日 08:00 113°E(a)和 42°N(b)温度平流(单位:$10^{-5}$℃·$s^{-1}$)剖面

## 2.5　暴风雪与沙尘暴差异分析

从影响系统和水汽条件分析,暴风雪与沙尘暴都发生在强冷空气活动中,冷涡、冷锋是它们的主要影响系统。暴风雪发生需要形成降雪,水汽和抬升条件至关重要,因此,多发生在地面冷锋锋区及其上层的对流层中低层暖区中,相对湿度需要大于 70%;沙尘暴发生需要对流层中低层的干急流,因此,多发生在地面冷锋锋区后部的强冷平流控制区中,相对湿度小于 30%。

在沙尘暴天气中,温度平流垂直分布差异直接影响大气层结稳定性,对流层 500～700 hPa 强冷平流中心的作用,其下层至近地层冷平流明显要弱得多。正是由于高低层这种温度平流差异,使得垂直气温直减率加大并保持这一趋势,形成沙尘暴发生的不稳定层结条件。本次过程中,暴风雪发生时 700 hPa 为弱暖平流,地面冷锋锋区为冷平流,没有潜在不稳定条件,沙尘暴发生时 700 hPa 为强冷平流中心,地面冷锋锋区后部冷平流较弱,有很好的潜在不稳定条件。可见暴风雪只需要抬升运动产生降雪,对不稳定层结,深厚的混合层没有要求,沙尘暴对不稳定层结,深厚的混合层有较高的要求。

# 3 气象要素特征分析

## 3.1 风向、风速

在暴风雪、沙尘暴发生时,风速明显加大,暴风雪发生阶段风速在 $10\sim15$ m·s$^{-1}$,沙尘暴发生阶段风速进一步加强,风速在 $10\sim25$ m·s$^{-1}$,主体风速更强(图 10a)。暴风雪发生时风向为西西南风,沙尘暴发生时风向转为西西北风,并一直持续到沙尘暴结束(图 10b)。

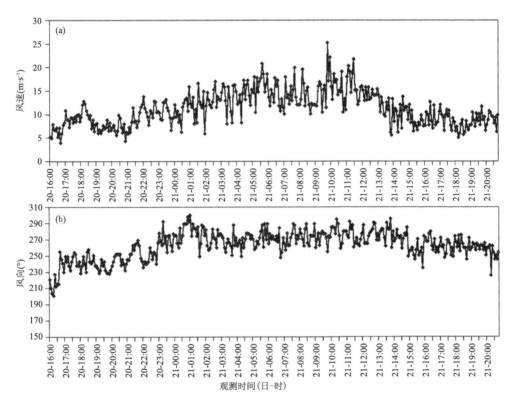

图 10 朱日和风梯度塔 2015 年 2 月 20 日 16:00 至 21 日 20:00
逐 5 min 10 m 高度风速(a)和风向(b)

## 3.2 温度与相对湿度

在暴风雪、沙尘暴发生时,温度明显下降,尤其是在暴风雪发生时气温骤降,在沙尘暴发生时段,温度缓慢持续下降(图 11a)。暴风雪发生时,高空降落的雪花进入近地层较干燥的空气中发生升华,需要吸收大量热能,吸收热量较快,气温下降较快;沙尘暴发生时,没有相态变化,只有平流降温,相比气温下降较慢。

在暴风雪发生时段,相对湿度较高,达到 70% 以上,在沙尘暴发生时段,相对湿度很低,在 30% 以下,有时达到 20%,暴风雪天气转为沙尘暴天气时,相对湿度快速下降(图

11b)。暴风雪发生时,降雪的升华使得大气相对湿度进一步升高;沙尘暴发生时,受干急流控制本身大气相对湿度较低,扬起的沙尘吸收大气中的水份,使得大气相对湿度进一步降低。

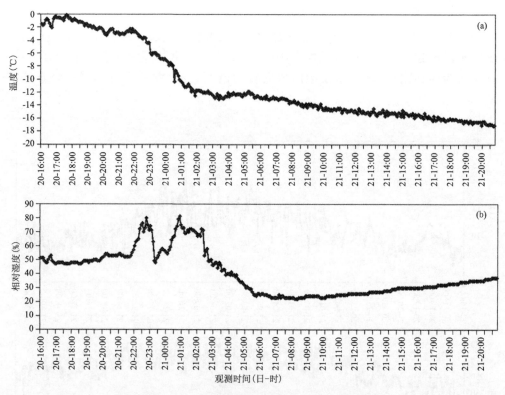

图 11　朱日和 2015 年 2 月 20 日 16：00 至 21 日 20：00

逐 5 min 10 m 高度温度(a)和相对湿度(b)

### 3.3　PM$_{10}$浓度与器测能见度

在暴风雪发生时段,PM$_{10}$浓度有所增长,在 1000 $\mu g \cdot 10^{-3}$ 上下浮动,在沙尘暴发生时段,PM$_{10}$浓度急速增长达到极值,超出观测最大值,可见,朱日和的沙尘暴已经达到强沙尘暴强度,甚至达到了黑风标准。在暴风雪向沙尘暴转变过程中,PM$_{10}$浓度波动较大(图 12a)。

在暴风雪发生时段,能见度有所减小,为 5000～10000 m。可见,朱日和的吹雪不强,对能见度影响不大,在沙尘暴发生时段,能见度迅速减小,最小能见度只有 200 m,与 PM$_{10}$浓度有很好的负相关(图 12b)。

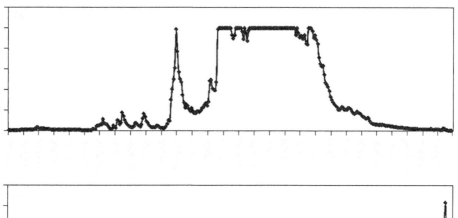

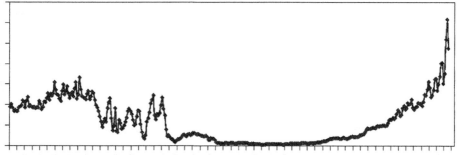

图 12　朱日和 2015 年 2 月 20 日 16：00 至 21 日 20：00
逐 5 min 10 m 高度 PM$_{10}$ 浓度（a）和器测能见度（b）

## 4　结论

该次天气过程是强冷空气活动造成的,受高空蒙古冷涡迅速发展加强影响,内蒙古大部地区出现降雪、大风、沙尘暴、寒潮天气。内蒙古中部阴山山脉北麓地区出现暴风雪后转强沙尘暴天气。

在较强的冷锋附近形成小量级降雪,由于冷锋锋区风力较大,形成了吹雪现象(暴风雪)。在地面冷锋后部有副冷锋,在副冷锋后风力明显增强,伴随沙尘暴天气。

暴风雪与沙尘暴差异表现在:(1)影响系统相同,暴风雪与沙尘暴都发生在强冷空气活动中,冷涡、冷锋是它们的主要影响系统,暴风雪多发生在锋区及其暖区中;沙尘暴多发生在锋区后部的强冷平流控制区中。(2)水汽条件差异明显,暴风雪需要较好的湿度场形成降雪,相对湿度需要大于 70％;沙尘暴发生在干燥的急流中,相对湿度小于 30％。(3)大气层结需求不同,暴风雪只需要抬升运动产生降雪,对不稳定层结,深厚的混合层没有要求;沙尘暴对不稳定层结,深厚的混合层有较高的要求。

暴风雪与沙尘暴气象要素特征差异为:(1)风向风速相近,暴风雪、沙尘暴发生时,风速明显加大,风速在 10～25 m·s$^{-1}$,主体风速更强。风向由西南风转为西西北风,一直持续。(2)温度与相对湿度有明显差异,暴风雪发生时气温骤降,沙尘暴发生时,温度缓慢持续下降;

暴风雪发生时,相对湿度较高,达到 70% 以上,沙尘暴发生时,相对湿度在 30% 以下。(3)$PM_{10}$ 浓度与器测能见度沙尘暴天气更加敏感,沙尘暴发生时,$PM_{10}$ 浓度明显增长,能见度迅速减小;暴风雪发生时,$PM_{10}$ 浓度、能见度有所变化,但不明显。

## 参考文献

[1] 张强,卫国安,侯平.初夏敦煌戈壁大气边界层结构特征的一次观测研究[J].高原气象,2004,23(5):587-592.

[2] 岳平,牛生杰,张强,等.春季晴日蒙古高原半干旱荒漠草原地边界层结构的一次观测研究[J].高原气象,2008,27(4):757-763.

[3] Gamo M. Thickness of dry convection and large-scale subsidence above deserts[J]. Boundary Layer Meteorology, 1996,79:265-278.

[4] 叶笃正,丑纪范,刘纪远.关于我国华北地区沙尘天气的成因与治理对策[J].地理学报,2000,55(5):513-521.

[5] 周秀骥,徐祥德,颜鹏.2000 年春季沙尘暴动力学特征[J].中国科学(D辑),2002,32(4):327-334.

[6] 钱正安,宋敏红,李万元.近 50 年中国北方沙尘暴的分布及变化趋势分析[J].中国沙漠,2002,22(2):106-111.

[7] 刘晓英,周鹏,张泽秀,等.河北省坝上地区 1971—2010 年沙尘暴日数变化特征及与气象因素关系[J].中国沙漠,2014,34(4):1109-1114.

[8] 柳丹,张武,陈艳,等.基于卫星遥感的中国西北地区沙尘天气发生机理及传输路径分析[J].中国沙漠,2014,34(6):1605-1616.

[9] 段海霞,郭铌,霍文,等.GRAPES-SDM 沙尘模式预报与卫星遥感监测结果对比[J].中国沙漠,2014,34(6):1617-1623.

[10] 刘生元,王金艳,王式功,等.春季东亚副热带西风急流的变化特征及其与中国沙尘天气的关系[J].中国沙漠,2015,35(2):431-437.

[11] 王式功,扬德保.我国西北地区黑风暴的成因和对策[J].中国沙漠,1995,15:19-30.

[12] 钱正安,蔡英,刘景涛.中国北方沙尘暴研究若干进展[J].干旱区资源与环境,2004,18(s1):1-7.

[13] 姜学恭,沈建国.内蒙古两类持续型沙尘暴的天气特征[J].气候与环境研究,2006,11(6):702-711.

[14] 孙永刚,孟雪峰,赵毅勇,等.内蒙古一次强沙尘暴过程综合观测分析[J].气候与环境研究,2011,16(6):742-752.

[15] 沈洁,李耀辉,胡田田,等.一次特强沙尘暴成因及近地面要素脉动特征[J].中国沙漠,2014(2):507-517.

[16] 胡泽勇,黄荣辉,卫国安.2000 年 6 月 4 日沙尘暴过程过境时敦煌地面气象要素及地表能量平衡特征变化[J].大气科学,2002,26(1):1-8.

[17] 王伏村,许东蓓,王宝鉴,等.河西走廊一次特强沙尘暴的热力动力特征分析[J].气象,2012,38(8):56-65.

[18] 胡隐樵,奇跃进,杨选利.河西戈壁(化音)小气候和热量平衡特征的初步分析[J].高原气象,1990,9(2):113-119.

[19] 宫德吉.内蒙古的暴风雪灾害及其形成过程的研究[J].气象,2001,27(8):19-24.

[20] 孙永刚,孟雪峰,孙鑫,等.内蒙古暴风雪天气成因分析[J].兰州大学学报,2012,48(5):46-53.

[21] 孟雪峰,孙永刚,姜艳丰,等.内蒙古东北部一次致灾大到暴雪天气分析[J].气象,2012,38(7):877-883.

[22] 宫德吉,李彰俊.内蒙古大(暴)雪与白灾的气候学特征[J].气象,1998,26(12):24-28.

[23] 李彰俊,郭瑞清,吴学宏."雪尘暴"灾情形成的多因素灰色关联分析——以 2001 年初锡林郭勒草原牧区

特大"雪尘暴"为例[J].自然灾害学报,2005,05:35-41.

[24] 姜学恭,李彰俊,康玲,等.北方一次强降雪过程的中尺度数值模拟[J].高原气象,2006,25(3):476-483.

[25] 王文,程麟生."96.1"高原暴雪过程横波型不稳定的数值研究[J].应用气象学报,2000(4):392-399.

[26] 王文,刘建军,李栋梁,等.一次高原强降雪过程三维对称不稳定数值模拟研究[J].高原气象,2002,21(2):132-138.

# 锡林郭勒盟地区一次暴风雪天气成因分析[*]

王学强

（内蒙古自治区锡林郭勒盟气象局，锡林郭勒 026000）

**摘要**：利用常规观测资料，对 2013 年春季出现在锡林郭勒盟地区一次暴风雪天气过程进行了研究。结果表明：地面降雪出现和强冷空气入侵之后才发生此次暴风雪天气。当前期有充足降雪情况下，暴风雪的发生与有无降雪没有关系，即在有降雪或无降雪的条件下均可以发生。本次暴风雪过程的主要影响系统是蒙古气旋和蒙古冷高压。高空急流是本次暴风雪天气重要的动力作用。暴风雪过程中存在一支西南低空急流，将暖湿气流不断输送到锡林郭勒盟东部地区。

**关键词**：暴风雪；蒙古气旋；动量下传；高空急流；低空急流；内蒙古锡林郭勒盟

暴风雪是一种强风雪寒潮天气过程，俗称白毛风，其特点是伴随出现大风、强降温、大雪，其主要危害是直接造成牲畜伤亡和阻碍交通。暴风雪是锡林郭勒盟草原牧区的一种危害严重的气象灾害，一直为气象学者关注和研究。例如，宫德吉[1]于 2001 年分析了近 50 a 来内蒙古暴风雪天气的形成原因和特点；孟雪峰等[2]对 2010 年 1 月 3 日致灾暴风雪天气成因进行了分析。王文辉等[3]对内蒙古锡林郭勒盟大雪和暴雪进行了天气学分析。孟雪峰等[4]对内蒙古东北部一次致灾大到暴雪个例进行了分析。因此，关于暴风雪预报现在已经拥有了许多研究成果。为了寻找预报思路，为暴（风）雪预报提供参考依据。笔者对 2013 年春季锡林郭勒盟地区出现的一次暴风雪过程成因进行分析，以供参考。

## 1　天气实况

2013 年 2 月 28 日 08：00 至 3 月 1 日 08：00，锡林郭勒盟大部地区出现了降雪，其中乌拉盖 24 h 降雪量为 3.3 mm，达到中雪级别（图 1）。2 月 28 日 11：00—20：00，锡林郭勒盟北部相继有 3 个站出现伴有沙尘暴的暴风雪，且当天 02：00—20：00 全盟出现大风，大风级别达到 6 级及以上。

＊ 本文发表于《资源与环境科学》，2016，18：200-201。

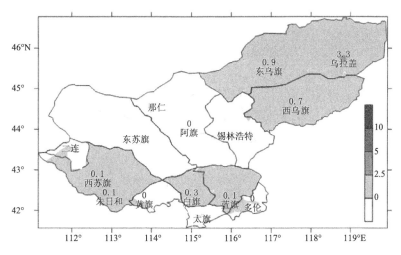

图1　2013年2月28日08:00—3月1日08:00降雪量实况(单位:mm)

# 2　大尺度环流形势特征

## 2.1　高空形势

分析前期500 hPa欧亚大陆中高纬度的环流形势可以发现,在巴尔喀什湖地区存在西风槽,槽北有冷涡存在,斜压性较强,有利于西风槽发展加深,在贝加尔湖地区有一低槽,两槽之间为一暖脊,在鄂霍次克海附近存在一阻塞高压脊,因此前期500 hPa欧亚大陆中高纬度的环流形势为"两槽一脊"型。2013年2月28日08:00的700 hPa和850 hPa在锡林郭勒盟地区斜压性低涡更为明显,等温线与等高线近乎垂直,槽前等高线疏散,槽前为暖平流,槽后为强冷平流,受温度平流的影响,槽不断发展加深进而变成冷涡,而且开始向南压,强度也随之增强并达到最强状态,暴风雪天气就随着这一过程的发生发展开始出现。

## 2.2　地面形势

地面形势场为西高东低,28日02:00蒙古气旋形成,其后部有发展强盛的地面冷高压,表明有强冷空气的形成堆积。此后蒙古气旋加强,地面冷高压的强度开始加大,并开始向东南方向转移,这些观察结果表明冷空气发出迅速东移南下的讯号,将会对锡林郭勒盟大部分地区产生影响。大风的形成需要有较强的气压梯度,而在高低压之间存在十分密集的等压线,以及强的气压梯度是此次大风的形成原因。此次降雪是蒙古气旋强烈发展而形成的;地面大风是在气压梯度力的作用下形成的,这是由于受冷高压南侵影响,有较强的气压梯度在蒙古气旋与冷高压之间形成而造成的,这也是造成锡林郭勒盟北部地区出现暴风雪天气的原因。

# 3　暴风雪天气中地面气象要素演变特征

从那仁宝力格和东乌旗的地面气象要素演变特征三线图来看,从27日08:00开始地面气压呈下降趋势,一直到 28 日早晨降至最低值(图 2)。到 28 日 14:00,那仁宝力格出现气压涌升现象,这表明冷高压发展的姿态比较强烈,造成冷空气侵入,地面风力呈不断加强的态势,经测算平均风力达到 14 m·s⁻¹,暴风雪天气于 28 日 11:00 开始出现,直到 28 日 17:00 吹雪结束。东乌旗降雪主要发生于 28 日 08:00—14:00 的气压下降的过程中,降雪量较大,11:00 开始出现暴风雪。东乌旗在降雪开始后,气压呈涌升态势,气温由于冷空气的侵入而骤然降低,地面风力强度也不断增加,出现暴风雪的时段里,降雪始终持续,只是降雪量较小,这些是东乌旗此次暴风雪天气不同于那仁宝力格站的地方。由此可知,本次暴风雪天气过程发生的时间应该是在地面强降雪出现之后,地面气压跃升,气温骤降,风力加强的时段里。但还值得关注的是,东乌旗暴风雪发生在降雪过程中,而那仁宝力格站暴风雪发生在降雪结束后。因此,当前期有充足降雪的情况下,暴风雪的发生与有无降雪没有关系,即在有降雪或无降雪的条件下均可以发生[5]。

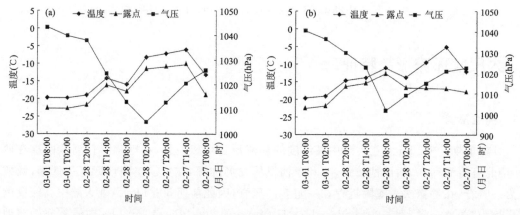

图 2　那仁宝力格(a)东乌珠穆沁(b)地面气象要素演变图

# 4　暴风雪成因分析

## 4.1　暴风雪的动力学特征

### 4.1.1　垂直速度场特征

降雪之所以产生,其中一个重要条件就是垂直运动使水汽冷却凝结[6]。从图 3a 可以看出,此次强降雪区正好被强烈的上升运动区域覆盖,垂直运动最大中心位于 500~400 hPa 层次上,这支强上升运动就成为此次强降雪天气形成的重要条件。

### 4.1.2　散度场特征

分析 28 日 08:00 散度场沿 44°N 做垂直剖面图可以看出,在 400 hPa 以下皆为辐合层,辐合中心位于 850 hPa,400 hPa 以上辐散较弱,辐散中心位于 300 hPa 附近(图 3b)。由此发现,低层辐合与高层辐散相比,明显偏强。在 115°~120°E 上空存在高层辐散与低层辐合结构,这

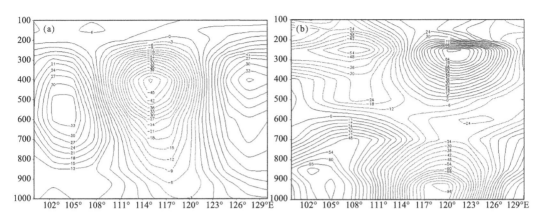

图 3　2013 年 2 月 28 日 08：00 沿 44°N 垂直速度(a)(单位:hPa·s⁻¹)和
散度(b)(单位:10⁻⁶s⁻¹)垂直剖面

也就解释了此次强降雪的产生原因是中低层系统强烈发展。

### 4.1.3　高低空急流耦合

2013 年 2 月 28 日 08：00,观察 300 hPa 高空全速风分布图发现,在 300 hPa 高空全速风分布图上存在一支较强的偏北高空急流,中心强度为 64 m·s⁻¹,强烈的高层辐散抽吸作用不仅促成了地面蒙古气旋的强烈发展,有利于低空水汽辐合,而且使整层的上升运动得到加强,同时起到了动量下传的作用,为大风形成提供动力条件[7]。观察与之对应 850 hPa 全风速图可以发现,图上存在一支偏南低空急流,急流中心风速达到 14 m·s⁻¹。它的作用主要是为此次降雪天气的形成提供了较为有利的水汽条件,主要是通过不断输送南方的暖湿气流到锡林郭勒盟东部地区,并在该地区辐合上升而实现的。

### 4.2　水汽条件

分析 28 日 08：00 的 850 hPa 比湿场图可知,湿舌从渤海湾附近一直北伸到锡林郭勒盟东部地区。因此,此次强降雪天气形成的重要条件就是低空的水汽和动力辐合。分析水汽通量散度图可知,内蒙古中东部地区有来自渤海湾的水汽输送,且呈源源不断之势,锡林郭勒盟东北部地区存在一个水汽通量散度形成的辐合区,大值中心强度达到−10×10⁻⁷ g·s⁻¹·cm⁻²·hPa⁻¹。锡林郭勒盟东北部地区此次强降雪天气形成的重要条件就是中低层水汽和动力的辐合。

## 5　结论

本次暴风雪天气过程的主要影响系统是蒙古气旋和蒙古冷高压。高空急流是本次暴风雪天气重要的动力作用。暴风雪过程存在一支西南低空急流,将暖湿气流不断输送到锡林郭勒盟东部地区。

**参考文献**

[1]　宫德吉.内蒙古暴风雪灾害及其形成过程研究[J].气象,2001,27(8):19-24.

［2］ 孟雪峰,孙永刚,王式功,等.2010 年 1 月 3 日致灾暴风雪天气成因分析[J].兰州大学学报(自然科学版),2010,46(6):46-53.

［3］ 王文辉,徐祥德.1979.锡林郭勒盟大雪和"77·10"暴雪分析.气象学报,37(3):80-86.

［4］ 孟雪峰,孙永刚,姜艳丰.内蒙古东北部一次致灾大到暴雪天气分析[J].气象,2012,38(7):877-883.

［5］ 刘志辉.赤峰市暴风雪天气过程分析[J].内蒙古农业科技,2015(2):72.

［6］ 蔡丽娜,隋迎玖,刘大庆,等.一次爆发性气旋引发的罕见暴风雪过程分析[J].北京大学学报(自然科学版),2009(4):693-700.

［7］ 易笑园,李泽椿,朱磊磊,等.一次 β 中尺度暴风雪的成因及动力热力结构[J].高原气象,2010(1):175-186.

# 内蒙古通辽市一次强暴风雪灾害天气成因分析[*]

祁雁文

（内蒙古通辽市气象局，通辽 028000）

**摘要：** 为了研究内蒙古通辽地区暴风雪天气的气象要素演变特征、影响因素及暴风雪天气的形成原因，利用常规气象资料、卫星云图及数值预报产品等资料对 2007 年 3 月 3 日—3 月 4 日通辽市出现的一次暴风雪灾害天气过程进行分析。分析结果表明：有利的大尺度环流、充沛的水汽条件、高低空急流的耦合、冷暖低空急流的汇合、强的上升运动及动量下传作用是激发该类灾害天气的关键因素。旨在通过对该次大型降雪过程的分析，得出一些经验和指标，并应用于今后的预报工作当中，从而为今后的暴风雪预报提供参考依据。

**关键词：** 高空急流；低空急流；低压倒槽；北槽南涡；动量下传

## 1　引言

暴风雪是内蒙古高原特别是草原牧区的一种危害严重的气象灾害。这种灾害发生时，常常是风雪迷漫，能见度差，出牧在外的人和家畜遇到这种天气，睁不开眼，辨不清方向，牲畜因受惊吓收拢不住，以至常常发生人畜摔伤、冻伤、冻死等事故，造成严重损失。暴风雪还常伴有剧烈的降温和降温后的低温天气，亦可造成人、畜的伤亡。出现暴风雪时，一般其风力为 7～8 级，降雪量≥8 mm，降温≥10 ℃。在暴风雪过程中，大风还常把地势高处和迎风处的雪，吹到地势低处和背风处，造成较深的积雪。[1]

受冷暖空气共同影响，从 2007 年 3 月 3 日 08 时到 4 日 20 时，通辽市出现了一次明显的降雪天气过程。降水时间主要集中在 3 日夜间至 4 日 20 时。降水量的分布为：通辽市南部地区出现暴雪，开鲁、扎鲁特旗、科尔沁区大雪，其余地区为小雪。最大降雪量出现在库伦旗南部的先进乡（24.4 mm），积雪深度达 35 cm。降雪开始后，随风力的增大，降雪也在增大，在不足 1 d 的时间内使全市地面积雪达到 5～40 cm，成为 30 a 以来罕见的一次降雪过程，给降雪较大的南部旗县带来了严重的影响，中小学停课、交通班线受阻停运、大风使南部通信光缆断线、蔬菜大棚棚顶被大风刮开、牲畜棚舍棚顶受损，牲畜受到伤害。

本文针对这次暴风雪过程，利用实时观测、模式产品再分析等资料，对本次暴风雪中气象

　*　本文发表于《畜牧与饲料科学》，2014（01）：32-35。

要素时空分布特征、强降雪和强风的成因进行诊断分析,揭示暴风雪发生的规律,为今后的暴风雪预报提供参考依据。

# 2　环流形势演变和主要影响系统

## 2.1　高空形势

前期整个欧亚大陆呈"南高北低"型,从1日20时开始,500 hPa形势场上:乌拉尔山高压脊的建立,并伴随着脊后暖平流的输送,对乌拉尔山高脊的发展和加强十分有利,随着乌拉尔山高脊的不断加强,3日08时在乌拉尔山地区形成一个阻塞高压,乌拉尔山阻塞高压的存在加强了经向环流,有利于强冷空气堆积配合低值系统发展南下,影响内蒙古中、东部地区。极地冷空气源源不断沿着高压脊前东移南下,同时在700 hPa高度场上:由于西南涡的形成东移,使我区河套地区处于一个低槽的影响,槽后不断有冷空气补充南下,3日20时,在河套东部地区生成低涡,配合蒙古地区的斜压槽,高空锋区明显,等温线密集,形成了"北槽南涡"的形势,至4日08时,该系统对通辽市造成明显的降水,南部的低涡给通辽市提供良好的西南暖湿气流,使黄海、渤海通向通辽市的水汽通道很好的建立,而北部槽后较强的冷空气南下,与暖湿空气在通辽市汇合,对通辽市产生强降雪非常有利。850 hPa的"北槽南涡"形势也非常明显,4月20日,"北槽"与"南涡"打通合并东移,通辽市受冷槽后部强冷空气南下的影响,降雪过后出现大风、吹雪和剧烈的降温天气。

## 2.2　地面形势

地面图上:1日20时,河套以西地区有低压倒槽生成,北部冷高压发展强盛,形成"北高南低"的形势,至2日08时,低压倒槽东移形成河套倒槽,北部冷高压不断东移南下,在南下过程中气压梯度不断增大,河套倒槽也逐渐东移、北上,发展成气旋,4日08时,影响通辽市中部、南部地区,出现大量级降雪。到4日20时,降雪结束,冷高压继续东移南下自北向南影响通辽市,等压线变得更加密集,地面风力加大,气温剧烈下降。

# 3　暴风雪成因分析——降雪因素、大风因素

## 3.1　降雪因素

暴风雪天气的形成必须要有足量的降雪,较强的降雪是暴风雪天气形成的必要条件。[2]在本次暴风雪天气过程中,河套倒槽的强烈发展,造成通辽市中部地区的大雪和南部地区的暴雪,是形成暴风雪天气的重要因素。

### 3.1.1　抬升条件——高、低空急流特征

300 hPa偏西风急流入口区右侧与700 hPa西南风急流左前方耦合:04日08时,在300 hPa高度场上存在一支较强的偏西风高空急流,在高空急流入口区的右侧,强烈的高层辐散抽吸作用使地面气旋强烈发展,促进低空水汽辐合,加强了整层的上升运动,产生强烈而深

厚的对流,对较强的降雪非常有利。与之对应 700 hPa 高度场上,存在一支西南低空急流,低空急流出口区的左前方对应强烈的辐合区,因此高、低空急流的位置及其耦合作用对暴风雪的形成非常重要。通辽市降雪量级大的区域恰处于高空急流入口区的右侧和西南低空急流左前方的区域。

同时,4 日 08 时 850 hPa 全风速及温度平流场上,存在两支低空急流:一支位于蒙古国东部及内蒙古自治区中东部地区的强西北风急流,急流中心强度 24 m·s⁻¹,急流前端伸到通辽市上游地区,配合着冷平流;另一支从黄海、渤海一直北伸到通辽市的西南风低空急流,急流中心风速达 24 m·s⁻¹,配合着暖平流。通辽市南部地区正好位于这支西南低空急流的左前方,它把海上的暖湿气流不断输送到通辽市南部地区。而北部的西北风急流不断将干冷空气向通辽市输送。强降雪的发生区域正好在冷、暖两支低空急流的交汇处。

### 3.1.2  抬升条件——散度场特征

在对散度场的分析中可以看出,3 日 20 时到 4 日 08 时,通辽市南部地区 850 hPa 散度中心值由 $-10\times10^{-6}$ s⁻¹ 增强到 $-20\times10^{-6}$ s⁻¹,这与地面气旋的强烈发展相对应。另外,配合高空 4 日 08 时 200 hPa 该地区为 $40\times10^{-6}$ s⁻¹ 的辐散。于是,形成高层辐散低层辐合的形势,这种高低空配置的抽吸作用,使上升运动得到发展加强,对强降雪的形成极为有利。

### 3.1.3  抬升条件——垂直运动特征

垂直运动使水汽冷却凝结,是产生降雪的重要条件。在 4 日 08 时日本传真图 782 上分析表明,通辽市正好处于强烈的上升运动区域,垂直运动最大中心值偏南,这一带强上升运动是强降雪的重要条件。

### 3.1.4  水汽条件——水汽输送特征

由于对流层低层的湿度对降水的贡献最为重要,所以由 4 日 08 时 850 hPa 相对湿度场与流场的叠加图(图 1)和温度露点差分布图可知:相对湿度大值区与流场有很好的叠加,而湿舌从渤海湾一直北伸到通辽,北部冷空气南下与西南暖湿气流交汇在通辽市南部地区,形成一个

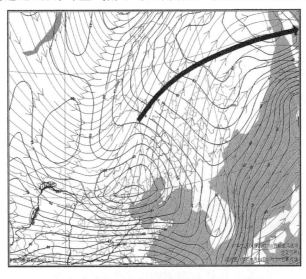

图 1　4 日 08 时 850 hPa 相对湿度场与流场的叠加图(注:带箭头线表示流场)

椭圆形辐合区,南部地区有明显的水汽辐合,对应了相对湿度大值区(90%~100%)和 $T-T_d$ ≤4 ℃的区域,说明,中低层水汽和动力的辐合是造成通辽市南部暴雪天气的重要条件。

### 3.1.5 水汽条件——本地水汽特征

选取 4 日 08 时 54135 站做单站探空相对湿度分析图,可知,大致在 925 hPa 以上一直到 600 hPa 相对湿度都在 84%~92%,中低层的湿度较大。而从 4 日 08 时温度对数压力图上看到整层温度露点线都十分接近,说明湿层厚,非常有利于强降雪。

## 3.2 大风因素

### 3.2.1 动量下传特征

高空急流的存在及其动量的下传作用,对中纬度地面大风的形成至关重要。在 4 日 20 时 300 hPa 全风速与散度场上(图 2):通辽市北部存在一支西西南—东向的高空急流,中心强度达 64 m·s$^{-1}$,通辽市北部地区正处于高空急流入口区的左侧辐合区中,高空辐合产生下沉运动,从而使动量下传到对流层中低层,在次级环流的作用下达到地面,造成地面大风。此时,地面已经有较强降雪发生,大风吹起雪花形成暴风雪天气。因此高空急流强盛结合动量下传机制是地面大风形成的重要条件。

### 3.2.2 地面变压场特征

4 日 08 时地面 3 h 变压图可见,通辽市除西北部地区外都处于负变压中,此时该地区暖湿空气强盛,降雪加强,正变压区在通辽市西北部地区,正变压中心值为 2 hPa,说明冷空气开始影响通辽市西北部地区。到 20 时零变压线恰好在通辽市下游地区,正变压中心增强至 4 hPa,表明冷空气已全部侵入通辽市。到 5 日 02 时正变压完全占据通辽市,正变压中心增强至 6 hPa,说明冷空气势力较强。冷锋后上空的冷平流使锋后近地面层出现较大的正变压中心,变压风亦加强了地面风速。[2]5 日 14 时冷空气继续东南下,除东南部地区外都处于负变压中,

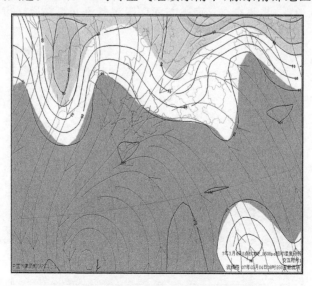

图 2　4 日 20 时 300hPa 全风速与散度场

(注:带箭头线表示流场,实线表示全风速场)

表明冷空气南下有减弱趋势。

# 4　小结

(1)本次降雪的主要影响系统是地面河套倒槽东北移并发展形成的气旋和北部的冷高压,并配合高空的"北槽南涡"形势。地面气旋强烈发展,促进低空水汽辐合,加强了整层的上升运动,产生强烈而深厚的对流,对较强的降雪非常有利。冷高压的南侵,在它与倒槽之间形成较强的气压梯度,从而形成了地面大风。"北槽南涡"的形势,对于产生大型降雪也十分有利,因为南涡能给通辽市提供良好的西南暖湿气流,而北部的槽带来了强的冷空气,非常有利于冷、暖空气在通辽市的交汇。

(2)暴风雪过程中强劲的高空急流起到了重要作用:在前期降雪时段,高空急流入口区右前方的辐散区,强烈的高层辐散抽吸作用使地面气旋强烈发展,有利于产生强降雪。在后期吹雪时段,高空急流入口区左侧的辐合区,产生下沉运动,形成动量下传条件,为地面大风和吹雪的形成提供了有利条件。

(3)暴风雪过程中两支低空急流也起到了重要作用:一支位于蒙古国东部及内蒙古自治区中东部地区的强西北风急流,急流前端伸到通辽市上游地区,配合着冷平流;另一支从黄海、渤海一直北伸到通辽市的西南风低空急流,配合着暖平流。通辽市南部地区正好位于这支西南低空急流的左前方,它把海上的暖湿气流不断输送到通辽市南部地区。而北部的西北风急流不断将干冷空气向通辽市输送。强降雪的发生区域正好在冷、暖两支低空急流的交汇处。

(4)因此,有利的大尺度环流、充沛的水汽条件、高低空急流的耦合、冷暖低空急流的交汇、强的上升运动及动量下传作用,是激发这次暴风雪的极为有利的因素,可以作为预报此类灾害天气过程的指标。

## 参考文献

[1]　顾润源,孙永刚,韩经纬,等.内蒙古自治区天气预报手册[M].北京:气象出版社,2012.
[2]　朱乾根,林锦瑞,寿绍文,等.天气学原理和方法[M].北京:气象出版社,2000.

# 2013年春季内蒙古中东部地区
# 一次吹雪过程天气学特征研究<sup>*</sup>

王慧清[1]    孟雪峰[2]

(1. 呼伦贝尔市气象局,呼伦贝尔 021008;2. 内蒙古自治区气象台,呼和浩特 010051)

**摘要:**为了研究内蒙古暴风雪成因,利用常规观测资料和 NCEP 2.5°×2.5°的 6 h 再分析资料,应用 GRADS 绘图软件以及 MICAPS 3.2 系统,对 2013 年出现在内蒙古中东部的一次吹雪天气进行了分析。结果表明:高空槽东南下为本过程提供有利的大尺度环流背景,蒙古气旋和蒙古冷高压为主要影响系统。高空急流在本次过程中起了重要作用。其出口区左前方的辐散抽吸作用,加强了地面蒙古气旋,有利于降雪发生。其入口区左侧的辐合区,形成下沉运动,动量下传以后为地面大风的形成提供条件。散度场和垂直运动场均形成次级环流,其辐合上升支流为降雪提供动力抬升条件,而它的下沉支流将高空动量下传到地面。西南低空急流的存在,将低纬度的暖湿气流输送到内蒙古中东部,对降雪天气的形成起了重要作用。

**关键词:**吹雪;蒙古气旋;高空急流;动量下传;低空急流

## 引言

内蒙古草原面积辽阔,位居全国首位,是欧亚大陆草原的重要组成部分。畜牧业在内蒙古经济社会中具有重要的地位。内蒙古春季经常受到西伯利亚南下强冷空气的侵袭,伴随的暴风雪天气是畜牧业生产的大敌,对本地区的经济支柱产业造成严重危害,是制约内蒙古畜牧业持续发展的重要因子。

关于暴(风)雪,在中国多地均有研究。东北地区的研究表明:高纬度干冷空气和低纬度暖湿气流共同作用是东北地区暴雪的形成原因[1-2]。例如,对 2007 年辽宁省特大暴风雪形成过程研究表明,暴风雪是在 500 hPa 高空槽、850 hPa 急流和切变及地面气旋共同作用下所致[3]。对于气旋性暴风雪,大气的强斜压性和其所伴随的冷、暖平流是气旋爆发性发展的主要原因;高、低空急流及相关的高、低空散度场和垂直运动构成了气旋所伴随的强大次级环流[4]。对华北地区暴雪的研究显示,高空辐散、低层辐合、中低层较强的垂直上升运动为暴雪天气的发生提供较为有利的动力抬升条件[5-7]。其中,对山西地区暴风雪天气形成和维持机制的研究显

----
* 本文发表于《中国农学通报》,2015,31(19):206-214。

示,强冷锋降雪持续时间长,而涡旋降雪时间短;中尺度系统是造成暴雪天气的直接原因。降雪强度和落区与风场结构和高低空系统配置密切相关。强降雪前高层有暖平流输入,而低层形成"湿冷垫",对低空低涡的发展起着重要作用。强降雪的持续时间、落区和强度与高低空急流关系密切[8]。山东暴雪的特征研究显示,该地区产生暴雪时的湿层较为深厚,降雪期间对流性较强,有逆温层存在,动力场上存在明显的上升运动区[9-10]。对阿勒泰地区春季寒潮暴风雪天气特征研究表明,寒潮暴风雪的天气形势主要是南欧到乌拉尔地区长脊型,其次是欧洲脊东南垮型[11]。暴风雪天气降雪过程中,有一"Ω"型的高潜能舌移过阿勒泰地区,强冷平流区形成和南下的关键条件是,过程前2 d北欧或乌拉尔山北部有一个动力和平流加压大值区南下或东移[12]。干冷空气的侵入有利于新疆地区暴雪天气的发生发展和加强[13]。对青藏高原暴雪过程的研究表明,对称不稳定是暴雪发生发展的一个动力学机制[14]。低空辐合、高空辐散的散度场结构及其演变与暴雪切变线的生成发展及暴雪落区相对应;高原上局地涡度中心和涡度带的生成和发展不仅与暴雪切变线的形成和发展密切相关,而且有预测切变线生成的先兆意义[15-16]。高原东侧暴雪发生时,大气对流不稳定能量释放使得大气湿斜压性增强导致下滑倾斜涡度发展,它对暴雪预报有着很好的指示作用[17]。

对内蒙古地区暴(风)雪的研究同样也表现出时间短、强度大、范围小、灾害严重的中尺度特点。地面副冷锋与气旋合并加强,850 hPa中尺度低涡强烈发展,是强降雪形成的主要原因。边界层"冷垫"作用对强降雪有一定的增幅[18]。高、低空急流的形成和维持对内蒙古暴风雪的形成起到重要作用,同时,高、低空急流的位置及强度又对内蒙古暴风雪降雪量及落区具有重要的指示意义[19-22]。王文辉等[23]早在1979年就提出内蒙古锡林郭勒盟一般中大雪天气的天气学条件,并对发生在该地区暴雪的一些特殊性进行了探讨。王学强等[24]后来对锡林郭勒盟暴雪的研究结果基本与前人研究较为吻合。

由于伴随着强风发生暴雪天气的概率比较低,而且目前的研究只针对该类天气的不同侧面,极少进行综合全面的分析。因此,对风吹雪天气进行深入全面的分析研究,对于提高暴风雪天气的预报能力具有一定的补充作用。2013年春季,在内蒙古中东部地区出现一次大范围的降雪天气,其中多地降暴雪。降雪伴随大风的发生,致使在内蒙古中部偏北地区出现吹雪及沙尘暴天气。本研究主要针对该次吹雪天气,从不同方面对其进行分析,讨论该过程的成因及发生规律,并积极找出预报思路,以期为暴风雪预报提供有价值的参考依据。

# 1　资料与方法

## 1.1　资料来源

本研究所用资料来源于内蒙古自治区地面常规观测资料和美国NCEP\NCAR 2.5°×2.5°的6 h再分析资料。

## 1.2　分析方法

本研究利用GRADS绘图软件以及MICAPS 3.2系统进行数据处理和分析。

1.2.1　散度的计算　散度指流体运动时单位体积的改变率。简单地说,流体在运动中集中的区域为辐合,运动中发散的区域为辐散。用以表示的量称为散度,值为负时为辐合,此时有利于天气系统的发展和增强;为正时表示辐散,有利于天气系统的消散。表示辐合、辐散的物理量为散度。散度的重要性在于,可用表征空间各点矢量场发散的强弱程度。

对于一个矢量场 $F$ 而言,在直角坐标系下,散度定义见公式(1)。

$$\mathrm{div}F = \nabla \cdot F = \frac{\partial F_x}{\partial x} + \frac{\partial F_y}{\partial y} + \frac{\partial F_z}{\partial z} \tag{1}$$

**1.2.2　垂直速度的计算**　对于垂直速度的计算,一般认为修正的运动学方法为最佳,而 $\omega$ 方程法的优点在于它能对造成垂直运动各项因子的作用进行比较,以确定哪些因子是主要的,哪些较次要。一般认为,使用调整的运动学方法(连续性方程修正方案)(公式(2)),计算出垂直速度有较高的精确度:

$$W'_K = W_K - \frac{K(K+1)}{N(N+1)} \times h \times W_N \tag{2}$$

式中:$N$ 为总分层数目;$K$ 为层序自下而上;$W_K$ 为用连续方程计算的第 $K$ 层垂直速度;$W_K'$ 为修正后的垂直速度;$W_N$ 为最高层(第 $N$ 层)的垂直速度;$h$ 为修正系数,当最高层为100 hPa时,取 $h=0.9$;最高层为 200 hPa 时,$h=0.75$;最高层取在 300 hPa 时,$h=0.6$。

**1.2.3　比湿的计算**　比湿为水汽质量与含有该水汽的湿空气质量之比,单位:$g \cdot kg^{-1}$ 或 $kg \cdot kg^{-1}$。计算见公式(3)。

$$q = \frac{\varepsilon e}{p - (1 - \varepsilon e)} \tag{3}$$

式中,$\varepsilon$ 为水汽分子量与干空气分子量之比($\approx 0.622$),$e$ 为水汽压(单位:hPa)。

**1.2.4　水汽通量散度的计算**　水汽通量散度的计算见公式(4)。

$$\nabla \cdot \left(\frac{Vq}{g}\right) = \frac{\partial}{\partial x}\left(\frac{uq}{g}\right) + \frac{\partial}{\partial y}\left(\frac{vq}{g}\right) \tag{4}$$

水汽通量散度的意义是单位时间内单位体积中水汽的净流失量,其单位为 $g \cdot cm^{-2} \cdot hPa^{-1} \cdot s^{-1}$。如水汽通量散度为正 $\left[\nabla \cdot \left(\frac{Vq}{g}\right) > 0\right]$,表示有水汽流失;水汽通量散度为负 $\left[\nabla \cdot \left(\frac{Vq}{g}\right) < 0\right]$,表示有水汽积聚。

## 2　天气实况

2013 年 2 月 27 日 08 时—28 日 08 时,在呼伦贝尔市大部分地区、锡林郭勒盟北部、通辽市北部、南部、兴安盟西南部出现小雪天气。2 月 28 日 08 时—3 月 1 日 08 时,乌兰察布市中部、东部、锡林郭勒盟大部、赤峰市北部、通辽市、兴安盟、呼伦贝尔市出现大范围降雪,其中在呼伦贝尔市东南部、锡林郭勒盟东北部、兴安盟降中雪,兴安盟北部出现大雪,南部降暴雪(图1a),乌兰浩特 11 mm、扎赉特旗 10 mm。28 日 11 时开始,锡林郭勒盟北部相继有 3 个站出现了吹雪,且伴有沙尘暴天气,一直持续到 28 日 20 时。

2 月 28 日 02 时—3 月 1 日 02 时内蒙古大部地区(西部、中部和东部偏南地区)自西向东都出现了大风天气(图 1b)。阿拉善盟东部、鄂尔多斯市、巴彦淖尔北部、包头北部、呼和浩特北部、乌兰察布市、锡林郭勒盟、赤峰市、通辽西部出现了 6 级及以上大风。

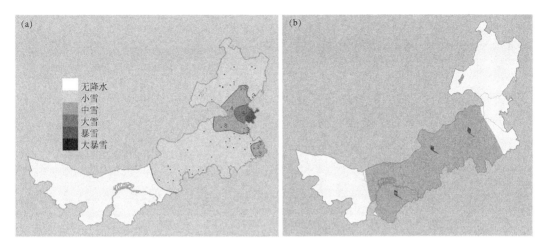

图 1　2013 年 2 月 28 日 08 时—3 月 1 日 08 时降雪量(a)、大风(b)实况

# 3　大尺度环流形势特征

## 3.1　高空形势

27 日 08 时 500 hPa 欧亚大陆中高纬度为"两槽两脊"型(图略),在巴尔喀什湖附近存在一西风槽,槽前略有疏散,有利于西风槽发展加深,其北部有一冷涡,具有较强斜压性。下游在内蒙古自治区呼伦贝尔市西部有一低槽,两槽之间为一弱脊,同时在鄂霍次克海附近也存在一阻塞高脊。24 h 后到 28 日 08 时,北部冷涡发展加强,气流径向度加大,两槽之间的高压脊发展旺盛,脊线位于巴尔喀什湖以东萨彦岭地区,脊前西北气流加强,表明冷平流加强,使得低槽发展并加深南压,下游的高脊稳定少动,在两脊的挤压下,低槽进一步加深南压,抵达蒙古东部地区(图 2a)。低槽有弱的斜压性,槽前为弱的暖平流,槽后为冷平流,斜压槽发展加深为冷涡并向南压,发展达到最强,这一过程伴随着吹雪天气的发生。之后,槽区东移划过内蒙古地区,吹雪过程结束。700 hPa 和 850 hPa 均形成较强的斜压性低涡,这种高空槽配合低空低涡的配置系统移动通常较快(图 2b、图 2c)。

## 3.2　地面形势

与高空系统配合,28 日 02 时地面已经形成蒙古气旋,其后部有发展强盛的地面冷高压,表明有强冷空气的形成堆积(图 3a),形成西高东低的形势。28 日 08 时(图 3b)蒙古气旋加强,地面冷高压强度加大并东南移,表明冷空气开始迅速东移南下,影响内蒙古自治区中部、东部地区。在高低压之间等压线十分密集,强的气压梯度有利于大风的形成。之后,系统逐渐东南下,到 20 时(图 3d)蒙古气旋已基本移出内蒙古自治区,大部分地区已处于蒙古冷高压的控制中。在高层槽前及其暖切变区域有较强的上升运动,产生降雪,降雪区对应于蒙古气旋后部与冷锋相接的大风区中,降雪卷入地面蒙古气旋后部的西北大风中,形成吹雪天气。

蒙古气旋和蒙古冷高压是本次吹雪过程的主要影响系统。蒙古气旋强烈发展带来了降雪,蒙古冷高压向南入侵,在二者之间形成较强的气压梯度,在气压梯度力的作用下形成了地

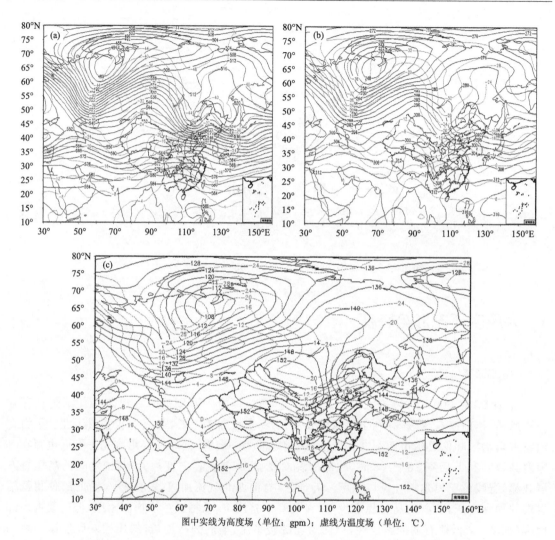

图中实线为高度场（单位：gpm）；虚线为温度场（单位：℃）

图 2　2013 年 2 月 28 日 08 时 500 hPa(a)、700 hPa(b)、850 hPa(c)温压场

面大风,造成吹雪天气。

# 4　吹雪成因分析

大风和雪源是吹雪天气发生必需具备的 2 个条件。强劲的风是吹雪天气形成的的动力条件,降雪或者地面积雪是吹雪天气形成的物质基础[25]。

## 4.1　大风成因分析

### 4.1.1　动量下传作用

图 4a 为 2013 年 2 月 28 日 08 时 300 hPa 全风速及散度图。在内蒙古中部有一支西北偏西高空急流,本次吹雪过程发生区域正处于高空急流入口区左侧辐合区中,高空辐合产生下沉运动,高空动量因此下传到对流层中低层。在对流层中低层形成强冷平流,进一步在次级环流

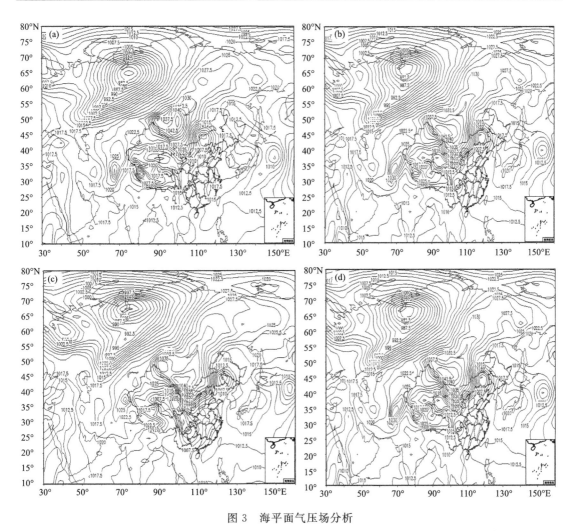

图3　海平面气压场分析

2013年2月28日02时(a)、2月28日08时(b)、2月28日14时(c)、2月28日20时(d)(单位:hPa)

的作用下到达地面,使得地面大风进一步加大。

为了更清楚地分析高空动量下传作用,沿43°N制作了纬向全风速及流场剖面图(图4b)。28日08时,在105°~115°E范围内为整层的下沉气流,这支下沉气流是高空急流入口区左侧辐合区中产生的下沉运动与对流层中低层次级环流下沉支的重叠。在下沉气流作用下,全风速大值区明显下伸,高空的动量通过下沉运动到达低层甚至地面。动量下传的作用非常明显,$20\ m\cdot s^{-1}$大值区下传至850 hPa,地面最大风速达到$10\sim15\ m\cdot s^{-1}$。28日08时,动量下传作用最明显的是110°E附近地区,这里恰好是内蒙古中东部发生吹雪的区域。

### 4.1.2　梯度风作用

28日05时地面3 h变压图(图5a)可见,内蒙古东部地区处于负变压区中,伴随内蒙古东部地区暖湿空气强盛,降雪加强,正变压区位于河套以北蒙古国境内,正变压中心值为5 hPa,负变压中心值为4 hPa,变压差达9 hPa,强大的变压梯度有利于大风的形成。到11时(图略)正变压中心已经移到锡林郭勒盟西北部,正变压中心加强至8 hPa,表明冷空气开始侵入内蒙

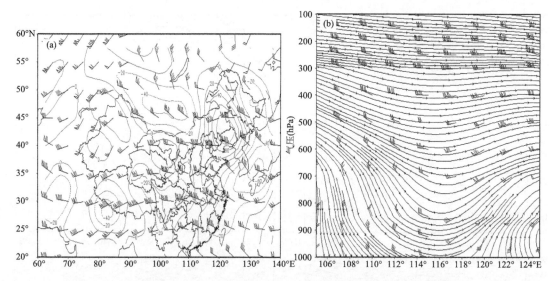

图 4　2013 年 2 月 28 日 08 时 300 hPa 全风速(单位:m·s⁻¹)及散度
(单位:10⁻⁶ s⁻¹)(a)、全风速与流场沿 43°N 垂直剖面图(b)

古东部地区。到 28 日 14 时(图 5b)正变压已经占据内蒙古大部分地区,正变压中心减弱为
6 hPa,说明冷空气已大举南下入侵内蒙古地区。到 17 时冷空气继续东南下,正变压中心值为
5 hPa,持续大值,说明冷空气强盛并持续南下。到 23 时(图略)正变压大值区消失,表明冷空
气南下趋势减弱。

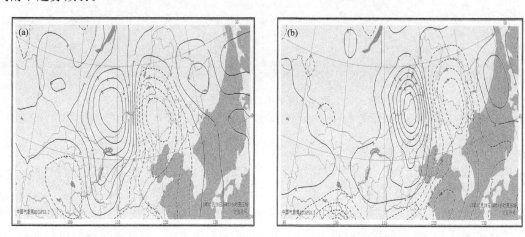

图 5　2013 年 2 月 28 日 05 时(a)、14 时(b)地面 3 h 变压场(单位:hPa)

## 4.2　降雪成因分析

### 4.2.1　动力抬升条件

(1)高低空急流耦合

2013 年 2 月 28 日 08 时,在 300 hPa 高空全风速图上(图 6a)存在一支较强的西北偏西高
空急流,从蒙古一直延伸到内蒙古中东部地区,中心强度为 64 m·s⁻¹,内蒙古东部的降水区

正处于高空急流出口区左前方,强烈的高层辐散抽吸使得地面蒙古气旋强烈发展,加强了整层的上升运动。

在 850 hPa 全风速图上(图 6b),存在一支西南低空急流,从渤海湾一直北伸到内蒙古自治区锡林郭勒盟北部地区,急流中心风速达到 14 m·s$^{-1}$。内蒙古东部地区的降水区域正好位于这支西南低空急流左前方的辐合区中,它把低纬度的暖湿气流源源不断地输送到内蒙古东部,并在该地区辐合上升,为降雪天气的形成提供了较有利的水汽条件。

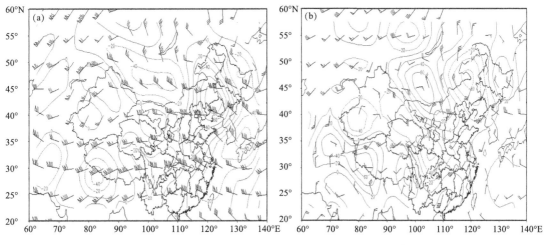

图 6　2013 年 2 月 28 日 08 时 300 hPa(a)、850 hPa(b)全风速(单位:m·s$^{-1}$)
及散度场(单位:10$^{-6}$ s$^{-1}$)

(2)散度场特征

在对散度场的分析中可以看出(图 7a、7b),2013 年 2 月 28 日 08 时—3 日 08 时,内蒙古东部地区 850 hPa 为强辐合区,配合高空 200 hPa 该地区为辐散区,形成高层辐散低层辐合的形势,这种高低空配置使上升运动得以加强发展,对强降雪的形成极为有利。

分析 28 日 08 时散度场沿 44°N 纬向的垂直剖面图(图 7c)发现,主要降雪区上空同样具有低层辐合和高层辐散的结构。850 hPa 辐合最强达$-96×10^{-6}$ s$^{-1}$,300 hPa 辐散中心强度为 $90×10^{-6}$ s$^{-1}$(图 7c),低层辐合强于高层辐散,由此也说明了大到暴雪的产生主要是由中低层系统强烈发展所致。同时可以看出,在 110°~120°E 区域内存在一次级环流,其上升支区域有降雪产生,而它的下沉支区域有强风的产生。

(3)垂直速度场特征

水汽冷却凝结主要靠垂直运动完成,是产生降雪的重要条件。分析 28 日 08 时沿 44°N 纬向的垂直速度剖面图(图 8)发现,强降雪区正好处于强上升运动区域,垂直运动最大中心位于 400~500 hPa 层次上,这支强上升运动是强降雪的重要条件。而西部 105°~110°E 有一垂直速度正值区,表明存在下沉气流,有动量下传作用,这也正是本次过程中产生强风的原因。同时图中也反映出,在 115°~120°E 范围有一次级环流,其辐合上升支有降雪产生,而它的下沉支有大风的产生。

4.2.2　水汽条件

如图 9a 所示,28 日 08 时 850 hPa 流场上,在锡林郭勒盟北部有明显的辐合,比湿场上有

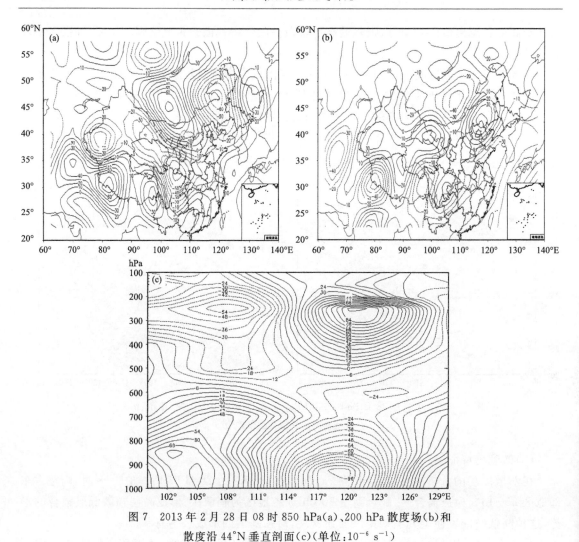

图7　2013 年 2 月 28 日 08 时 850 hPa(a)、200 hPa 散度场(b)和
散度沿 44°N 垂直剖面(c)(单位:10$^{-6}$ s$^{-1}$)

图8　2013 年 2 月 28 日 08 时垂直速度沿 44°N 垂直剖面(单位:hPa·s$^{-1}$)

一湿舌从渤海湾附近一直北伸到内蒙古中东部地区,而且比湿线与流场有较好的叠加。因此,低空的水汽和动力辐合是本次吹雪过程的重要条件。

从水汽通量散度与流场叠加图(图9b)上可以看出,自渤海湾的水汽源源不断地输送到内蒙古中东部地区,且水汽通量散度在该地区有一明显辐合。从流场上可看到,北部冷空气南下与偏南暖湿气流交汇在内蒙古中东偏北部地区,形成一个辐合区,比水汽通量散度的大值辐合区略偏北,这也表明,中低层水汽和动力的辐合是造成本次吹雪天气的重要条件。

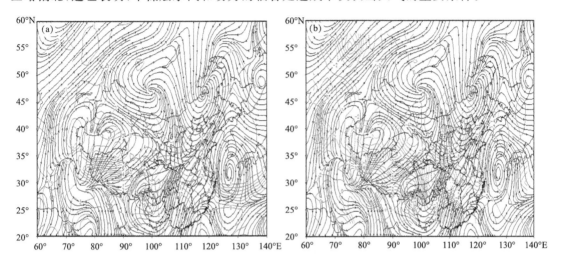

图9　2013年2月28日08时850 hPa比湿(单位:g·kg⁻¹)与流场(a)、
水汽通量散度(单位:$10^{-7}$ g·s⁻¹·cm⁻²·hPa⁻¹)与流场(b)

# 5　结论与讨论

(1)本次吹雪过程的主要环流背景是位于蒙古国境内的冷槽,其东南下加强为冷涡影响内蒙古中东部,带来本次吹雪天气,这与中国一些地区形成暴风雪天气的环流背景的研究结论较为一致[3-4,8]。然而各地区也存在差异。例如,本研究与阿勒泰地区春季寒潮暴风雪的天气形势不同,其主要是南欧到乌拉尔地区长脊型[9]。

(2)本次吹雪过程的地面影响系统是蒙古气旋和蒙古冷高压,这与以往研究基本一致[3-4]。山西地区暴风雪主要是地面强冷锋和地面气旋共同作用所致,同时,中尺度系统是暴风雪形成的直接原因[8],这与本研究结果不同。同样对内蒙古地区暴风雪的研究,不同过程影响系统也不尽相同。孟雪峰等[18]研究表明,内蒙古东北部地区的降雪天气主要是由地面副冷锋和气旋共同造成的。可见,不同地区或者同一地区不同过程,造成暴风雪天气的主要影响系统会出现不同程度的差异。

(3)高空急流在本次过程中起了重要作用。其出口区左前方的强烈的辐散抽吸作用,加强了地面蒙古气旋,对降雪的发生较为有利。其入口区左侧的辐合区内形成下沉运动,动量下传以后为地面大风的形成提供条件。以往许多研究[8,19-22]也表明,在暴风雪形成过程中,高空急流的形成和维持起到了重要作用。

(4)散度场上形成了低层辐合高层辐散的形势,使得上升运动得以加强,为强降雪的形成提供有利条件。垂直运动场上,其强上升运动区域正好对应强降雪区,而其下沉运动区域有强风发生。散度场和垂直运动场均形成次级环流,其辐合上升支为降雪提供了动力抬升条件,有利于地面气旋发展加强和低层水汽凝结,为降雪的产生提供有利条件,而它的下沉支将高空动量下传到地面,使得地面风速加大。对东北地区及内蒙古西部地区暴风雪的研究[3-4,19]也显示了同样的结果。

(5)本过程中存在一支西南低空急流,将低纬度的暖湿气流输送到内蒙古中东部,对降雪天气的形成起了重要作用。还有许多研究[8,19-22]也表明,在内蒙古暴风雪形成过程中,低空急流把低纬度地区的水汽和热量输送到降雪区,为暴风雪的形成提供了有利条件。但是也有例外,孟雪峰等[18]对内蒙古东北部一次致灾大到暴雪天气的分析显示,该次降雪过程并没有低空急流的建立。可见,低空急流在暴风雪天气的形成过程中并不是必要条件。

## 参考文献

[1]　王勇,寇正,谢甲子.东北地区一次暴雪过程的诊断分析[J].内蒙古气象,2009(2):11-14.

[2]　胡中明,周伟灿.我国东北地区暴雪形成机理的个例研究[J].南京气象学院学报,2005,28(5):679-684.

[3]　李秀芬,朱教君,贾燕,等.2007年辽宁省特大暴风雪形成过程与危害[J].生态学杂志,2007,26(8):1250-1258.

[4]　蔡丽娜,隋迎玖,刘大庆,等.一次爆发性气旋引发的罕见暴风雪过程分析[J].北京大学学报:自然科学版,2009,45(4):693-700.

[5]　时青格,周须文.2009年河北省初冬暴雪天气过程的诊断分析[J].干旱气象,2011,29(1):82-87.

[6]　张晓东.唐山一次暴雪天气过程的诊断分析[J].干旱气象,2009,27(2):135-141.

[7]　孙仲毅,王军,靳冰凌,等.河南省北部一次暴雪天气过程诊断分析[J].高原气象,2010,29(5):1338-1344.

[8]　赵桂香,杜莉,范卫东,等.一次冷锋倒槽暴风雪过程特征及其成因分析[J].高原气象,2011,30(6):1516-1525.

[9]　王西磊,李静,杨成芳,等.山东省11月份大范围回流暴雪特征分析[J].中国农学通报,2014,30(20):229-236.

[10]　张芹,赵海军,徐文正,等.潍坊早春一次致灾暴雪过程的诊断分析[J].中国农学通报,2014,30(29):261-266.

[11]　赵俊荣,晋绿生.阿勒泰地区春季寒潮暴风雪天气特征分析[J].新疆气象,2003,26(1):11-13.

[12]　李春芳,赵俊荣,王磊.寒潮暴风雪天气的动力和热力特征分析[J].新疆气象,2001,24(1):9-11.

[13]　黄海波,徐海容.新疆一次秋季暴雪天气的诊断分析[J].高原气象,2007,26(3):624-629.

[14]　王文."96·1"暴雪线性对称不稳定的数值研究[J].新疆气象,1999,22(5):13-15.

[15]　张小玲,程麟生."96·1"暴雪期中尺度切变线发生发展的动力诊断Ⅰ:涡度和涡度变率诊断[J].高原气象,2000,19(3):285-294.

[16]　张小玲,程麟生."96·1"暴雪期中尺度切变线发生发展的动力诊断Ⅱ:散度和散度变率诊断[J].高原气象,2000,19(4):459-466.

[17]　马新荣,任余龙,丁治英.青藏高原东北侧一次暴雪过程的湿位涡分析[J].干旱气象,2011,26(1):57-63.

[18]　孟雪峰,孙永刚,姜艳丰.内蒙古东北部一次致灾大到暴雪天气分析[J].气象,2012,38(7):877-883.

[19]　孟雪峰,孙永刚,王式功,等.2010年1月3日致灾暴风雪天气成因分析[J].兰州大学学报:自然科学版,2010,46(6):46-53.

[20]　宫德吉,李彰俊.内蒙古暴风雪灾害及其形成过程[J].气象,2001,27(8):19-23.

［21］宫德吉,李彰俊.内蒙古暴雪灾害的成因与减灾对策［J］.气候与环境研究,2001,6(1):132-38.

［22］宫德吉,李彰俊.低空急流与内蒙古的大(暴)雪［J］.气象,2001,27(12):3-7.

［23］王文辉,徐祥德.锡盟大雪过程和"77·10"暴雪分析［J］.气象学报,1979,37(3):80-86.

［24］王学强,王澄海,孟雪峰,等.内蒙古锡林郭勒盟 2012 年冬季暴雪过程天气学特征研究［J］.冰川冻土,
　　　2013,35(6):1446-1453.

［25］顾润源.内蒙古自治区天气预报手册［M］.北京:气象出版社,2012:324-354.

# 2010 年 1 月 3 日致灾暴风雪天气成因分析[*]

孟雪峰[1,2]　孙永刚[1]　王式功[2]　云静波[1]

(1. 内蒙古自治区气象台,呼和浩特 010051;2. 兰州大学大气科学学院,兰州 730000)

**摘要:**利用常规观测资料和 NCEP 1°×1°的 6h 再分析资料,对 2010 年 1 月 3 日一次致灾暴风雪天气过程进行了观测和诊断分析。结果表明:本次暴风雪过程发生在强降雪出现之后,地面气压跃升,气温骤降,风力加强的时段里,即强冷空气入侵之后,此时,形成降雪的上升运动区由对流层中低层被抬升至对流层中高层,降雪明显减弱。在前期有充足降雪的情况下,暴风雪即可以发生在有降雪的条件下也可以发生在无降雪的条件下。强劲的高空急流对暴风雪的形成起到了重要作用。在初期降雪时段,高空急流出口区左前方的辐散区抽吸作用有利于产生强降雪;在后期吹雪时段,高空急流入口区左侧的辐合区动量下传,有利于为地面大风和吹雪的形成。在850 hPa 存在两支低空急流,一支配合着冷平流强西风急流;一支配合着暖平流南风急流,冷、暖两支低空急流的交汇直接影响暴风雪的发生。内蒙古高原地形较平坦,有利于大风的形成,大地形的汇流作用,有利于暴风雪的形成和持续。

**关键词:**暴风雪;致灾;观测;诊断分析

## 引言

暴风雪是内蒙古高原特别是草原牧区的一种危害严重的气象灾害。常伴有剧烈的降温和降温后的低温天气,亦可造成人、畜的伤亡。出现暴风雪时,一般其风力为 7~8 级,降雪量≥3 mm,降温≥8 ℃。在暴风雪过程中,大风还常把地势高处和迎风处的雪,吹到地势低处和背风处,造成较深的积雪。

由于伴随着强风寒潮出现的暴风雪天气,发生的机会并不太多,内蒙古平均每 3 年才有 1次较严重的暴风雪天气发生,它总是伴随着寒潮灾害和大风灾害出现。所以人们常把暴风雪作为寒潮天气、大风天气或者暴雪天气来研究[1-2]。许多学者针对我国北方暴雪天气、寒潮天气进行了研究[2-17],而对暴风雪天气发生时,高空、地面气象要素时空分布特征分析、针对暴风雪成因的定量分析研究还较少。

2010 年 1 月 3 日内蒙古中部阴山北麓及偏东地区(包头市北部、呼和浩特市、乌兰察布

* 本文发表于《兰州大学学报》,2010,46(6):46-53。

市、锡林郭勒盟西部)出现了大范围的暴风雪天气。暴风雪造成的吹雪、降温,导致从哈尔滨开往包头的 1814 次列车 15 节车厢被大雪掩埋(图略),1400 多名旅客被困 10 多小时。列车行至集通线乌兰察布市商都县大东沟村附近受阻,列车正好处于低洼地,被暴风雪掩埋,雪深逾丈。本次致灾暴风雪过程严重影响和危及了铁路交通和人民生命财产,是进入 2010 年的一次高影响天气事件。本文针对这次暴风雪过程,利用实时观测、NCEP/NCAR 再分析等资料,对本次暴风雪天气中气象要素时空分布特征,强降雪和强风的成因进行诊断分析,揭示暴风雪发生的规律,为暴风雪预报提供参考依据。

# 1　天气概况

　　1 月 2 日 17:00 至 4 日 02:00 内蒙古包头市、呼和浩特市、乌兰察布市、锡林郭勒盟西部、南部、赤峰市出现大范围降雪,部分地区出现大到暴雪。降雪量分别为:卓资 10 mm、兴和 9 mm、集宁 7 mm、商都 5 mm。3 日 11:00 开始阴山北麓及以东地区风力加大,14:00 至 20:00 达到最强,瞬时风速乌拉特中旗达 20 m·s$^{-1}$、化德达 23 m·s$^{-1}$。3 日 14:00 到 17:00 出现大范围吹雪天气(图 1),满都拉、白云鄂博、呼和浩特、集宁、商都、察右后旗等地都出现了高吹雪,白云鄂博和察右后旗最小能见度只有 200 m,化德、察右后旗的吹雪持续到 4 日 02:00。暴风雪后该地区普遍降温 12~14 ℃。

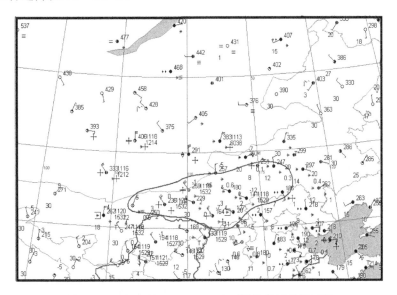

图 1　2010 年 1 月 3 日 14:00 地面图及暴风雪填区域

# 2　环流形势演变和主要影响系统

　　2 日 20:00,500 hPa 高空欧亚大陆呈一槽一脊型(图 2a),在 70°~80°E 为一强盛的高压脊,东亚大槽位于 130°E 附近,西高东低。鄂霍次克海有阻塞高压稳定少动,贝加尔湖东侧有东北冷涡活动,在西北气流中位于萨彦岭有一斜压小槽东移发展。至 3 日 08:00 小槽并入东北冷涡发展加强,由于鄂霍次克海阻塞高压阻挡,东北冷涡南下并加深,内蒙古中部 40°N 锋区加强,出现 48 m·s⁻¹ 的急流中心。与之配合 700 hPa 在 110°E 形成深槽,槽后强冷平流。850 hPa 内蒙古河套北部生成一斜压性低涡并发展。3 日 20:00 东北冷涡继续南下并开始填塞,槽区东移于 4 日 08:00 并入东亚大槽。与之配合 700 hPa 斜压槽减弱东移,850 hPa 低涡迅速填塞。

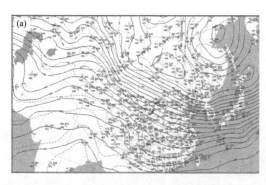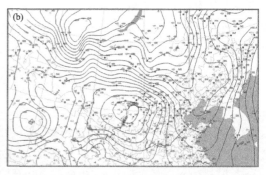

图 2 (a)2010 年 1 月 2 日 20:00 高空 500hPa 形势场(b)1 月 3 日 02:00 海平面气压场

地面图上,2 日 20:00 在河套西部地区有气旋生成,北部冷高压强盛,形成北高南低的形势,3 日 02:00(图 2b),气旋进一步发展东移形成河套气旋,中心值为 1010.0 hPa,北部冷高压不断南下,等压线变得更密集,河套至贝加尔湖之间的气压差达 35 hPa,阴山北麓出现小量降雪。3 日 08:00,河套气旋有所北抬,而冷高压维持南下,其间的气压梯度进一步增大,此时阴山北麓降雪增强。3 日 11:00 开始冷高压前沿侵入内蒙古,地面风力加大,此时河套气旋减弱。至 3 日 14:00,随着冷高压的侵入,河套气旋减弱为倒槽并南退,在梯度风的作用下,阴山北麓风力急剧增大,在气压梯度大的倒槽顶部出现暴风雪天气。暴风雪区随倒槽东移,一直持续到 4 日 02:00 倒槽消失,冷高压控制内蒙古地区。

河套气旋和北部冷高压是暴风雪发生的主要影响系统,河套气旋的强烈发展形成了大到暴雪,冷高压南侵,在河套气旋与冷高压之间形成较强的气压梯度,在气压梯度力的作用下形成了地面大风,造成暴风雪天气。

## 3 暴风雪天气中气象要素演变特征

### 3.1 地面气象要素演变特征

为了详细地分析暴风雪天气发生过程中地面气象要素演变特征,选取集宁、朱日和为代表站制作地面要素三线图(图 3)。

集宁站从 2 日 20:00 开始地面气压呈下降趋势,一直到 3 日 11:00 降至最低值,即从 1026.2 hPa 降至 1011.2 hPa,地面气压急剧下降了 15 hPa,气温和露点温度都稳步上升,气温最高至 −8 ℃,表明地面河套气旋发展移近并影响本站,而降雪就发生于 02:00 至 14:00 的气压下降的过程中,该时段风力较小,温度露点线十分接近,气压最低时降雪量最大,3 日 14:00 降雪停止。降雪过后,气压从 3 日 11:00 的 1011.2 hPa 上升至 4 日 02:00 的 1033.0 hPa,气压跃升 21.8 hPa。气压跃升过程表明冷高压发展,冷空气侵入,地面风力开始加强,3 日 14:00—20:00 平均风力达 10 m·s⁻¹,3 日 14:00 开始出现吹雪,最低能见度为 2000 m,同时气温开始下降,温度露点线差值略有增大,但地面湿度保持较高,这可能与吹雪有关。3 日 20：00 吹雪结束。集宁站的吹雪发生在较强降雪过程后(降雪已经结束),地面风加强,气压跃升气温骤降时段里。

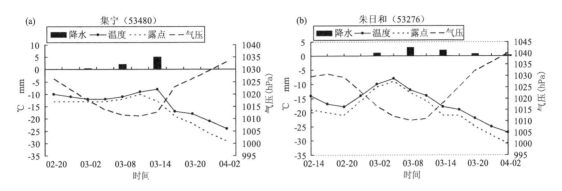

图 3　集宁(a)朱日和(b)地面气象要素演变图

朱日和站从 2 日 17：00 开始地面气压呈下降趋势,一直到 3 日 08：00 降至最低值,即从 1031.2 hPa 降至 1010.2 hPa,地面气压急剧下降了 21 hPa,主要降雪发生于 3 日 02：00— 11：00 的气压下降的过程中,降雪量较大,与集宁站类似。不同的是朱日和站在强降雪过后,3 日 11：00—20：00,气压跃升,冷空气侵入,气温骤降,地面风力加强,出现吹雪的时段里,降雪始终持续,只是降雪量较小。朱日和站的吹雪发生在降雪过程中,较强降雪之后,地面风加强,气压跃升气温骤降时段里。

可见,本次暴风雪过程发生在地面强降雪出现之后,地面气压跃升,气温骤降,风力加强的时段里。另外需要注意的是,集宁站暴风雪发生在降雪结束后,而朱日和站暴风雪发生在降雪过程中。因此,当前期有充足降雪的情况下,暴风雪可以在有降雪的条件下发生也可以在无降雪的条件下发生。

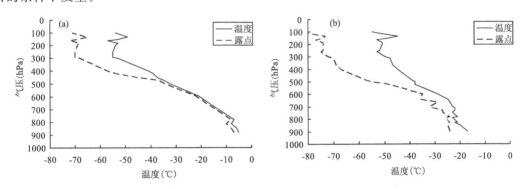

图 4　呼和浩特(53463)03 日 08：00(a)03 日 20：00(b)温度对数压力图

## 3.2　高空气象要素演变特征

选择暴风雪发生区域的 53463(呼和浩特)探空代表站进行分析,从 2 日 20：00,53463 单站探空图分析,降雪发生前从 850 hPa 到 400 hPa 温度露点线十分接近表明湿层厚,风随高度有明显的顺时针旋转说明有暖平流。到 3 日 08:00,53463 单站探空图(图 4a)可见,降雪发生时由于冷空气从高层侵入湿层明显变薄,温度露点线接近层从 850 hPa 到 500 hPa,同时降雪持续时地面温度偏高,为 −5 ℃,仍有暖平流存在。到 3 日 20:00 降雪结束时 53463 单站探空图(图 4b)上,温度露点线分开即温度露点差增大,整层为西北风,风随高度有逆时针旋转表明整层有冷平流,即有冷空气的侵入,这是发生吹雪的一个重要原因。

**表 1　呼和浩特(53463)探空各层次温度变化**

| 高度 | 08:00 温度(℃) | 20:00 温度(℃) | 温度差(℃) |
| --- | --- | --- | --- |
| 500 hPa | −32.0 | −38.0 | −6.0 |
| 700 hPa | −13.0 | −23.0 | −10.0 |
| 850 hPa | −6.0 | −20.0 | −14.0 |
| 地面 | −5.0 | −17.0 | −12.0 |

从 08:00 与 20:00 两个时次的各层次温度对比可见(见表 1),对流层中低层降温显著,而高层降温没有那么强烈,850 hPa 降温明显高于 700 hPa 和 500 hPa。从 08:00 和 20:00 的温度平流剖面图分析,冷平流中心位于 700 hPa 层次。这一结果可能是强降雪凝结潜热释放所致,即强降雪凝结过程可能集中在 700~500 hPa 层次中。

# 4　暴风雪成因分析

## 4.1　降雪因素

暴风雪天气的形成必须要有足量的降雪,较强的降雪是暴风雪天气形成的必要条件。在本次暴风雪天气过程中,河套气旋的强烈发展,造成阴山北麓及其偏东地区出现大到暴雪,是形成暴风雪天气的重要因素。

### 4.1.1　抬升条件

#### 4.1.1.1　高、低空急流特征

03 日 08:00,在 300 hPa 高空全风速分布图上(图 5a)存在一支较强的高空急流,急流走向为 WWN-EES,从蒙古国西南部一直贯穿到内蒙古中西部地区,中心强度 60 m·s$^{-1}$,内蒙古河套地区的降水区域恰处于高空急流出口区左前方的辐散区,强烈的高层辐散抽吸作用使地面河套气旋强烈发展,促进低空水汽辐合,加强了整层的上升运动。

与之对应 850 hPa 全风速图上(图 5b),存在两支低空急流,一支位于内蒙古西部及蒙古国西南部的强西风急流,急流中心强度 22 m·s$^{-1}$,急流前端西伸到内蒙古河套地区,配合着冷平流;另一支从四川盆地东侧一直北伸到河北一带的南风低空急流,急流中心风速大于 14 m·s$^{-1}$,配合着暖平流。内蒙古中部河套地区正好位于这支西南低空急流的左前方,它把南方的暖湿气流不断输送到内蒙古中部地区。本次降水的发生区域正好在冷、暖两支低空急流的交汇处,对强降雪的发生有利。

#### 4.1.1.2　散度场特征

对散度场的分析可见(图略),2 日 20:00 到 3 日 08:00,河套地区 850 hPa 散度中心值由 −20×10$^{-6}$ s$^{-1}$ 增强到 −40×10$^{-6}$ s$^{-1}$,这与河套气旋的强烈发展相对应。另外,配合高空

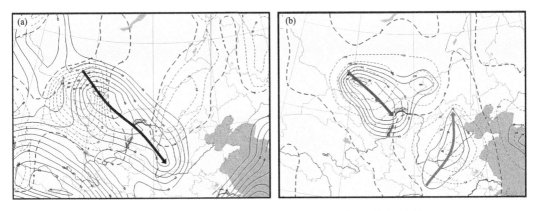

图 5　2010 年 1 月 3 日 08:00 300 hPa 全风速(实线)及散度(虚线)(a)

850 hPa 全风速(实线)及温度平流(虚线)(b)

(全风速,单位:m·s$^{-1}$;散度场,单位:$10^{-6}$ s$^{-1}$;温度平流,单位:$10^{-5}$℃·s$^{-1}$)

200 hPa 该地区为 $10×10^{-6}$ s$^{-1}$ 的辐散。形成高层辐散低层辐合的形势,这种高低空配置的抽吸作用,使上升运动得到发展加强,对强降雪的形成极为有利。

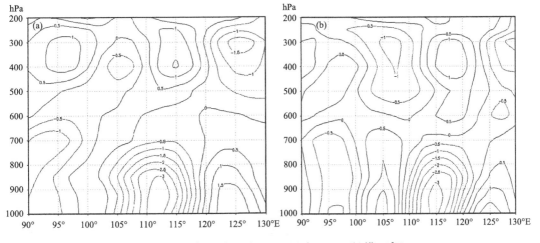

图 6　2010 年 1 月 3 日 08:00(a)和 14:00(b)沿 42°N

纬向散度的垂直剖面(单位:$10^6$ s$^{-1}$)

对 3 日 08:00 散度场沿 42°N 纬向做垂直剖面图(图 6a),分析发现同样结论,降雪区 103°~118°E 上空具有低层辐合和高层辐散的结构。在 700 hPa 以下皆为辐合层,850 hPa 辐合最强达$-30×10^{-6}$ s$^{-1}$(图 6a),而 500 hPa 以上辐散较弱,400 hPa 辐散中心强度为 $15×10^{-6}$ s$^{-1}$。低层辐合明显强于高层辐散,因此也说明了大到暴雪的产生主要是由中低层系统强烈发展所致。3 日 14:00(图 6b)辐合区东移至 108°~120°E,辐合层厚度基本保持不变,强度中心仍为 850 hPa 的$-30×10^{-6}$ s$^{-1}$,即降雪仍在持续。而西部 100°~108°E 出现辐散区,有下沉气流产生,有动量下传作用,这也正是内蒙古河套西部开始产生强风的原因。同时值得关注在 100°~120°E 区域存在一次级环流,其辐合上升支区域有降雪产生,而它的下沉支区域有强风的产生。

#### 4.1.1.3　垂直运动特征

垂直运动使水汽冷却凝结,是产生降雪的重要条件。在 3 日 08:00 沿 42°N 纬向的垂直速度剖面图上(图 7a),分析表明,强降雪区正好处于强烈的上升运动区域,垂直运动最大中心位于 700~400 hPa 层次上,最大垂直速度为 600 hPa 上的 0.045 m·s⁻¹,与上节估计的凝结层次基本一致,这支强上升运动是强降雪的重要条件。到 3 日 14:00(图 7b),在 113°E 以西出现下沉运动,最大中心位于 700 hPa 附近,最大下沉速度−0.018 m·s⁻¹,上升运动区抬升至 300 hPa 以上,上升运动最大中心位于 150 hPa 上,最大垂直速度为 0.015 m·s⁻¹。上升运动区抬升使降雪明显减弱,低层的下沉运动区域在内蒙古高原上造成强风,吹起暴风雪。

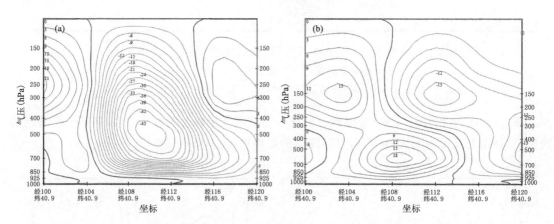

图 7　2010 年 1 月 3 日 08:00(a)和 14:00(b)沿 42°N
纬向的垂直速度剖面图(单位:10³ m·s⁻¹)

### 4.1.2　水汽条件

#### 4.1.2.1　水汽输送特征

根据天气学原理,水汽局地变化项可以用下式表达:

$$\frac{\partial q}{\partial t}=-V\cdot\nabla q-\omega\frac{\partial q}{\partial z}-C+K_q\frac{\partial^2 q}{\partial z^2}$$

式中包括:比湿平流项、比湿垂直输送、凝结蒸发项、湍流扩散项,由于对流层低层的湿度对降水的贡献最为重要,所以在预报工作中,用比湿平流来表示。一般分析 850 hPa 或 700 hPa 面上的等比湿线(或等露点线)和风场来判断比湿平流的符号和大小。湿平流引起局地比湿增加,从实际分析可知,某地区在降水(特别是暴雨、暴雪)前,其低层的比湿有明显的增加,而这种增加又主要是由水汽平流所引起的。因此,分析低层的水汽平流是降水预报中的一个重要内容[18]。

3 日 08:00 850 hPa 比湿场与流场的叠加图(图 8),比湿线与流场有很好的叠加,流场上河套北部地区有明显的辐合,而湿舌从孟湾和四川盆地一直北伸到内蒙古河套地区。因此低空的水汽和动力辐合是造成本次大到暴雪天气的重要条件。

从水汽通量散度与流场叠加图(图略)分析有同样的结论,水汽通量散度在内蒙古中部河套北部地区有一个辐合中心,强度达−10×10⁻⁷ g·s⁻¹·cm⁻²·hPa⁻¹。说明中低层水汽和动力的辐合是造成内蒙古中部大到暴雪天气的重要条件。

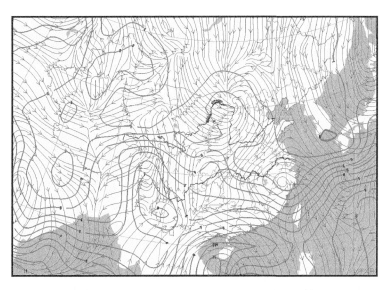

图 8  2010 年 1 月 3 日 08:00 850 hPa 比湿与流场

#### 4.1.2.2  本地水汽特征

对于像内蒙古这样的干旱地区,强降雪的发生本地水汽也是非常重要的。选取 53463 站做单站探空相对湿度(图略)分析可知,大致在 850 hPa 以上一直到 600 hPa 相对湿度都在 92% 左右。在 53463 站的温度对数压力图上(图 4a)看到从 850 hPa 到 500 hPa 温度与露点线十分接近。说明对流层中低层湿度较大,非常有利于强降雪。

### 4.2  大风因素

#### 4.2.1  动量下传特征

高空急流的存在及其动量的下传作用,对中纬度地面大风的形成至关重要。在 3 日 20:00 300 hPa 全风速与散度场上(图 9a,另见彩图 2a),内蒙古中部存在一支西北—东南向的高空急流,中心强度达 64 m·s$^{-1}$,阴山北麓地区正处于高空急流入口区的左侧辐合区中,高空辐合产生下沉运动,从而使动量下传到对流层中低层,在对流层中低层产生强冷平流,进一步在冷平流和次级环流的作用下达到地面,造成地面大风。此时,地面已经有较强降雪发生,大风吹起雪花形成暴风雪天气。因此高空急流强盛结合动量下传机制是内蒙古地面大风形成的重要条件。

为了更清楚地分析动量下传特点,制作了沿 42°N 纬向的全风速与流场剖面图(图 9b,另见彩图 2b)。3 日 14:00,105°～115°E 为整层的下沉气流,这支下沉气流是高空急流入口区的左侧辐合区中产生下沉运动与对流层中低层次级环流下沉支的重叠,因此下沉运动基本可以到达近地层。在下沉气流作用下全风速大值区风速等值线明显下伸,高空的动量通过下沉运动输送到低层甚至地面。动量下传作用非常明显,20 m·s$^{-1}$ 大值区下传至 850 hPa,地面最大风速达到 10～15 m·s$^{-1}$。3 日 14:00 动量下传作用最明显的是 110°E 附近地区,恰好是内蒙古中部发生暴风雪的区域。

#### 4.2.2  地面变压场特征

从地面 3 h 变压分析可见(图略),3 日 08:00 河套东部地区仍处于负变压中,此时河套东部

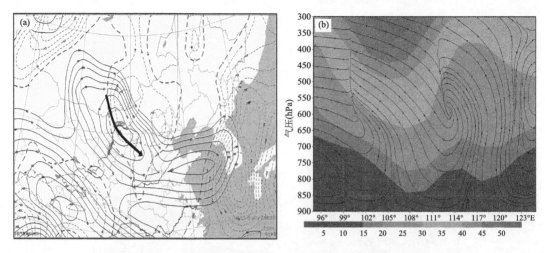

图9　2010年1月3日20:00 300 hPa全风速与散度(a)14:00沿
42°N全风速(阴影)与流场剖面图(b)

地区暖湿空气强盛,降雪加强,正变压区在内蒙古河套地区以西偏北地区中心值为5 hPa,冷空气造成了河套偏北地区大风沙尘暴天气。到11时零变压线恰好在集宁西北部,正变压中心增强至6 hPa,表明冷空气开始侵入内蒙古河套东部地区。到3日14:00至20:00正变压持续大值(6 hPa),完全占据河套大部地区并继续东南下侵入内蒙古中部。说明冷空气强盛并持续南下,在其影响下发生暴风雪天气。到23:00正变压大值区消失,冷空气南下趋势减弱,暴风雪天气停止。

### 4.2.3　锋生作用

锋生作用是冷空气加强并南下的结果。为了分析清楚冷空气何时达最强,计算了3日02:00、08:00、14:00、20:00满都拉(53149)、蒙古国的赛汗敖包(44336)站与集宁(53480)的温差(表2)和气压差(表3)。结果表明3日02:00—14:00,气温水平梯度和气压水平梯度都明显增大,说明集宁站与上游站之间锋生显著。在锋生作用下,梯度风会不断加强,将对集宁站及其上游出现大风天气非常有利。

表2　2010年1月3日02:00—20:00集宁、满都拉、赛汗敖包地面气温及其温差　　　单位:℃

| 时刻 | 集宁 | 满都拉 | 赛汗敖包 | 集宁-满都拉 | 集宁-赛汗敖包 |
|---|---|---|---|---|---|
| 3日02:00 | −12.0 | −11.0 | −18.0 | −1.0 | 6.0 |
| 3日08:00 | −11.0 | −16.0 | −23.0 | 5.0 | 12.0 |
| 3日14:00 | −8.0 | −20.0 | −20 | 12.0 | 12.0 |
| 3日20:00 | −18.0 | −24.0 | −22.0 | 6.0 | 4.0 |

表3　2010年1月3日02:00—20:00满都拉、赛汗敖包、集宁地面气压及其气压差　　　单位:hPa

| 时刻 | 满都拉 | 赛汗敖包 | 集宁 | 满都拉-集宁 | 赛汗敖包-集宁 |
|---|---|---|---|---|---|
| 3日02:00 | 136 | 244 | 175 | −39 | −136 |
| 3日08:00 | 127 | 378 | 115 | 12 | 263 |
| 3日14:00 | 259 | 419 | 127 | 132 | 292 |
| 3日20:00 | 377 | 510 | 263 | 106 | 247 |

### 4.3　地形影响

本次的暴风雪过程是发生在内蒙古中部沿阴山山脉北麓及其东部地区,是内蒙古高原草原区域,地形较为平坦,是大风多发区,对大风的形成较为有利。另外,其南部是东西向的阴山山脉与其东部东北—西南向的山脉相交,形成广口V字型山脉阻挡,在V字型的山口处有西北风汇流作用,加强了地面风速,使得位于V字型的山口地区的化德站暴风雪一直持续到4日05:00。

## 5　小结

(1)本次暴风雪过程发生在地面强降雪出现之后,地面气压跃升,气温骤降,风力加强的时段里,说明暴风雪是在强冷空气入侵之后发生的。另外需要注意的是,在同一过程中,集宁站暴风雪发生在降雪结束后,而朱日和站暴风雪发生在降雪过程中。因此,在前期有充足降雪的情况下,暴风雪既可以发生在有降雪的条件下也可以发生在无降雪的条件下。

(2)暴风雪过程中,较强降雪是必要条件,本次降雪主要影响系统是河套气旋强烈发展,河套气旋是对流层中低层的浅薄系统,降雪的形成主要在500 hPa至700 hPa层次上。从垂直运动空间分布和单站探空演变特征的分析得到了一致的结论。

(3)暴风雪过程中强劲高空急流起到了重要作用。在初期降雪时段,高空急流出口区左前方的辐散区,强烈的高层辐散抽吸作用使地面河套气旋强烈发展,有利于产生强降雪。在后期吹雪时段,高空急流入口区左侧的辐合区,形成下沉运动,形成动量下传条件,为地面大风和吹雪的形成提供了有利条件。

(4)暴风雪过程中存在两支低空急流,一支位于内蒙古西部及蒙古国西南部的强西风急流,配合着冷平流;另一支南风低空急流,配合着暖平流,将暖湿气流不断输送到内蒙古中部地区。强降雪区域正好在冷、暖两支低空急流的交汇处。

(5)内蒙古高原草原区域,地形较为平坦,对大风的形成较为有利。另外,其南部是东西向的阴山山脉与其东部东北—西南向的山脉相交,形成广口V字型山脉阻挡,在V字型的山口处有西北风汇流作用,加强了地面风速,使得位于V字型的山口地区的化德站暴风雪一直持续到4日05时。

**参考文献**

[1]　宫德吉.内蒙古的暴风雪灾害及其形成过程的研究[J].气象,2001,8:19-24.

[2]　吴鸿宾,王长根,袁建新,等.内蒙古自治区主要气象灾害分析(1947—1987)[M].气象出版社,1990.

[3]　王文辉,徐祥德.锡盟大雪和"771 10"暴雪分析[J].气象学报,1979,37(3):80-86.

[4]　姜学恭,李彰俊,康玲,等.北方一次强降雪过程的中尺度数值模拟[J].高原气象,2006,25(3):476-483.

[5]　刘景涛,罗孝先.内蒙古自治区天气预报手册[M].北京:气象出版社,1987:80-84.

[6]　王文,刘建军,李栋梁,等.一次高原强降雪过程三维对称不稳定数值模拟研究[J].高原气象,2002,21(2):132-138.

[7]　王文,程麟生."96.1"高原暴雪过程横波型不稳定的数值研究[J].应用气象学报,2000(04),392-399.

[8]　李彰俊,郭瑞清,吴学宏."雪尘暴"灾情形成的多因素灰色关联分析——以2001年初锡林郭勒草原牧区特大"雪尘暴"为例[J].自然灾害学报,2005,05:35-41.

[9]  宫德吉,李彰俊.内蒙古大(暴)雪与白灾的气候学特征[J].气象,2000,26(12):24-28.

[10] 胡中明,周伟灿.我国东北地区暴雪形成机理的个例研究[J].南京气象学院学报,2005,28(5):679-684.

[11] 周陆生,李海红,汪青春.青藏高原东部牧区大一暴雪过程及雪灾分布的基本特征[J].高原气象,2000,19(4):450-458.

[12] 郝璐,王静爱,等.中国雪灾时空变化及畜牧业脆弱性分析[J].自然灾害学报,2002,11(4):42-48.

[13] 陆光明,姚竟生,陶祖钰.寒潮冷堆增强的动力原因[J].气象学报,1983,41(4):393-403.

[14] 王丽,韦惠红,金琪,等.湖北省一次罕见寒潮天气过程气温陡降分析[J].气象,2006,32(9):71-76.

[15] 陶诗言.阻塞形势破坏时期东亚的一次寒潮过程[J].气象学报,1957,28(1):63-74.

[16] 许爱华,乔林,詹丰兴,等.2005年3月一次寒潮天气过程的诊断分析[J].气象,2006,32(3):49-55.

[17] 赵思雄,孙建华,陈红,等.北京"12.7"降雪过程的分析研究[J].气候与环境研究,2002,7(1):7-21.

[18] 朱根乾,林锦瑞,寿绍文,等.天气学原理和方法[M].北京:气象出版社,2000:330-331.

# 第二部分　大雪暴雪天气研究

# 2015 年 2 月 20—22 日通辽市大雪天气过程分析*

祁雁文

（通辽市气象局，通辽 028000）

**摘要**：为了探究通辽地区大雪天气的气象要素演变特征和影响因素以及形成原因，利用常规气象资料、自动气象站等数据，对 2015 年 2 月 20—22 日大雪天气过程进行分析，结果表明：有利的大尺度环流、有利的层结条件、充沛的水汽条件、冷暖低空急流的汇合、高低空急流的耦合、强烈的上升运动及高空急流的动量下传作用是激发此类灾害性天气的关键因素。这些指标能够为今后的大雪预报提供参考依据，对大雪预报准确率的提高起至关重要的作用。

**关键词**：阻塞高压；低空急流；蒙古气旋；高空急流；动量下传

## 引言

雪灾是内蒙古的主要气象灾害之一，对农牧业生产、交通运输、供水供电等危害极大[1]。雪灾危害的严重性引起了许多学者的关注，近年来，中国学者对于中国北方地区降雪进行了大量研究工作，取得了一定的成果[2-7]。董啸等[8]利用 1958—2007 年东北地区（黑龙江、吉林、辽宁和内蒙古东部）93 个气象台站的逐日观测资料，分析了东北地区暴雪发生的时空分布特征。孟雪峰等[9-10]利用 1971—2008 年内蒙古 117 个地面气象观测站常规观测资料，分析了内蒙古大雪的时空分布特征并开展了天气学分型研究。本文利用常规气象资料、自动气象站实况数据等对 2015 年 2 月 20—22 日大雪天气过程进行分析，总结预报的经验、方法和指标，希望在今后的大雪天气的预报中发挥重要的作用。

## 1　降水实况

受冷暖空气的共同影响，2015 年 2 月 20 日 16 时—22 日 17 时通辽市出现了一次明显的大雪天气过程，并伴有大风。奈曼旗南部和扎鲁特旗北部降雪量偏大，最大降雪量出现在扎鲁特旗的巴雅尔吐胡硕，为 12.5 mm（表 1）。

---

*　本文发表于《内蒙古气象》，2015(5)：3-6。

表 1　　2015 年 2 月 20—22 日通辽各站降水量　　　　　　　　单位:mm

| 时间 | 霍林河 | 巴雅尔吐胡硕 | 扎鲁特旗 | 科左中旗 | 舍伯吐 | 开鲁 | 科尔沁区 | 科左后旗 | 库伦旗 | 奈曼旗 | 青龙山 |
|---|---|---|---|---|---|---|---|---|---|---|---|
| 19 日 20 时至 20 日 20 时 | 0.1 | | | 0.1 | | | 0.4 | 1 | 0.2 | | 0.5 |
| 20 日 20 时至 21 日 20 时 | 1.5 | 5.3 | 1.4 | 6.5 | 7.7 | 6 | 6 | 4 | 3.7 | 4.4 | 9.4 |
| 21 日 20 时至 22 日 20 时 | 2.7 | 7.2 | 0.1 | 1.3 | 0.6 | 0.1 | | | | | |

# 2　环流形势演变

## 2.1　高空形势

前期 500 hPa 中高纬度环流背景为"两槽两脊"型。在乌拉尔山的东部与日本海西部分别有一高压脊,在贝加尔湖以西和鄂霍次克海以西地区分别是低涡。19 日 08 时,乌拉尔山高压脊的建立,加强了经向环流,有利于极地冷空气源源不断沿着高压脊前的偏北气流南下,强冷空气堆积促使贝加尔湖以西低涡系统不断发展。由于鄂霍次克海以西低涡的稳定少动,对日本海以西的高压脊有所阻挡,使其稳定少动并发展,在日本海形成高压坝,对上游的系统起到阻挡作用,使贝加尔湖以西的低槽东移速度缓慢,并且槽前呈疏散状,低槽在东移的过程中有发展加深趋势。21 日 08 时,低槽在贝加尔湖以南地区加深为低涡,通辽市处于低涡前部的控制。700 hPa 形势场上:20 日 08 时,高空锋区明显,贝加尔湖的低槽形成"阶梯槽",有利于槽的进一步加深发展,槽前有明显的暖平流,槽后有明显的冷平流,有利于大气斜压性的发展。850 hPa 形势场上:20 日 08 时(图略),通辽市处于西南气流的控制,且西南风速加大,在南部存在西南风低空急流,使渤海通向通辽市上空的水汽通道建立,将渤海湾的西南暖湿空气向北输送,提供了有利的水汽条件和产生低空的水汽辐合,同时造成不稳定能量及触发机制,对降水十分有利。槽前等高线与等温线呈反位相叠加,使低涡前部具有明显的暖平流,而低涡后部的等高线与等温线几乎呈 90°的交角,冷平流十分强盛,有利于大气斜压性的发展,造成不稳定层结条件。低空的暖平流使槽前的高脊有所发展,低槽的加深和槽前脊的发展有利于槽前正涡度平流的加强,槽前正涡度平流和低空暖平流的减压,均使地面系统快速发展。

22 日 08 时,500 hPa 形势场上,低涡东移北上;700 hPa 和 850 hPa 形势场上,通辽市处于低涡后部西北气流的控制,风速加大,形成明显的降温和大风天气。22 日 20 时,低涡东移出通辽市,影响结束。

## 2.2　地面形势

19 日 08 时,地面图上,贝加尔湖上游地区至通辽市西部均处于低压带的影响之中,随着西伯利亚冷高压中心的发展加强,低压中心逐渐东移南下,19 日 14 时发展加强为蒙古气旋。蒙古气旋继续东移,20 日 14 时(图略),通辽市受气旋前部的影响,气旋东移的速度缓慢,且不断加强。西伯利亚冷高压也不断东移南下,蒙古地区形成蒙古冷高压,冷高压的南侵与蒙古气旋之间的气压梯度不断加大,等压线变得更加密集,从而产生地面大风,冷空气南侵,造成通辽市气温大幅下降。直到 22 日 14 时,地面冷锋过境,通辽市转为冷锋后部偏北气流的影响,降雪结束。22 日 20 时,气旋的影响结束。

# 3 大雪形成的原因分析

## 3.1 垂直运动条件

### 3.1.1 高、低空急流的耦合

20 日 20 时,300 hPa 高度上:通辽市北部存在一支近似偏西风的高空急流,在高空急流入口区的右侧,高层强烈的辐散抽吸作用使地面气旋强烈发展,从而促进低空的水汽辐合,加强了整层的上升运动。此外,对流云体发展过程中,由于水汽凝结释放潜热,会使云体上部增暖,高空急流能将云体上部增暖的空气带走,起到通风作用,使空气凝结潜热扩散,有利于对流云的维持、发展以及上冷下暖的大气层结的维持。同时 850 hPa 高度场上,在通辽市南部沿着渤海湾存在一支偏南风低空急流,低空急流出口区的左前方对应强烈的辐合区,大雪出现在高空急流入口区的右侧和偏南低空急流左前方相叠加的区域。

21 日 08 时 850 hPa 高度上(图 1),存在两支低空急流:一支是由蒙古国至通辽市的强西北风急流,配合着冷平流,不断将干冷空气向通辽市输送;另一支从黄海北伸到通辽市东部地区的偏南风低空急流,配合着暖平流,它把海上的暖湿气流不断输送到通辽市。这两支冷、暖低空急流的汇合,对较强降水的发生非常有利。

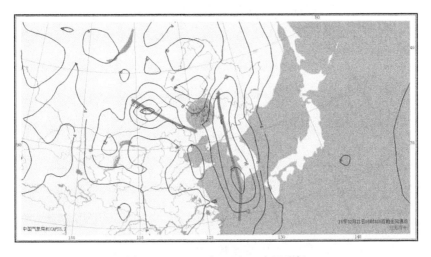

图 1 21 日 08 时 850 hPa 全风速场

### 3.1.2 涡度平流作用—垂直上升运动的维持和加强

从 20 日 08 时 700 hPa、850 hPa 高度场分析:低槽前明显的暖平流,使槽前的高脊有所发展,低槽的加深和槽前脊的发展有利于槽前正涡度平流的加大,沿着 47.9°N,105.0°E 至 55.1°N,122.5°E 做 20 日 08 时涡度平流的空间剖面图(图略)可得:在高层槽前为强的正涡度平流。涡度平流的加大,促使低层的正涡度加大,使地面系统快速发展,整层的抬升运动得以加强。

### 3.1.3　垂直速度场的特征

由 21 日 08 时垂直速度空间剖面图(图 2)可得:在通辽市上空上升气流厚度从近地层到 110 hPa 附近,表明当时的垂直运动条件非常好,有利于降水的维持。最强上升速度中心位于通辽市的西北部地区,对应了西北部地区的降水量偏大。

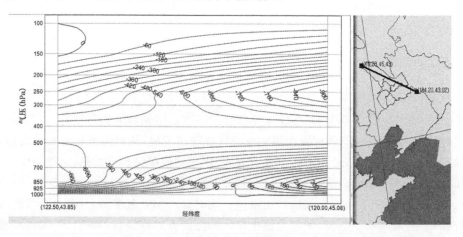

图 2　21 日 08 时垂直速度剖面与剖面位置

### 3.1.4　散度场的特征

对 21 日 08 时散度场的垂直剖面图(图 3)分析可知:在通辽市低层存在较明显的辐合,这与地面气旋的强烈发展相对应。而高层处于明显的辐散,这种高层辐散低层辐合的高低空配置的抽吸作用,使上升运动发展加强,对降水的形成和维持极为有利。

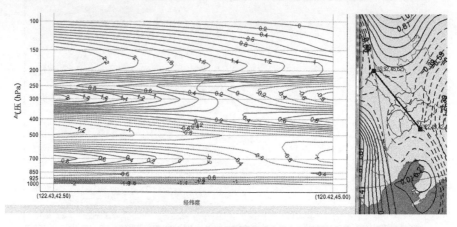

图 3　21 日 08 时散度场剖面与剖面位置

## 3.2　水汽条件

### 3.2.1　低空急流的作用

从 20 日 20 时开始,850 hPa 高度场上,在通辽市南部地区存在一支西南风低空急流,这支低空急流一直维持至 21 日 08 时,该急流使渤海、黄海通向通辽市的水汽通道得以顺利建立,将南来的暖湿空气向通辽市输送,为通辽市提供有利的水汽条件。

### 3.2.2 水汽特征

21 日 08 时,从通辽站的温度对数压力图(图略)上可以看到,近地层到 400 hPa 附近,温度露点线都十分接近,说明湿层较厚,非常有利于降雪。对本站做探空相对湿度分析可知,在 1000 hPa 以上一直到 600 hPa,相对湿度都在 80%～92%,表明中低层的湿度较大。

### 3.2.3 温度露点差场的特征

21 日 08 时 850 hPa:通辽市绝大部分地区处于 $T-T_d \leqslant 4$ ℃的区域,表明当时对流层低层的湿度条件很好,对降水的贡献最为重要。

## 3.3 不稳定层结条件

从 20 日 08 时 850 hPa 形势场(图略)上分析,槽前等高线与等温线呈反位相叠加,使低涡前部具有明显的暖平流,暖湿空气造成位势不稳定。而在低涡后部的等高线与等温线几乎呈 90°的交角,冷平流十分强盛,有利于大气斜压性的发展,造成不稳定层结条件。

从 20 日 08 时 500 hPa 与 850 hPa 的温差场来看,通辽站为 26 ℃,证明当时大气层结的不稳定。此外,从 20 日 08 时 850 hPa 的假相当位温场来看,有一个明显的高能舌伸向通辽市,也佐证了不稳定的大气结构。

## 3.4 降水持续的时间

从 21 日 20 时 500 hPa 形势场(图略)可以得出:由于东北低涡的稳定维持,对日本海高压坝形成了一定的阻挡作用,阻挡的时间从 19 日 08 时—21 日 20 时。日本海高压坝的稳定少动,进而阻挡了西来槽的东移,使其移动速度减慢,经向度加大,在从极地南下的冷空气的补充下,逐渐发展加强形成低涡,系统维持的时间较长,这是形成降水量多的一个必不可少的条件。

# 4 大风形成的原因分析

## 4.1 高空急流的作用

此次过程大风属于冷锋后部的偏北大风。22 日 08 时 300 hPa(图略)上,存在一支西南—东北向的高空急流,急流中心风速达 46 m·s$^{-1}$,通辽市处于高空急流入口区左侧的辐合区中,高空辐合产生下沉运动,从而使动量下传到对流层中低层,在次级环流的作用下达到地面,造成地面大风。沿着 45.4°N、119.1°E 至 40.4°N、127.6°E 做 22 日 08 时垂直速度的空间剖面图可见(图 4),在高空急流西侧维持一个从高层到低层的下沉运动区,在高空急流东侧下方维持一个从低层到高层的上升运动区,这样,在急流西侧出现的下沉气流把高空的冷空气带下,而急流东侧的上升气流则将底层的暖湿气流带上,冷空气下沉,暖空气上升,高空急流轴下方形成次级环流。因此高空急流强盛,结合动量下传机制是地面大风形成的重要条件。从通辽站的探空资料的时间剖面图可以看出(图略):从 21 日 08 时到 22 日 08 时通辽市上空风速大值区等风速线明显下伸,表明高空的动量通过下沉运动输送到低层甚至地面。通辽市的大风天气出现在该时间段内。

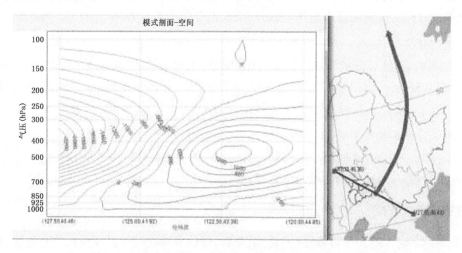

图 4　22 日 08 时垂直速度的空间剖面

### 4.2　变压风

由地面 3 h 变压场分析,从 21 日 17 时(图略)开始,通辽市处于负变压与正变压之间的过渡带,正、负变压中心之间的变压差可达 6 hPa,在该过渡带形成了较强的变压风,变压风亦加强了地面风速[11],因此产生了地面大风。

### 4.3　梯度风

由 22 日 08 时地面形势场可见:通辽市处于地面气旋与冷高压之间强的气压梯度带,由于高空锋区两侧冷、暖平流的加压、减压作用,使锋区附近和锋后的气压梯度加大,产生梯度风,导致地面风速加强。

## 5　小结

本次降雪主要是由高空贝加尔湖低涡东移南下配合地面蒙古气旋共同影响的。由于东北低涡的稳定少动,对日本海以西的高压脊有所阻挡,使其稳定少动,并发展,在日本海形成高压坝,对上游的系统起到阻挡作用,系统维持的时间较长。蒙古冷高压的南侵,在它与地面气旋之间形成较强的气压梯度,从而形成了地面大风。

不稳定层结条件也是本次过程的重要的因素。低层槽前等高线与等温线呈反位相叠加,使低涡前部具有明显的暖平流,而低涡后部的等高线与等温线几乎呈 90°的交角,冷平流十分强盛,有利于大气斜压性的发展,造成不稳定层结条件。低空的暖平流使槽前的高脊有所发展,槽前正涡度平流和低空暖平流的减压,均使地面系统快速发展,导致低空水汽辐合,触发不稳定能量的释放。

在低层,低空急流的建立,提供了有利的水汽条件和产生低空的水汽辐合,造成不稳定能量及触发机制,同时两支冷、暖低空急流在通辽市汇合,对较强降水提供了有利的辐合抬升条件。

　　高、低空急流的耦合作用对本次大雪的形成非常重要。在高空急流入口区的右侧,高层强烈的辐散抽吸作用使地面气旋强烈发展,从而促进低空的水汽辐合,加强了整层的上升运动。此外,对流云体发展过程中,由于水汽凝结释放潜热,会使云体上部增暖,高空急流能将云体上部增暖的空气带走,起到通风作用,使空气凝结潜热扩散,有利于对流云的维持和发展,有利于上冷下暖的大气层结的维持。同时在低层,低空急流出口区的左前方对应强烈的辐合区,大雪出现在高空急流入口区的右侧和低空急流左前方相叠加的区域。

　　高空急流强盛结合动量下传机制是地面大风形成的重要条件。通辽市处于高空急流入口区左侧的辐合区中,高空辐合产生下沉运动,从而使动量下传到对流层中低层,在次级环流的作用下到达地面,造成地面大风。

　　因此,有利的大尺度环流、不稳定层结条件、较长的持续时间、高低空急流的耦合、冷暖低空急流的交汇、充沛的水汽条件、强烈上升运动及动量下传作用,是激发这次大雪、大风天气的极为有利的因素,可以作为预报此类灾害天气过程的指标。

## 参考文献

[1] 孟雪峰,孙永刚,姜艳丰.内蒙古东北部一次致灾大到暴雪天气分析[J].气象,2012,38(7):878.

[2] 宫德吉.内蒙古的暴风雪灾害及其形成过程的研究[J].气象,2001,27(8):19-24.

[3] 宫德吉,李彰俊.内蒙古大(暴)雪与白灾的气候学特征[J].气象,2000,26(12):24-28.

[4] 宫德吉,李彰俊.低空急流与内蒙古的大(暴)雪[J].气象,2001,27(12):3-7.

[5] 陈传雷,蒋大凯,陈艳秋,等.2007年3月3—5日辽宁特大暴雪过程物理量诊断分析[J].气象与环境学报,2007,23(5):17-25.

[6] 赵雅轩,梁军,石小龙,等.2009年隆冬辽宁雨转暴雪和大雪过程对比分析[J].气象与环境学报,2010,26(5):30-36.

[7] 梁红,马福全,李大为,等."2009.2"沈阳暴雪天气诊断与预报误差分析[J].气象与环境学报,2010,26(4):22-28.

[8] 董啸,周顺武,胡中明,等.近50年来东北地区暴雪时空分布特征[J].气象,2010,36(12):76-81.

[9] 孟雪峰,孙永刚,云静波,等.内蒙古大雪的时空分布特征[J].内蒙古气象,2011(1):3-6.

[10] 孟雪峰,孙永刚,姜艳丰,等.内蒙古大雪天气分型研究[J].内蒙古气象,2011(3):3-8.

[11] 朱乾根,林锦瑞,寿绍文,等.天气学原理和方法[M].北京:气象出版社,2000:249.

# 内蒙古中西部的一次大雪过程分析<sup>*</sup>

仲夏　　孙鑫　　孟雪峰

(内蒙古自治区气象台,呼和浩特 010051)

**摘要:**利用常规资料、NCEP 资料对 2004 年 12 月 20—23 日内蒙古中西部地区的一次大雪天气进行分析,结果表明:此次暴雪天气属于弱冷空气类槽涡型,受低空风场辅合配合高空短波槽的影响造成的,大气层结不稳定,且低层有明显的水汽输送和辅合,并伴有较强的上升运动,为降雪提供有力的水汽条件、动力条件、层结条件。

**关键词:**大雪过程;气象灾害;内蒙古

## 引言

　　大雪、暴雪是内蒙古主要的气象灾害,对于交通、农业都有很大的影响。国内外很多气象学者从大气环流形式、中尺度特征、数值模拟等多个角度对大雪、暴雪过程进行了分析,并且总结了很多适用于本地降雪过程预报的物理量指标[1-4]。

　　笔者利用常规观测资料、NCEP 资料,对一次发生在内蒙古中西部的大雪过程进行分析,从影响系统、环流形势、物理量配置等多个角度进行总结归纳,进一步通过对于此次历史个例进行分析。

## 1　降雪实况

　　此次降雪过程从 2004 年 12 月 20 日 14 时开始,至 23 日 20 时结束,影响时间较长。20 日 14 时,鄂尔多斯市南部开始出现微量降雪(图 1)。21 日 08 时—22 日 08 时为降雪量最大的时间段,从 24 h 降雪量分布来看(图 2a),主要出现在阿拉善盟东北部、巴彦淖尔市、鄂尔多斯市、呼和浩特市、包头市、乌兰察布市。从具体降雪量来看(图 2b)巴彦淖尔市杭锦后旗、临河 24 h 降雪量达 7 mm,鄂尔多斯市准格尔旗 24 h 降雪量达 8 mm,伊金霍洛旗 24 h 降雪量达 6 mm;乌拉特前旗 24 h 降雪量达 5 mm,呼市托克托县 24 h 降雪量达 5 mm;乌兰察布市的凉城、丰镇 24 h 降雪量达到 5 mm。

　　* 本文发表于《内蒙古科技与经济》,2017(23):64-69。

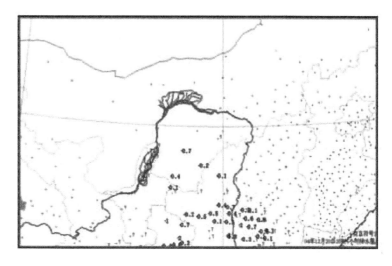

图1　2004年12月20日20时6 h降水量

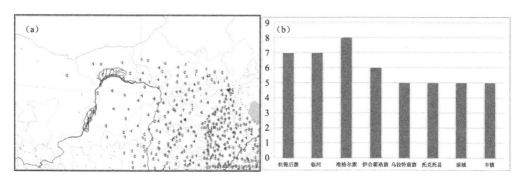

图2　21日08时—22日08时 (a)24 h降雪分布图;(b)24 h降雪量

# 2　大尺度环流形势分析

## 2.1　地面形势场

从地面形势场来看,20日20时(图3a),地面有倒槽自西南向东北方向伸展,在倒槽顶前部,鄂尔多斯南部开始出现降雪。

21日08时(图3b)随着地面倒槽的北挺,降雪区域也逐渐向北发展,阿拉善盟,巴彦淖尔市,鄂尔多斯都出现降雪。21日14时(图3c),地面倒槽向东北方向发展,降雪区域随着地面倒槽的发展,也开始向东扩展,至22日02时(图3d),地面倒槽发展至乌兰察布市,呼和浩特市、乌兰察布市开始出现降雪。

## 2.2　高空形势场

300 hPa高度场上,在大雪过程发成的前20日08时300 hPa(图4a)上在内蒙古中部有西北风高空急流存在,大雪产生在高空急流入口区右侧。300 hPa高空槽位于黑龙江至辽宁一

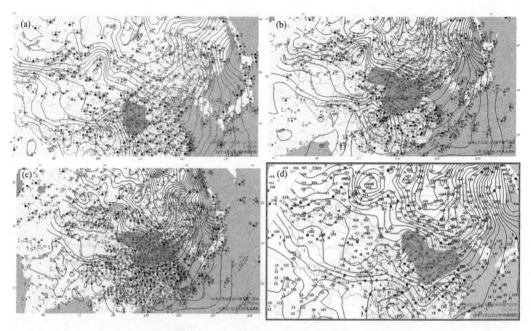

图 3　海平面气压场(阴影部分为降雪区域 a:20 日 20 时;
b: 21 日 08 时; c:21 日 14 时;d:22 日 02 时)

带,内蒙古西部地区有冷中心的存在。20 日 20 时(图 4b),高空急流东移至内蒙古中东部,高空急流一直维持在锡林郭勒盟东北部、赤峰、通辽、兴安盟上空,持续至 21 日 20 时(图 4c、4d)。

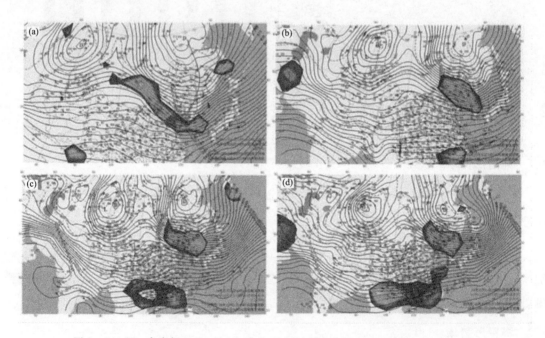

图 4　300 hPa 高度场(a:20 日 08 时;b:20 日 20 时;c:21 日 08 时;d:21 日 20 时)

21 日 08 时(图 5a),500 hPa 欧亚大陆为"两槽一脊型",乌拉尔山附近为闭合低压,东亚大槽位于 140°E 附近,两槽之间,贝加尔湖附近为一高空暖脊,高压脊前从蒙古东部到韩国一带为一西北气流锋区,乌拉尔山高空槽不断有短波槽分裂南下,内蒙古中西部地区受到暖脊的控制,河套地区处于短波槽前西南气流控制之下,槽前为暖平流。21 日 20 时(图 5b),短波槽东移至河套地区,高空暖脊维持稳定少动。

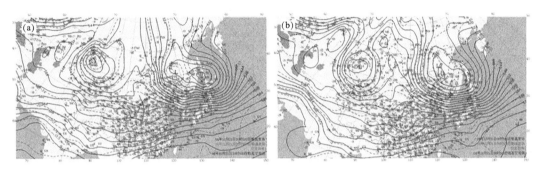

图 5　500 hPa 高度场(a:21 日 08 时;b:21 日 20 时)

700 hPa,20 日 08 时(图 6a),产生降水前,在青海湖附近有闭合的低涡环流存在,在其下游,河套地区西部有闭合的暖中心存在,同时,在河套地区上空有偏南气流建立,20 日 20 时(图 6b),闭合低涡环流向东南方向移动,河套地区转为受到南北走向的暖舌控制,在河套地区西侧风场近似成闭合气旋式旋转,并有人字形切变在河套地区西侧形成,在河套西侧附近扰动维持至 21 日 08 时(图 6c),河套地区有偏南气流也一直维持,使水汽从孟加拉湾向河套地区持续输送;21 日 20 时(图 6d),风场切变东移北抬至河套地区上空。

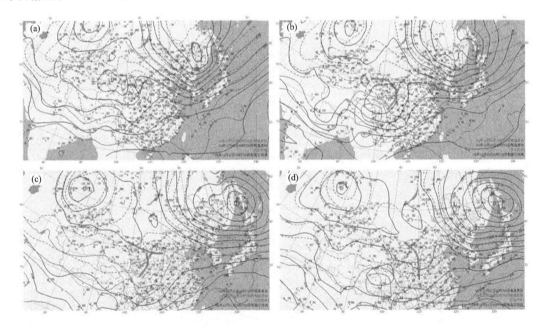

图 6　700 hPa 高度场(a:20 日 08 时;b:20 日 20 时;c:21 日 08 时;d:21 日 20 时)

850 hPa20 日 08 时(图 7a),降水开始前,内蒙古西部地区受偏东风控制,20 日 20 时(图 7b),在河套地区上空形成闭合的暖中心,在 21 日 08 时(图 7c),中西部出去偏东风控制之下,河套地区上空为暖脊控制。21 日 20 时(图 7d),河套地区西侧形成闭合气旋式环流,中心位于阿拉善盟东部,依然为暖区控制之下。

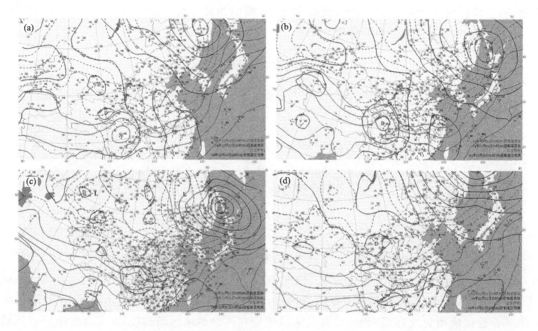

图 7　850 hPa 高度场(a:20 日 08 时;b:20 日 20 时;c:21 日 08 时;d:21 日 20)

# 3　条件和成因

## 3.1　动力条件

　　700 hPa 上 20 日 20 时(图 8a),在河套南部有弱的风场气旋式辐合,河套地区受偏南气流控制。21 日 20 时(图 8b),气旋向东移动。850 hPa 上 20 日 20 时(图 9a),河套地区受东南气流控制,21 日 20 时(图 9b),在河套地区在西南侧有闭合式气旋环流形成。

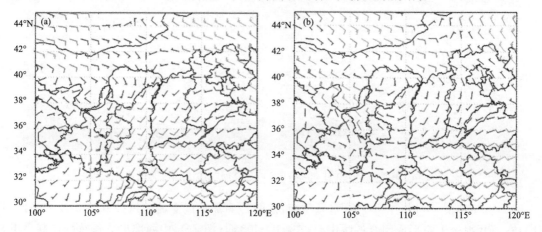

图 8　700 hPa 风场(a:20 日 20 时;b:21 日 20 时)

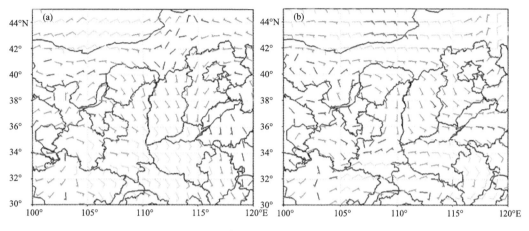

图 9 850 hPa 风场(a:20 日 20 时;b:21 日 20 时)

21 日 14 时(图 10a),内蒙古河套地区以西 500 hPa 正涡度区域,近似呈西北-东南走向的正涡度带,并且存在两个"正涡度核",一个中心最大数值为 $55 \times 10^{-6} s^{-1}$,位于阿拉善盟西部,另外一个在河套地区上空,最大数值为 $40 \times 10^{-6} s^{-1}$,在锡林郭勒盟 21 日 20 时(图 10b),正

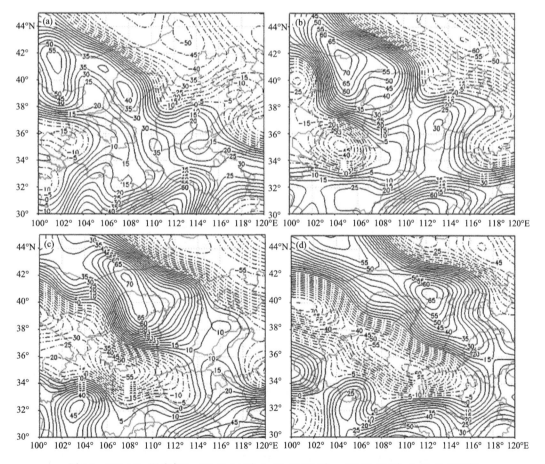

图 10 500 hPa 涡度场(a:21 日 14 时;b:21 日 20 时;c:22 日 02 时;d:22 日 08 时)

涡度核合并,正涡度区域加强东移,呈现倒"V"型。22 日 02 时(图 10c),正涡度带东移,中心区域一直延续河套地区中部,最大中心值位于内蒙古巴彦淖尔市,中心值为 $70 \times 10^{-6}$ s$^{-1}$,正涡度区域向东扩展至乌兰察布市南部地区,此时乌兰察布市降雪开始。22 日 08 时(图 10d),正涡度带东移至乌兰察布市,最大中心值为 $70 \times 10^{-6}$ s$^{-1}$

21 日 14 时,850 hPa(图 11a),从阿拉善盟到乌兰察布市一带为正涡度区域范围,共有两个"正涡度核",分别位于阿拉善盟中部,中心值为 $40 \times 10^{-6}$ s$^{-1}$ 以及河套地区西侧,中心值为 $60 \times 10^{-6}$ s$^{-1}$,20 时(图 11b),位于河套西侧的正涡度核向南移动,正涡度区域开始向东扩展(图 11c—d)。

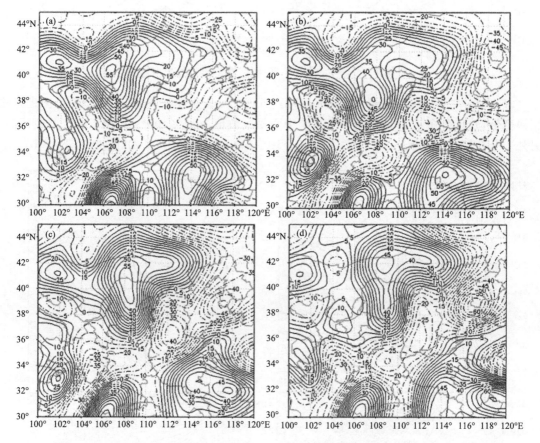

图 11　850 hPa hPa 涡度场(a:21 日 14 时;b:21 日 20 时;c:22 日 02 时;d:22 日 08 时)

850 hPa,从散度场的水平分布看,在降雪的主要时段,21 日 08 时(图 12a),河套东部、北部为风场的辐合区,中心值在 $-15 \times 10^{-6}$ s$^{-1}$ 以上。14 时(图 12b),加强至 $20 \times 10^{-6}$ s$^{-1}$,21 日 20 时(图 12c),位于河套西侧的辐合区域有所东移,扩展至乌兰察布是南部,在河套附近存在两个辐合中心,最大辐合中心为与河套东北部,中心值为 $20 \times 10^{-6}$ s$^{-1}$。22 日 02 时(图 12d),河套地区仍然为风场辐合区域,辐合中心强度增强至 $25 \times 10^{-6}$ s$^{-1}$ 左右。

从 200 hPa 散度场的分布来看(图 13),21 日 14 时,在河套地区西侧为散度为正值即风场的辐散区域,东部为负值,有较弱的风场辐合,辐散区域的中心位于阿拉善盟东部,中心强度为 $30 \times 10^{-6}$ s$^{-1}$。

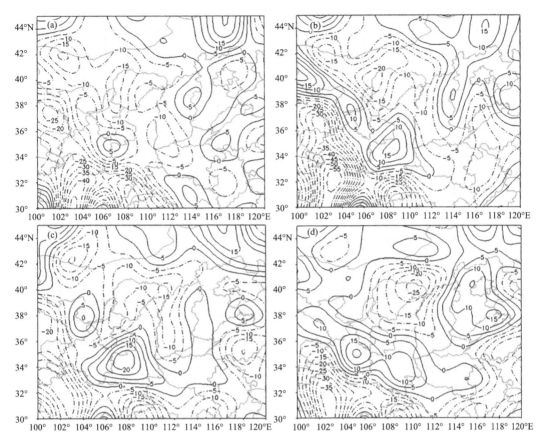

图 12　850 hPa 散度场（a:21 日 08 时；b:21 日 14 时；c:21 日 20 时；d:22 日 02 时）

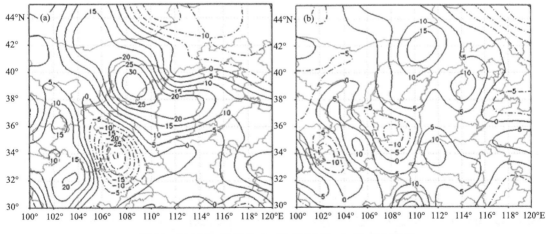

图 13　200 hPa 散度场（a:21 日 08 时；b:21 日 14 时）

　　700 hPa,垂直速度的水平分布看,在 21 日 08 时(图 14a),在内蒙古阿拉善盟至河套地区上空为垂直速度负值区,有上升运动存在,最大垂直速度负值中心位于阿拉善盟北侧,21 日 14 时(图 14b),大值中心移动至河套地区,最大值为-25 hPa·s$^{-1}$。

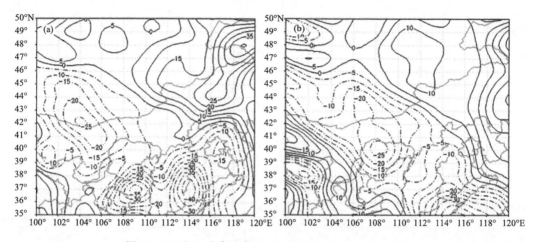

图 14　700 hPa 垂直速度（a：21 日 08 时；b：21 日 14 时）

从 21 日 14 时（图 15a），沿着到倒槽顶部，降雪量级较大的位置 39.6°N 做的垂直剖面图上可以看到，在 106°～114°E 上从从 700～200 hPa，垂直速度均为负值，也就是说在其上空均为上升运动，上升运动最大的位置，出现在 109°～110°E 左右，最大上升速度达到了 -500 Pa·s$^{-1}$。21 日 20 时（图 15b），上升运动区域东移，乌兰察布市低层开始出现上升运动，上升运动中心高度降低至 450 hPa 左右。降雪区域，在 700 hPa 高度上垂直速度 ≤ -200 Pa·s$^{-1}$，与内蒙古地区大雪发生的垂直速度指标是一致的。

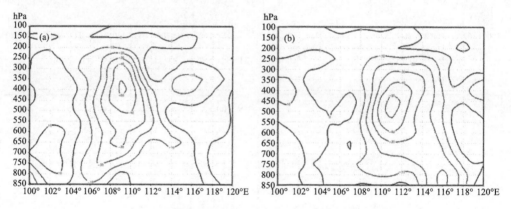

图 15　垂直速度剖面（a：21 日 14 时；b：21 日 20 时）

从相对散度的水平分布可以看出，21 日 14 时（图 16a），在河套地区上空为相对散度的正值区域，并且相对辐散（300～850 hPa）≥15×10$^{-6}$ s$^{-1}$，说明在 14 时，300 hPa 为高空辐散，低空 850 hPa 表现为风场辐合，这种高层辐散低层辐合的高低空配置，说明在 850 hPa 至 300 hPa 之间存在着上升运动，相对辐散值越大，上升运动越强。21 日 20 时（图 16b），在河套地区东部存在着一个相对辐散大值中心，中心值为 40×10$^{-6}$ s$^{-1}$，说明在河套东地区上升运动加强，并且这种高层辐散低层辐合的高低空配置开始逐渐东移。

## 3.2　水汽条件

21 日 14 时（图 17a，另见彩图 3a），河套地区西南侧的气旋式的风场辐合北抬，相对湿度大

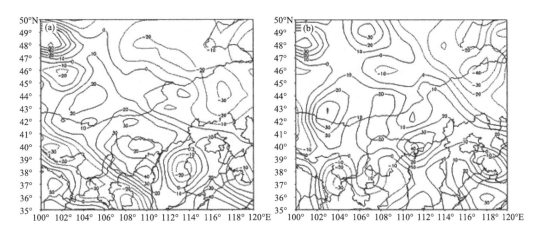

图 16　相对散度（a:21 日 14 时；b:21 日 20 时）

值区随着气旋的北抬,相对湿度大值区也向北扩展,河套大部地区相对湿度值达到了 80% 以上。说明在此次降雪过程中,水汽条件较好。21 日 20 时(图 17b,另见彩图 3b)河套地区中部相对湿度也有所增大,随着东南气流对暖湿空气的输送。

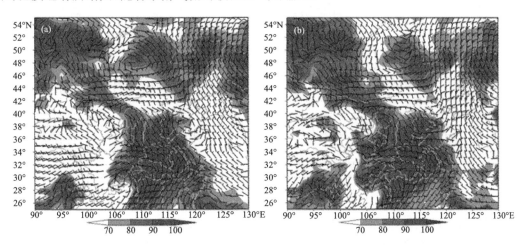

图 17　850 hPa 相对湿度和风场(a:21 日 14 时；b:21 日 20 时)

　　850 hPa 高度上的水汽通量散度的水平分布来看,强降雪发生前期,在河套地区上空的水汽通量散度场为零,无明显的水汽辐合,21 日 14 时(图 18a)在河套地区西侧有水汽的辐合,水汽辐合中心值为 $-3 \times 10^{-6}$ g · cm$^{-2}$ · hPa$^{-1}$ · s$^{-1}$,在 21 日 20 时(图 18b),水汽辐合中心移动至河套地区东部。

　　从水汽通量的水平分布来看(图 19,另见彩图 4),在长江中下游地区存在一条西南-东北走向的水汽通量带,中心值在 $8 \times 10^{-6}$ g · cm$^{-1}$ · hPa$^{-1}$ · s$^{-1}$ 以上,偏南风将水汽通量中心的水汽自南向北输送至河套地区上空,河套地区上空水汽通量值为 $8 \times 10^{-6}$ g · cm$^{-1}$ · hPa$^{-1}$ · s$^{-1}$,和内蒙古地区发生大雪的水汽通量指标是一致的。

## 3.3　层结条件

　　21 日 08 时,700 hPa 温度平流(图 20a)在河套地区有弱冷平流存在,冷平流 ≤ $-5 \times$

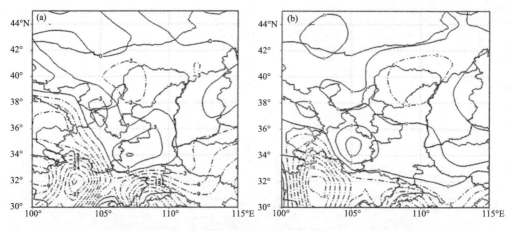

图 18　850 hPa 水汽通量散度(a:21 日 14 时;b:21 日 20 时)

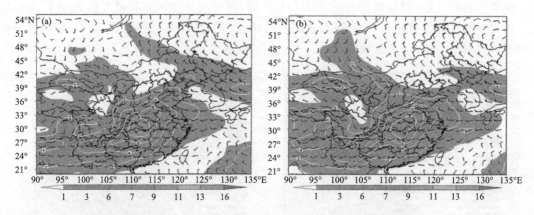

图 19　850 hPa 水汽通量(a:21 日 08 时;b:21 日 14 时)

$10^{-5}\,℃\cdot s^{-1}$ 属于弱冷空气类,同一时刻,850 hPa 上(图 21a),在河套地区北部有暖平流存在,中心位于蒙古地区,中心值为 $30\times10^{-5}\,℃\cdot s^{-1}$,在内蒙古中部为冷平流控制区域,冷平流中心位于锡林郭勒盟中部上空,中心值为 $-20\times10^{-5}\,℃\cdot s^{-1}$。21 日 14 时,700 hPa(图 20b),鄂尔多斯市西部地区为转为弱冷平流控制,850 hPa(图 21b),冷暖平流中心均向西南方向移动,暖平流中心减小至 $25\times10^{-5}\,℃\cdot s^{-1}$,冷平流增强至 $-25\times10^{-5}\,℃\cdot s^{-1}$。

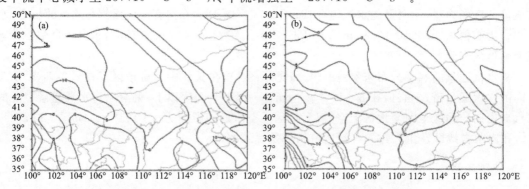

图 20　700 hPa 温度平流(a:21 日 08 时;b:21 日 14 时)

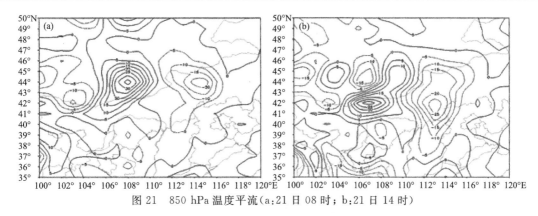

图 21　850 hPa 温度平流(a:21 日 08 时；b:21 日 14 时)

850—500 hPa 的温度平流,21 日 08 时(图 22a),在河套地区北部为正值区域,21 日 14 时(图 22b),正值区域向南移动至巴彦淖尔市,低层为暖平流,高层为冷平流,有利于不稳定层结的形成。高低空温度平流差异明显,850 hPa 为暖平流;500 hPa 为弱冷平流,且降水过程发生中,冷暖平流差异增大$\geqslant 20 \times 10^{-5}$℃·$s^{-1}$,有利于不稳定层结的形成。

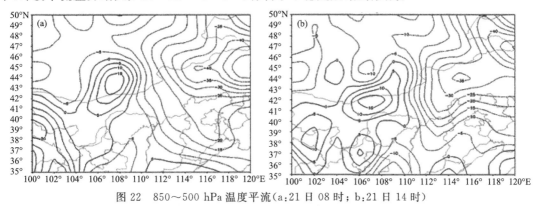

图 22　850~500 hPa 温度平流(a:21 日 08 时；b:21 日 14 时)

# 4　结论

此次大雪过程的类型为弱冷空气、槽涡型,高空有短波槽东移动,低层有风场辐合。从动力抬升条件来看,降雪区高层辐合低层辐散,有强的抬升运动,是对大雪有利的动力抬升条件。从水汽条件看,湿度条件较好,并有水气输送和水汽聚集,为大雪提供有力的水汽条件。从层结条件来看,高层为冷平流,低层为暖平流,大气层结为不稳定层结。

## 参考文献

[1]　赵桂香,杜莉,范卫东,等.山西省大雪天气的分析预报[J].高原气象,2011,30(03):727-738.

[2]　孟雪峰,孙永刚,姜艳丰,等.内蒙古大雪天气学分型研究[J].内蒙古气象,2011(03):3-8.

[3]　孟雪峰,孙永刚,云静波,等.内蒙古大雪的时空分布特征[J].内蒙古气象,2011(01):3-6+41.

[4]　郑婧,许爱华,刘波,等.江西大雪天气的时空变化及其影响系统分析[J].气象,2010,36(04):30-36.

[5]　顾润源.内蒙古自治区天气预报手册[M].北京:气象出版社,2012.

# 2014 年呼伦贝尔市一次中到大雪天气成因分析[*]

王慧清

(呼伦贝尔市气象局,呼伦贝尔 021008)

**摘要**:利用常规气象观测资料和 NCEP 2.5°×2.5°的每 6 h 分析资料,对 2014 年 2 月 26 日发生在呼伦贝尔市中到大雪天气过程进行了动力学分析,结果表明:(1)本次降雪过程是产生在欧亚大陆中高纬度两脊一槽型的环流形势下,500 hPa 上低槽是主要的影响天气系统。亚洲中纬度为纬向锋区,并有低槽活动。(2)地面高压从西伯利亚移入贝加尔湖以西到蒙古中西部,蒙古东部、贝加尔湖有气旋。(3)上升气流与高空急流汇合产生强上升运动,高层强辐散的抽吸作用对本次中到大雪的形成起了重要的作用。(4)西南低空急流的形成对水汽源源不断向我市输送起重要作用。

**关键词**:呼伦贝尔市;中到大雪;诊断分析;垂直环流

## 引言

　　呼伦贝尔市地处欧亚大陆中纬度地带,远离海洋,大部分地区属中温带大陆性季风气候,部分地区属寒温带大陆性季风气候。大兴安岭山脊和两麓气候差异明显。全市年平均降水量 250~550 mm,由于大兴安岭的地形影响,降水量总趋势是自东向西递减。呼伦贝尔市拥有草地面积 0.08×10⁸ km²,占土地面积的 32.9%,是我国草原畜牧业的主要分布区域。雪灾是牧区冬春季的主要气象灾害之一,不仅影响冬春季放牧,而且严重威胁着由于前期干旱累积而特别脆弱的冬春季畜牧业生产,是制约呼伦贝尔市畜牧业持续发展的重要致灾因子。

　　2014 年 2 月 26 日,呼伦贝尔市出现了一次大范围的降雪天气过程,全市普降小雪,鄂温克旗、小二沟、图里河降中雪,其中鄂伦春自治旗、牙克石降了大雪。本次大范围的降雪对农牧业生产、交通运输和人民生活等造成了较大的影响,然而对增加土壤墒情、缓解前期的降水量较少是比较有利的。本文利用常规观测资料和 NCEP 2.5°×2.5°的每 6 h 分析资料,计算本次中到大雪过程中涡度、散度、水汽通量、水汽通量散度等物理参数,着重分析中到大雪发生时这些物理参数的特征,以认识大雪形成的动力学机理,为实时预报业务提供使用这些物理参数的参考依据,提高呼伦贝尔市大雪预报的准确率。

* 本文发表于《内蒙古气象》,2016(03):26-29.

# 1 天气实况

受高空短波槽和地面低压的共同影响,2014年2月26日08时至27日08时在呼伦贝尔市发生了一次中到大雪,其中在,鄂伦春自治旗、牙克石降了大雪,鄂温克旗、小二沟、图里河降中雪,其余地区降了小雪。27日08时各站点积雪深度为1～40 cm(图1)。

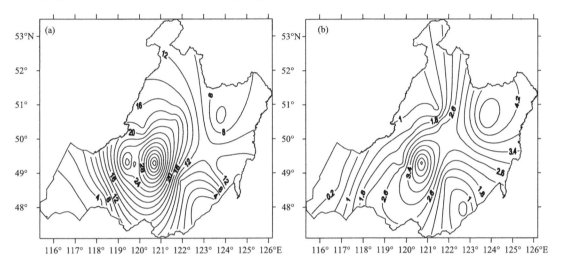

图1 2014年2月26日08时至27日08时24 h降雪量(a 单位:mm)、积雪深度(b 单位:cm)分布图

# 2 环流形势分析

在降雪前两天500 hPa高空图上(图略),欧洲大部受高脊影响,乌拉尔山以东、50°N以北,西西伯利亚地区为低涡,中西伯利亚地区为宽脊。低涡向南延伸到巴尔喀什湖附近,冷空气沿着脊前西北气流不断下滑进入低涡,使得低涡不断向南发展加深。随着时间推移,欧洲高脊逐渐移动到乌拉尔山、中亚地区,低涡也不断东移至贝加尔湖附近,中西伯利亚宽脊东移到内蒙古东部及东北平原,在亚洲中高纬度形成了两脊一槽的形势。降雪当天,低涡略北抬到贝加尔湖以北,沿着其底部不断有低槽形成发展,冷空气沿着低槽东移南下,呼伦贝尔市处于低槽前部。宽脊继续东移,在鄂霍次克海形成阻塞高脊,有利于低涡在呼伦贝尔市上空停留。在700 hPa图上(图略),亚洲中纬度为纬向锋区,在锋区上有小槽东移,并于500 hPa低槽同位相叠加。850 hPa图上(图略),呼伦贝尔市受低槽控制,槽前为暖脊,暖湿气流沿着槽前西南气流不断向呼伦贝尔市上空输送。低槽的形成发展略比中高层系统偏东,形成后倾系统。总体来看,从低层到高层,系统的发展和形成位置大体一致,表明该系统发展深厚,有利于降水的形成和持续。

# 3 地面影响系统分析

海平面气压场上,降雪前两天(图略),在里海、咸海、巴尔喀什湖一带为发展强盛的高压系统,贝加尔湖以北为一闭合低压。25 日 08 时,高压移至我国新疆以北地区,随着高压的东移,贝加尔湖以北的低压也不断东移南下,形成一个东北—西南向的低压带,呼伦贝尔市处于低压带的前部西南气流控制当中。26 日 08 时(图2),高压继续东移到萨彦岭以东蒙古国境内,同时,贝加尔湖气旋也进一步东南下,强度加强,开始影响呼伦贝尔市。受其影响,我市普降小雪,个别地区出现中雪,还有两个站降了大雪。之后,贝加尔湖气旋不断加强,受下游系统的阻挡在我市停留打转,最终东移出本市,降雪也随之结束。

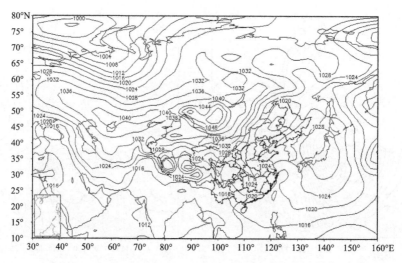

图 2　2014 年 2 月 26 日 08 时海平面气压场(单位:hPa)

# 4　成因分析

## 4.1　抬升条件

### 4.1.1　高低空急流的耦合作用

本次降雪发生时,300 hPa 高空存在一条偏西风急流,其出口区左侧与低空 700 hPa 西南风左前方耦合(图略)。高空急流出口区左侧为强辐散区,即有高空"抽吸"作用,有利于上升运动的形成和维持,导致出口区低层西南风急流的形成,对该区域对流层低层的低值系统形成和发展也极为有利,同时也有利于低空急流对暖湿气流的输送,高层则造成干冷平流,从而使大气产生强的潜在不稳定。高低空急流的耦合还可以在垂直方向激发次级环流,其上升支将触发潜在不稳定能量的释放,容易使得降雪加大。

低空急流的存在,一方面为降雪的形成提供水汽输送条件;另一方面由于次级环流的存在可造成上升运动,其抬升冷却作用将使上升的湿空气接近饱和,从而形成不稳定能量。

### 4.1.2　散度场特征

从散度场中可以看出(图略),2014 年 2 月 26 日 08 时呼伦贝尔市 850 hPa 散度中心值为 $-20 \times 10^{-6}$ $s^{-1}$,配合 500 hPa 该地区散度值为 $15 \times 10^{-6}$ $s^{-1}$ 的辐散,形成高层辐散低层辐合,这种高低空配置的抽吸作用,使上升运动得以发展加强,对降雪的形成极为有利。

从 26 日 08 时散度场的垂直剖面图(图略)中发现,降雪区上空具有低层辐合、高层辐散的结构。

700 hPa 以下为辐合层,900 hPa 附近辐合最强,达 $-55\times10^{-6}$ s$^{-1}$,而 500 hPa 以上辐合相对较弱,400 hPa 辐合中心强度为 $35\times10^{-6}$ s$^{-1}$。低层辐合明显强于高层辐散,说明了本次降雪的产生主要是由中低层系统强烈发展所致。26 日 20 时辐合区东移至 130°E 以东地区,辐合层厚度基本保持不变,呼伦贝尔市东部地区仍处于辐合区中,降雪仍在持续。而呼伦贝尔市西部出现辐散区,有下沉气流产生,同时降雪也停止。同时值得关注在 110°～130°E 区域存在一次级环流,其辐合上升支区域有降雪产生,而它的下沉支区域降雪停止,风速加大。

### 4.1.3　垂直运动特征

垂直运动使水汽冷却凝结,是产生降雪的重要条件。在 26 日 08 时沿 50°N 纬向的垂直速度剖面图上(图 3a),分析表明,降雪区正好处于强烈的上升运动略偏西的区域,垂直运动最大中心位于 700～400 hPa 层次上,最大垂直速度为 500 hPa 上的 $-24$ hPa·s$^{-1}$,这支强上升运动是降雪的重要条件。到 26 日 20 时,在 120°E 以西出现下沉运动,最大中心位于 700 hPa 附近,最大下沉速度 9 hPa·s$^{-1}$,上升运动区抬升至 300 hPa 以上。上升运动区抬升使降雪明显减弱,2014 年 2 月 26 日 08 时海平面气压场层的下沉运动区域使得呼伦贝尔市西部风力加大。

## 4.2　水汽条件

冬季降水过程与夏季主要不同的是水汽条件,因此着重分析此次过程的水汽条件。2014 年 2 月 26 日 08 时 700 hPa、850 hPa 水汽通量和风场叠加(图 3),从图中可见,此次降水的水汽通量大值区配合西南气流将水气输送到呼伦贝尔市,中心值在 2～4 g·s$^{-1}$·hPa·cm$^{-1}$。而水汽辐合(水汽通量散度负值区,图略)主要集中在风场切变线附近,与降水中心基本重合,说明水汽伴随西南气流源源不断地向呼伦贝尔市输送并在呼伦贝尔市上空堆积。

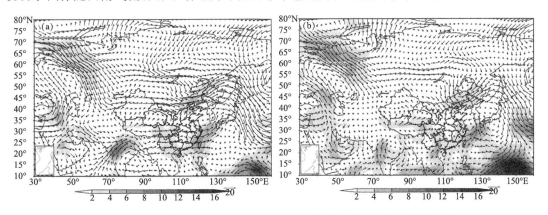

图 3　2014 年 2 月 26 日 08 时 700 hPa(a)、850 hPa(b)水汽通量和风场叠加

为分析水汽的垂直分布情况,沿降雪量较大处做相对湿度及风场的时间高度剖面图(图 4a)。降雪发生当天,相对湿度大值从低层到高层一直存在,且一直延伸到 300 hPa,且随着低层西北气流厚度加大,其相对湿度高值层也抬升,即西北气流是相对干的。这也可从水汽通量散度的时间高度剖面(图略)中得到证实,即边界层基本是正值,水汽辐散、水汽辐合主要位于

600～700 hPa。比湿场上(图 4b),伴随着西南气流,上空的比湿值≥2 g·kg$^{-1}$,降雪发生时呼伦贝尔市上空有水汽的堆积,说明西南低空急流对水汽输送起重要作用。

为分析水汽的垂直分布情况,沿降雪量较大处做相对湿度及风场的时间高度剖面图(见图 4a)。降雪发生当天,相对湿度大值从低层到高层一直存在,且一直延伸到 300 hPa,且随着低层西北气流厚度加大,其相对湿度高值层也抬升,即西北气流是相对干的。这也可从水汽通量散度的时间高度剖面(图略)中得到证实,即边界层基本是正值,水汽辐散、水汽辐合主要位于600～700 hPa。比湿场上(图 4b),伴随着西南气流,上空的比湿值≥2 g·kg$^{-1}$,降雪发生时呼伦贝尔市上空有水汽的堆积,说明西南低空急流对水汽输送起重要作用。

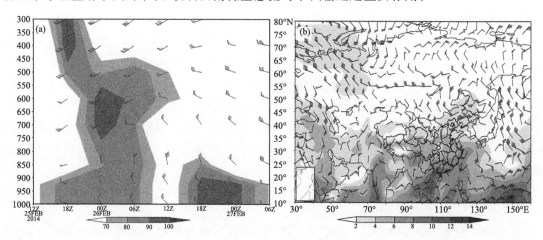

图 4　2014 年 2 月 26 日 08 时相对湿度及风场高度时间剖面 (a)、850 hPa 比湿和风场(b)叠加

# 5　结论

通过对 2014 年年 2 月 26 日呼伦贝尔地区中到大雪过程的环流形势、影响系统和天气动力学诊断分析,可得到如下一些主要结论:

(1)本次降雪过程是产生在欧亚洲中高纬度两脊一槽型的环流形势下,500 hPa 上低槽是主要的影响天气系统。

(2)在 700 hPa 图上,从西伯利亚有低槽(或低涡)移入贝加尔湖、蒙古北部。亚洲中纬度为纬向锋区,并有低槽活动。

(3)地面高压从西伯利亚移入贝加尔湖以西到蒙古中西部,蒙古东部、贝加尔湖有气旋,在40°～50°N,115°～125°E 范围内吹偏南风。

(4)在 300 hPa 高空偏西急流轴风速强度≥40 m·s$^{-1}$;在其出口区左侧影响区域的散度≥10×10$^{-6}$·s$^{-1}$;中低层最大垂直速度≤-20 hPa·s$^{-1}$;低层散度≤-4×10$^{-6}$·s$^{-1}$。上升气流与高空急流汇合产生强上升运动,高层强辐散的抽吸作用对本次中到大雪的形成起了重要的作用。

(5)在 850 hPa 西南低空急流风速≥8～12 m·s$^{-1}$,配合相对湿度≥85%,比湿≥2 g·kg$^{-1}$;水汽通量散度(700 hPa、850 hPa)≤-10×10$^{-6}$ g·cm$^{-2}$·hPa·s$^{-1}$。西南低空急流的形成对水汽源源不断向我市输送起重要作用。

# 参考文献

［1］　朱乾根,林锦瑞,寿绍文,等.天气学原理和方法［M］.北京:气象出版社,2007.

［2］　王希平,赵慧颖,宋庆武,等.内蒙古呼伦贝尔市林牧农业气候资源与区划［M］.北京:气象出版社, 2006:9-11.

［3］　宫德吉.低空急流与内蒙古的大(暴)雪［J］.气象,2001,12:4-8.

［4］　宫德吉,沈建国,祁伏裕.内蒙古空中水资源状况［J］.内蒙古气象,2000,24(3):7-12.

［5］　宫德吉,李彰俊.内蒙古大(暴)雪与白灾的气候学特征［J］.气象,2000,26(12):24-28.

［6］　韩经纬,李彰俊,石少宏,等.内蒙古大(暴)雪天气的卫星云图特征［J］.自然灾害学报,2005,14(3): 250-259.

［7］　江毅,钱维宏.内蒙古大(暴)雪的区域特征［J］.地理学报,2003:42-52.

［8］　康玲等.内蒙古大一暴雪环流类型及物理量场特征［J］.内蒙古气象,2000,3:13-18.

［9］　张迎新,裴玉杰,张南,等.2009年初冬华北暴雪过程成因分析［J］.天气预报技术总结专刊,2010,2(2): 18-22.

［10］　刘宁微,齐琳琳,韩江文.北上低涡引发辽宁历史罕见暴雪天气过程的分析［J］.大气科学,2009,33(2): 275-284.

［11］　孟雪峰,孙永刚,姜艳丰.内蒙古东北部一次致灾大到暴雪天气分析［J］.气象,2012,38(7):877-883.

［12］　孟雪峰,孙永刚,王式功,等.2010年1月3日致灾暴风雪天气成因分析［J］.兰州大学学报:自然科学版, 2010,46(6):46-53.

［13］　蔡丽娜,隋迎玖,刘大庆,等.一次爆发性气旋引发的罕见暴风雪过程分析［J］.北京大学学报:自然科学版,2009,45(4):693-700.

［14］　赵俊荣,晋绿生.阿勒泰地区春季寒潮暴风雪气特征分析［J］.新疆气象,2003,26(1):11-13.

［15］　李春芳,赵俊荣,王磊.寒潮暴风雪天气的动力和热力特征分析［J］.新疆气象,2001,24(1):9-11.

［16］　顾润源.内蒙古自治区天气预报员手册［M］.北京:气象出版社,2012.

# 内蒙古东北部一次致灾大到暴雪天气分析<sup>*</sup>

孟雪峰[1]　孙永刚[2]　姜艳丰[3]

(1. 内蒙古自治区气象台,呼和浩特 010051;2. 内蒙古自治区气象局,呼和浩特 010051;

3. 内蒙古自治区气象科学研究所,呼和浩特 010051)

**摘要:**应用基本观测资料及 NCEP 再分析资料,对一次漏报的内蒙古东北地区致灾大到暴雪天气进行了诊断分析。结果表明:本次大暴雪天气过程与内蒙古大雪、暴雪天气学概念模型有所不同,没有强劲的水汽输送建立,垂直上升运动大值区集中在 850～500 hPa 层,强降雪呈现时间短、强度大、范围小、灾害严重的中尺度特点。这次过程中,850 hPa 有很强的暖平流配合 500 hPa 西南气流中弱冷平流,对流层中低层温度平流随高度减小,有利于对流层中低层的不稳定层结的建立;地面副冷锋与气旋合并加强,850 hPa 中尺度低涡强烈发展,加强了对流层低层的辐合上升运动,触发不稳定能量释放是强降雪形成的主要原因。边界层"冷垫"作用对强降雪有一定的增幅。

**关键词:**暴雪;预报;温度平流;不稳定层结;冷垫

## 引言

　　雪灾是内蒙古的主要气象灾害之一,对农牧业生产、交通运输、供水供电等危害极大。雪灾的发生与强降雪密切相关,通常发生在秋末冬初的一场强降雪(俗称"座冬雪")就会导致持续一冬的白灾。雪灾危害的严重性引起了许多学者的关注,对我国北方大雪暴雪开展了广泛深入的研究[1-13]。赵桂香等[14]利用 1971—2008 年山西 108 个地面气象观测站常规观测资料,对山西大雪天气的主要特征进行了综合分析,提出了地面回流、河套倒槽及两者共同作用等三类主要影响系统。董啸等[15]利用 1958—2007 年东北地区(黑龙江、吉林、辽宁和内蒙古东部)93 个气象台站的逐日观测资料,分析了东北地区暴雪发生的时空分布特征。孟雪峰等[16-17]利用 1971—2008 年内蒙古 117 个地面气象观测站常规观测资料,分析了内蒙古大雪的时空分布特征并开展了天气学分型研究,将内蒙古大雪分为两类六型。

　　通常我国北方大雪暴雪形成的条件可归纳为:范围广、强度强的偏南低空急流形成水汽的强劲输送带;高、低空急流的有利配置,使高空辐散低空辐合,形成深厚的对流上升运动;对称不稳定层结的形成及其在低层辐合系统作用下触发释放过程等。然而,在大雪暴雪的实际预

* 本文发表于《气象》,2012,38(7):877-883。

报中也会出现特例,2010年11月20日20时至21日08时内蒙古东北地区出现致灾暴雪的天气,其天气条件并未达到预报指标的标准,造成了暴雪天气的漏报。这次暴雪天气是入冬以来最强的降雪天气过程,根据雪情及遥感监测分析,有2.26万km²地面积雪深度达到10 cm以上,造成严重白灾。本文针对这次暴雪天气的成因进行深入分析,希望找出预报中存在的技术问题,进一步提高强降雪落区预报能力。

# 1　天气实况与灾情

2010年11月20日20时至21日08时内蒙古呼伦贝尔市南部、兴安盟西北部和锡林郭勒盟东北部出现暴雪的天气。21日08时24 h降雪量为:阿尔山10 mm、索伦13 mm、胡尔勒6 mm、乌拉盖10 mm、东乌9 mm、那仁5 mm、阿荣旗5 mm(图1a,另见彩图5a),气温平均下降5～10 ℃,野外出现白毛风,风力最强时达到6级以上,内蒙古兴安盟科尔沁右翼前旗北部牧区、阿尔山市和扎赉特旗等地出现了30 a不遇的特大暴雪。以上地区积雪深度达到10 cm以上(图1b,另见彩图5b),特别是降雪最大的科右前旗牧区平均降雪深度达33 cm,局部地区积雪厚度达1 m左右。11月以来的降雪量较历史同期降雪量多出2～6倍,形成严重白灾。兴安盟全盟5.2万人受灾;草牧场受灾面积1514.8万亩*,占全盟草牧场的38.6%;受灾牲畜201.4万头只,占全盟牲畜总数的36.6%;死亡牲畜1207头只;缺少饲草15910.5万 kg,缺少饲料3473.2万 kg,雪灾造成经济损失2.7亿元。锡林郭勒盟东乌旗受灾牧户共2312户、9503人,受灾牲畜59.1万头只,涉及草场2070万亩。

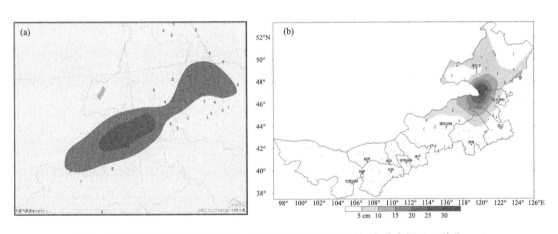

图1　2010年11月22日08时24 h降雪量图(a)和积雪深度分布图(b)(单位:cm)

本次强降雪主要发生时段为20日23时至21日05时,具有时间短、强度大、范围小的特点,对本次降雪过程的预报量级为小到中雪,局部地区偏大,没有报出大雪、暴雪天气。

---

*　1亩＝1/15 hm²。

## 2　天气形势特征分析

### 2.1　高空形势场演变

在降雪初期(20日20时),高空300 hPa有较强的高空急流存在(图2a,另见彩图6a),其中心轴风速达到56 m·s⁻¹以上,强降雪区位于高空急流入口区右侧的辐散区中,高空强烈的抽吸作用加强了整层的上升运动,为强降雪的发生提供了有利的大尺度环境场。在500 hPa槽前西南气流旺盛(图2b,另见彩图6b),由于温度槽较高度槽更深,槽前西南气流配合着弱冷平流,强降雪就发生在西南气流控制的区域中。850 hPa有斜压性低涡形成并发展(图2c,另见彩图6c),配合有向东北延伸的暖湿切变线,低涡沿着暖湿切变线东移北上发展加强,强降雪就发生在暖湿切变线影响的区域(低涡东移北上路径)。在夏季,这类高低空配置通常在500 hPa西南气流中有强对流云系发展,产生强对流性暴雨天气。

后期(21日08时),500 hPa、700 hPa的西风槽东移进入内蒙古自治区,配合较强冷平流影响内蒙古自治区东北地区,850 hPa低涡东移北上至呼伦贝尔市北部,内蒙古自治区强降雪过程结束,强冷空气移入影响我区东部。

### 2.2　地面形势演变

本次大雪暴雪天气过程是在地面西高东低形势下形成的(图2d,另见彩图6d),在地面图

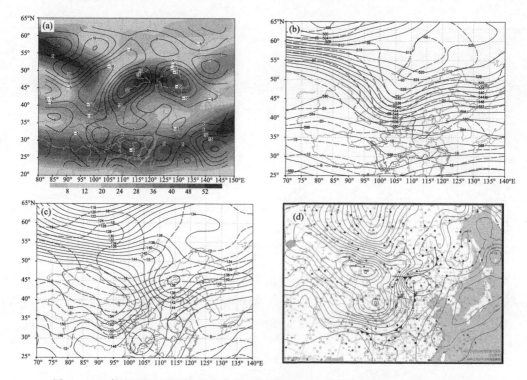

图2　2010年11月20日20时300 hPa高空急流(a)(等值线为散度,阴影为全风速),
500 hPa(b)和850 hPa(c)形势场(实线为高度,虚线为温度),以及地面图(d)

上出现副冷锋,其后部冷高压发展强盛,20 日 20 时冷高压中心为 1040 hPa,冷空气强盛而活跃。副冷锋前部地面蒙古气旋发展东移北上,强降雪区位于地面气旋的东部和东北部象限的暖区中。副冷锋东移与蒙古气旋合并加强对强降雪的形成起到重要作用。

从索伦、阿尔山地面要素时间演变特征可以看出(图 3,另见彩图 7),强降雪集中发生在气压下降的过程中(地面气旋强烈发展),该时段风力较小,温度偏高,温度露点线十分接近,气压下降接近最低点时降雪量最大。随着气压跃升过程(冷高压发展,冷空气侵入),地面风力开始加强,气温开始下降,降雪趋于减弱或停止。同样说明了强降雪发生在地面系统的暖区中。

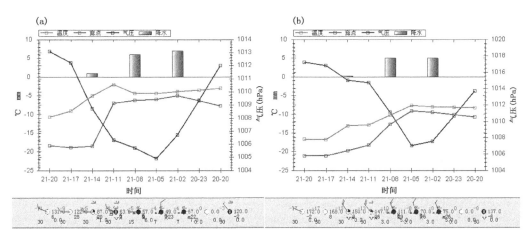

图 3    2010 年 11 月 20 日 20 时至 21 日 20 时索伦(a)、阿尔山(b)地面要素时间演变图

# 3 强降雪成因分析

## 3.1 水汽条件

分析 700 hPa 水汽通量和风场的叠加图(图 4a)可知,西南水汽通道并没有很好地建立,且在长江以南有水汽的截断过程,降雪区只有与系统配合的低空西风急流水汽通道,中心数值达

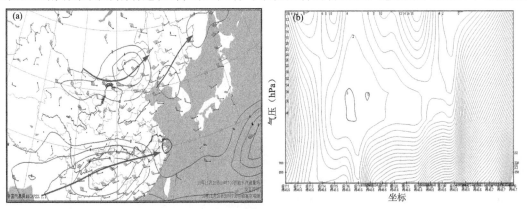

图 4    2010 年 11 月 20 日 20 时 700 hpa 水汽通量(单位:$g \cdot s^{-1} \cdot hPa^{-1} \cdot cm^{-1}$)
与风场叠加(a)及沿 46.6°N 温度露点差剖面图(b)

$6\ g \cdot s^{-1} \cdot hPa^{-1} \cdot cm^{-1}$。在 20 日 20 时索伦的探空图上(图略),700 以上温度露点线非常接近,说明中高层湿度较好,而低层湿度条件很差。另外,沿 $46.6°N$ 作温度露点差的剖面图,暴雪区上空具有湿层($T-T_d \leqslant 4\ ℃$)从中高层逐渐向低层拓展的趋势且湿层狭窄的特点(图4b),这与大暴雪发生的一般的条件即深厚湿层,尤其是对流层低层湿度大的特征[3,11]不同。可见,本次强降雪过程的水汽输送、本地水汽条件都不是很好,这与我国北方大雪暴雪天气充沛的水汽输送条件不同,也是预报降雪量级偏小的重要原因,另一方面,水汽条件不好可能是本次强降雪影响范围小的主要原因。

## 3.2　层结条件

　　强降雪发生前夕(20 日 20 时)索伦的探空图上(图略),整层的大气层结是稳定的,对流性天气的产生是不利的。但分析对流层中低层温度平流的高低层差异可以发现(图 5),对流层低层($850\ hPa$)具有 $15 \times 10^{-5}℃ \cdot s^{-1}$ 暖平流,与低涡后部有 $-35 \times 10^{-5}℃ \cdot s^{-1}$ 的冷平流;而对流层中层($500\ hPa$)对应的西南气流中具有 $-15 \times 10^{-5}℃ \cdot s^{-1}$ 冷平流维持。在这样的配置中,对流层中低层温度平流随高度减小,有利于形成对流层中低层的不稳定层结。沿$850\ hPa$暖切变线(强降雪区)方向做温度平流的垂直剖面(图 6),可以清楚地看到强降雪发生时(21 日02 时)从 $116° \sim 121°E$,$500\ hPa$ 以下大气存在明显的下暖上冷的温度平流差异,当温度平流差异减弱消散时强降雪结束。可见,在温度平流差异作用下,导致的对流层中低层对流不稳定,即在 $500 \sim 850\ hPa$ 形成并维持不稳定层结,在动力抬升的触发下,不稳定能量释放产生较强的对流是强降雪发生的重要原因。

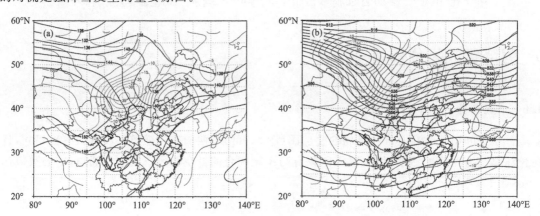

图 5　2010 年 11 月 20 日 20 时 850 hPa(a) 和 500 hPa(b)高度场(实线,单位:dagpm)、温度平流场(虚线,单位:$10^{-5}℃ \cdot s^{-1}$)

## 3.3　动力条件

### 3.3.1　涡度平流的作用——垂直上升运动的维持和加强

　　涡度是度量无限小的空气质块(微团)旋转程度和方向的物理量,因为大气基本作水平运动,所以着重考虑在水平面上的旋转,即指向垂直方向的涡度分量,涡度平流是指它的水平输送,按下式计算:

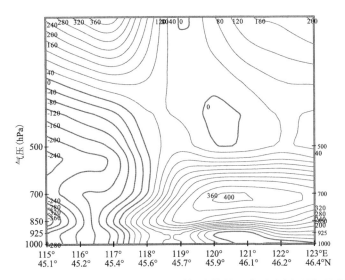

图 6　2010 年 11 月 21 日 02 时沿着 850 hPa 低涡暖切变线的温度平流剖面图（单位：$10^{-5}$℃·$s^{-1}$）

$$A = -\left(u\frac{\partial \zeta_a}{\partial x} + v\frac{\partial \zeta_a}{\partial y}\right) \tag{1}$$

20 日 20 时，暴雪区上空存在一条向西北倾斜的正涡度带（图 7），涡度平流带从 850 hPa 一直伸展至高空，暴雪区上空正涡度平流加强，最大中心在 200 hPa 左右，为 $44 \times 10^{-4}$ $s^{-2}$，而其西侧为相同走向的负涡度平流带，在降雪区存在一个向西北倾斜的垂直环流圈。21 日 08 时，暴雪区上空变为负的涡度平流。

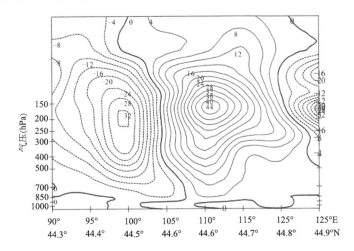

图 7　2010 年 11 月 20 日 20 时沿着 850 hPa 低涡暖切变线的涡度平流剖面图（单位：$10^{-4}$$s^{-2}$）

由此可见，暴雪高空冷槽、暖切变线的垂直结构自低向高呈现向西北倾斜的状态，冷槽西侧或西北侧对应的冷空气下沉气流，有利于冷槽加强东移，使得暴雪区从高空到低层均有正涡度平流输送，正涡度平流输送有利于垂直上升运动的维持和加强，并有利于冷槽的移动，带动冷空气逼近暴雪地区，触发不稳定能量释放，造成大（暴）雪的出现和增幅。且正涡度平流先于大（暴）雪 12 h 出现，对大（暴）雪预报有指示意义。

### 3.3.2　850 hPa 槽线的触发作用

20 日 20 时,850 hPa 在 110°E 河套北部地区有斜压小槽东移,21 日 02 时在锡林郭勒盟中部迅速发展加强为中尺度低涡,其 850 hPa 的涡度中心强度由 $20 \times 10^{-6} s^{-1}$ 加强到 $40 \times 10^{-6}$ $s^{-1}$,散度中心强度由 $-20 \times 10^{-6} s^{-1}$ 加强到 $-28 \times 10^{-6} s^{-1}$(图略)。可见小槽东移是不稳定能量释放的主要触发条件,在其作用下不稳定能量释放,使上升运动、850 hPa 辐合加强,中尺度低涡形成并发展加强同时沿其前部的暖切变线向东北方向移动,中尺度低涡与环境场相互作用在形成不稳定层结的同时在其东移过程中触发不稳定能量释放,这一正反馈作用是这次大(暴)雪的重要触发及抬升机制。

### 3.3.3　边界层冷垫的作用

张迎新等[18]分析了华北平原回流天气的结构特征认为,来自东北平原的低层冷空气虽然经渤海侵入华北平原,但仍然保持干冷气团的特性,在降水中起"冷垫"的作用。在本次强降雪过程中也存在冷垫的作用,一方面,低层低涡暖切变线北侧的偏东气流是干冷性质,另一方面,由于前期的降雪使地面已有积雪,对太阳辐射起反射作用,边界层气温较低,从探空曲线可以清楚的看到稳定的逆温层的存在。因此,浅薄的"冷垫",像倒扣的"碗状",它使得降雪区南侧的暖湿空气沿其爬升,在爬升过程中增湿、冷却达到饱和,同时加强抬升运动,从而使得降雪出现一个明显的增幅。

### 3.3.4　垂直运动特征

同样沿 850 hPa 暖切变线(强降雪区)方向做散度、垂直速度的垂直刨面图(图8),可以清楚地看到强降雪发生时(21 日 02 时)从 116°E 至 121°E 500 hPa 以下存在低层辐合高层辐散的分布结构,辐散虽然一直延伸到 200 hPa 以上,但量级很小。与辐散分布相配合,垂直速度的分布也有同样的特征,垂直上升运动一直延伸到 200 hPa 以上,但垂直上升运动大值中心在 700 hPa,500 hPa 以上量值很小。即产生强降雪的对流集中在 500 hPa 以下,对流强但并不深厚,其与对流层中低层的不稳定层结厚度是互相吻合的。在 925 hPa 以下的边界层散度、垂直速度都很小,这是浅薄的"冷垫"空气稳定形成的。

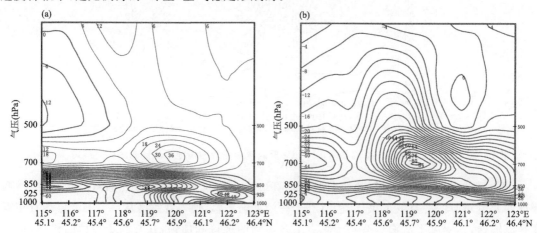

图 8　2010 年 11 月 21 日 02 时沿着 850 hPa 低涡暖切变线的散度(a,单位:$10^{-6} s^{-1}$)

垂直运动(b,单位:$10^{-3}$ hPa·$s^{-1}$)剖面图

　　强降雪发生的过程对应着 850 hPa 中尺度低涡形成并强烈发展的过程,同时,地面副冷锋与其前部的地面气旋合并加强。对流层低层系统的加强使辐合加强,进一步加强了上升运动,触发不稳定能力释放形成较强的对流(仅限于对流层中低层的不稳定层结),形成强降雪。

# 4　小结

　　(1)本次暴雪天气过程造成的灾害非常严重,其具有发生时间短、降雪量大、影响范围小的特征,预报难度较大,在实际预报中漏报了大雪、暴雪天气。

　　(2)本次暴雪天气过程发生在对流层中高层西南气流控制,有弱冷平流,对流层低层 850 hPa 有低涡生成并发展,暖平流旺盛,配合有暖切变线,强降雪主要发生在切变线上,为暖区降雪。

　　(3)本次暴雪天气过程的水汽条件不好,本地湿度差没有深厚的湿层,南支水汽通道没有建立,这与我国北方大雪暴雪天气充沛的水汽输送不同,也是在预报中没有考虑大到暴雪的主要原因之一。

　　(4)本次暴雪天气过程具有强对流特征,在 500 hPa 冷平流配合 850 hPa 暖平流的差异作用下,导致的对流层中低层 500 hPa 至 850 hPa 形成对流不稳定层结,在动力抬升的触发下,不稳定能量释放产生较强的对流是强降雪发生的重要原因。

　　(5)对流层低层 850 hPa 的低涡及其暖切变线、整层的正涡度平流对上升运动的加强和维持、边界层“冷垫”作用是触发不稳定能量释放,形成强降雪的主要动力条件。

　　(6)本次暴雪天气过程的强降雪是对流层中低层 500 hPa 至 850 hPa 对流不稳定能量释放形成的,因此,其对流并不深厚,主要发生在 500 hPa 至 850 hPa 层结中,与内蒙古大雪暴雪天气具有深厚的对流不同。

**参考文献**

[1]　宫德吉.内蒙古的暴风雪灾害及其形成过程的研究[J].气象,2001,27(8):19-24.

[2]　宫德吉,李彰俊.内蒙古大(暴)雪与白灾的气候学特征[J].气象,2000,26(12):24-28.

[3]　宫德吉,李彰俊.低空急流与内蒙古的大(暴)雪[J].气象,2001,27(12):3-7.

[4]　姜学恭,李彰俊,康玲,等.北方一次强降雪过程的中尺度数值模拟[J].高原气象,2006,25(3):476-483.

[5]　王文,刘建军,李栋梁,等.一次高原强降雪过程三维对称不稳定数值模拟研究[J].高原气象,2002,21(2):132-138.

[6]　胡中明,周伟灿.我国东北地区暴雪形成机理的个例研究[J].南京气象学院学报,2005,28(5):679-684.

[7]　周陆生,李海红,汪青春.青藏高原东部牧区大一暴雪过程及雪灾分布的基本特征[J].高原气象,2000,19(4):450-458.

[8]　郝璐,王静爱,等.中国雪灾时空变化及畜牧业脆弱性分析[J].自然灾害学报,2002,11(4):42-48.

[9]　孙欣,蔡芗宁,陈传雷,等.“070304”东北特大暴雪的分析[J].气象,2011,37(7):89-96.

[10]　易笑园,李泽椿,朱磊磊,等.一次 β-中尺度暴风雪的成因及动力热力结构[J].高原气象,2010,29(1):177-188.

[11]　赵桂香.一次回流与倒槽共同作用产生的暴雪天气分析[J].气象,2007,33(11):43-50.

[12]　赵桂香,许东蓓.山西两类暴雪预报的比较[J].高原气象,2008,27(5):210-218.

[13]　赵桂香,程麟生,李新生.“04.12”华北大到暴雪过程切变线的动力结构诊断[J].高原气象,2007,26(3):

183-191.

[14] 赵桂香,杜莉,范卫东,等.山西省大雪天气的分析预报[J].高原气象,2011,30(3):177-188.

[15] 董啸,周顺武,胡中明,等.近50年来东北地区暴雪时空分布特征[J].气象,2010,36(12):76-81.

[16] 孟雪峰,孙永刚,云静波,等.内蒙古大雪的时空分布特征[J].内蒙古气象,2011,1:3-6.

[17] 孟雪峰,孙永刚,姜艳丰,等.内蒙古大雪天气分型研究[J].内蒙古气象,2011,3:3-8.

[18] 张迎新,张守保.华北平原回流天气的结构特征[J].南京气象学院学报,2006,29(1):107-113.

# 内蒙古东北部地区一次极端降雪
# 过程的水汽输送特征<sup>*</sup>

王慧清[1]　　付亚男[1]　　孟雪峰[2]

(1. 内蒙古自治区呼伦贝尔市气象局,呼伦贝尔 021008;

2. 内蒙古自治区气象台,呼和浩特 010000)

**摘要:** 利用内蒙古呼伦贝尔市常规观测资料和 GDAS、NCEP/NCAR 再分析资料,采用欧拉方法分析了 2016 年春季内蒙古东北部地区一次极端暴雪过程的水汽输送和收支特征,利用 HYSPLIT 模式和聚类分析模拟计算了此次暴雪天气过程的水汽源地、主要水汽输送通道及其对水汽输送的贡献,并与传统的欧拉方法结果进行对比。结果表明:(1)有 3 支不同源地的水汽流在内蒙古东北部地区交汇,对呼伦贝尔地区暴雪的发生与维持有重要影响;(2)经向和纬向输送为此次暴雪天气的发生提供了充足的水汽,暴雪区水汽主要源于中高层的南边界和随西风气流的西边界;(3)利用 HYSPLIT 模式模拟发现,在此次暴雪天气过程中水汽来源主要是新地岛以西洋面、日本海以及巴尔喀什湖,且三者贡献率大致相当。

**关键词:** 极端降雪过程;水汽收支;拉格朗日轨迹;水汽输送;水汽贡献

## 引言

　　暴雪是我国北方冬季主要的灾害性天气,其发生时常伴随寒潮、大风等天气灾害。长期以来,众多气象学者从暴雪过程的环流配置、影响系统、中尺度特征以及暴雪气候特征等方面开展了研究,大多都取得了一定进展[1-10]。内蒙古东北部地区冬季漫长,气候寒冷,暴雪多发[11-12],暴雪还常引发"白毛风"与"座冬雪"等次生灾害,给当地社会经济发展和人民生命财产造成重大损失。因此,暴雪天气一直是我国东北部地区气象工作者关注的问题。

　　暴雪的发生需要良好的动力条件与水汽条件配合。早在 20 世纪 90 年代便有气象学者针对我国暴雪天气中的水汽特征开展研究[13],当时仅限于行星尺度环流对水汽输送的贡献,而对水汽源地的位置、水汽输送的途径、水汽输送强度与天气尺度环流形势的关系的研究为数甚少。随着大气科学研究技术与方法的发展,气象学者陆续基于不同方法开展了暴雪天气过程中的水汽特征研究,并取得了重要成果。研究发现,不同地区的暴雪,其水汽源地具有较大差

---

＊ 本文发表于《干旱气象》,2019,37(02):277-287。

异。其中,我国西北地区暴雪的水汽来源于地中海、里海、咸海[14],并多以"接力"的形式输送[15],而东北地区暴雪的水汽多来自于渤海[14],北大西洋、巴伦支海也是中国北方暴雪的水汽源地之一[16]。无论我国南方、北方,暴雪的产生均与低空急流的建立和维持密切相关[14,17-19],因而一般认为低空急流即为我国暴雪的水汽输送路径。副热带高压作为全球最强大的天气系统,对低空急流的影响甚大,其强度和位置的变化对暴雪的水汽输送起决定性作用[15]。

现阶段,有关水汽输送和来源的研究大多基于欧拉方法。由于大气风场往往具有瞬变的特征,导致欧拉方法给出的水汽通量也具有瞬时特征,最终只能给出简单的水汽输送路径,而无法定量建立水汽的源汇关系和各水汽源地对降水的贡献率[20]。随着数值模式的发展,利用MM5及WRF模式陆续开展了暴雪过程的模拟与分析[13-14,21-22],这些模拟研究主要局限于暴雪发生的动力学机制与云物理过程方面,而对水汽特征的模拟分析为数较少。进入 21 世纪后,随着粒子扩散模式的发展与推广,利用粒子扩散模式开展了降雨过程中水汽特征的模拟分析[23-29],这种基于拉格朗日观点的方法,较以往基于欧拉观点的主观分析更为客观、准确。研究表明,我国暴雨有两个主要的水汽源地:一是孟加拉湾与南海,另一个为东海、黄海[26-29],而极端降水的水汽源地可以追溯到赤道附近的热带洋面[25,30],但不同地区的降水,其水汽源地也有差异,以东北地区暴雨为例,其水汽源地除上述两个外,尚有鄂霍次克海与日本海[24]。上述各源地对应的水汽输送路径及其贡献率,也不尽相同。

在我国,基于粒子扩散模式开展的水汽输送特征模拟研究,均针对南方长时间、大范围的暴雨过程,而对北方暴雪过程的模拟研究还尚无先例。为此,本文利用 HYSPLIT 模式,对2016 年 3 月 31 日至 4 月 2 日内蒙古东北部一次暴雪天气过程的水汽源地、主要水汽输送通道及其对水汽输送的贡献进行分析,并与传统的欧拉方法结果进行对比,以期加深对内蒙古东北部地区暴雪过程中水汽输送特征的认识,为该地区暴雪预报提供参考,这对提高内蒙古东北部暴雪天气的定量、定点预报具有积极意义。

# 1　资料与方法

## 1.1　资料

所用资料包括:内蒙古呼伦贝尔市 16 个国家级观测站和 59 个区域自动站 2016 年 3 月 31日至 4 月 2 日降水量逐日资料,用于天气学分析及气团轨迹模拟;GDAS 逐小时再分析资料,水平分辨率为 1°×1°,垂直方向上分为 23 层,用于水汽输送轨迹模拟;NCEP/NCAR 逐 6 h 再分析资料,其中水平分辨率为 1°×1°的资料,其垂直方向从 1000～30 hPa 共分为 17 层,用于物理量计算,而水平分辨率为 2.5°×2.5°的资料用于天气学分析。

## 1.2　研究方法

利用 HYSPLIT 模式对此次暴雪过程中粒子的运动轨迹进行后向追踪模拟,然后将追踪的轨迹进行聚类分析,分别计算聚类后各通道的水汽贡献率。HYSPLIT 模式模拟轨迹的计算原理如下:

$$P'(t + \Delta t) = P(t) + V(P, t)\Delta t \tag{1}$$

$$P(t + \Delta t) = P(t) + 0.5[V(P, t) + V(P', t + \Delta t)]\Delta t \tag{2}$$

式中:$t$ 为时间;$V(P,t)$、$V(P',t+\Delta t)$ 分别表示气团初始三维速度矢量和第一猜想位置的速度矢量平均;$P'(t+\Delta t)$、$P(t+\Delta t)$ 分别表示为气团第一猜想位置和最终位置,$P(t+\Delta t)$ 是由 $V(P,t)$ 和 $V(P',t+\Delta t)$ 的平均针对时间积分获得,其中积分步长 $\Delta t$ 在模拟中可以变化,但是要求时间步长内的最大距离($V_{\max}\times\Delta t$)不得超过数据格点的 0.75 倍。

### 1.3　相关物理量计算

#### 1.3.1　欧拉方法的水汽收支计算

取地面至 850 hPa、850～500 hPa、500～300 hPa 以及整层(地面至 300 hPa)4 个高度范围,计算内蒙古东北部区域(呼伦贝尔市)水汽输入、输出和收支量,分析不同层次水汽输送特征及暴雪过程的水汽收支情况。从图 1 看出,内蒙古呼伦贝尔市水汽收支区域共 20 个小边界,4、6、8、10、12 为东边界,2、14、16、18、20 为西边界,9、11、13、15、17、19 为北边界,1、3、5、7 为南边界,这 4 个边界的水汽输送量对应着各自小边界各层水汽输送量之和。

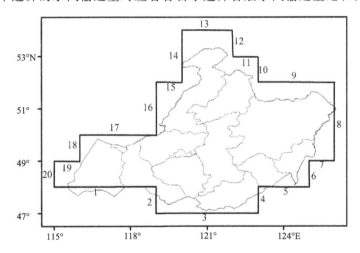

图 1　内蒙古呼伦贝尔市水汽输送边界示意图

采用欧拉方法诊断水汽收支,计算公式如下:

$$Q=-\frac{1}{g}\int_{P_b}^{P_t}qV\mathrm{d}P \tag{3}$$

$$\frac{1}{g}\int_{P_b}^{P_t}\left(\frac{\partial q}{\partial t}+\nabla\cdot qV+\frac{\partial q\omega}{\partial P}\right)\mathrm{d}P=\int_{P_b}^{P_t}-m\mathrm{d}P \tag{4}$$

式中:$Q$ 为单位边长上整层大气水汽输送通量($\mathrm{g\cdot cm^{-1}\cdot s^{-1}}$),$Q$ 为正值表示流出,负值表示流入;$q$ 为比湿($\mathrm{g\cdot kg^{-1}}$);$V$ 为水平风矢($\mathrm{m\cdot s^{-1}}$);$P_b$、$P_t$ 分别为层底和层顶气压(hPa);$\omega$ 为垂直速度($\mathrm{Pa\cdot s^{-1}}$);$m$ 水汽凝结量(mm)。在此次持续 1 d 的暴雪过程中只考虑方程(4)左边各项的作用。

#### 1.3.2　欧氏距离

HYSPLIT 模式利用变换后的欧氏距离公式计算两条轨迹之间的距离,从而度量两者之间的相似程度并进行聚类。

$$d_{1,2}=\sqrt{\sum_{i=1}^{n}(x_1(i)-x_2(i))^2+(y_1(i)-y_2(i))^2} \tag{5}$$

式中:$d_{1,2}$表示轨迹 1 和轨迹 2 之间的欧氏距离(°),可视为两者的相似程度;$x_1(i)$、$x_2(i)$分别表示轨迹 1、轨迹 2 中第 $i$ 个节点的经度,而 $y_1(i)$、$y_2(i)$ 分别表示两条轨迹中第 $i$ 个节点的纬度。

### 1.3.3　水汽贡献率

轨迹模拟完成后,利用每条轨迹终点的参数(经度、纬度、高度、时间)分别计算其对应的比湿值,而后计算每条通道的水汽贡献率。

$$Q_t = \frac{\sum\limits_{i=1}^{k} q_e}{\sum\limits_{i=1}^{n} q_e} \times 100\% \tag{6}$$

式中:$Q_t$ 表示某通道的水汽贡献率(%);$q_e$ 表示该通道上轨迹终点的比湿值(g·kg$^{-1}$);$k$ 为该通道上的轨迹条数,$n$ 为轨迹总数。

## 2　过程概述及环流形势

### 2.1　过程概述

2016 年 3 月 31 日至 4 月 2 日,内蒙古东部呼伦贝尔市出现了一次大范围的降水天气过程,多站日降水量突破历史同期极值。此次降水过程自 3 月 31 日 21:00(北京时,下同)开始,至 4 月 2 日 16:00 结束,呼伦贝尔市辖下 16 个国家站中,除东南部气温较高、降水较少的扎兰屯、莫旗及阿荣旗 3 站降水相态为雨外,其余各站均出现了雨、雪相态转换。若以 20:00 为日

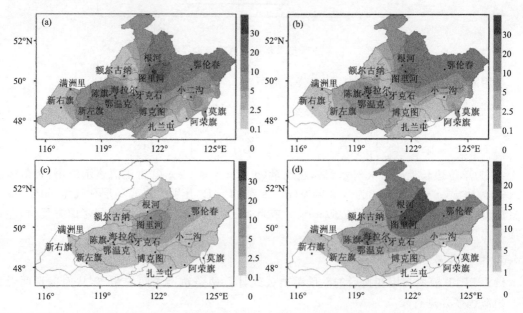

图 2　内蒙古呼伦贝尔市 2016 年 4 月 1 日 20:00(a)、2 日 08:00(b,d)和 20:00(c)日降水量
(a、b、c,单位:mm)及积雪深度(d,单位:cm)分布

界计算,则有13站次日降水量突破历史同期极值(图2a、图2c,表1);若以08:00为日界计算,则图里河与鄂伦春2站达到雨夹雪的暴雪标准(24 h降水量达到或超过10.0 mm且日积雪深度达到或超过10 cm)(图2b、图2d)。伴随降水过程,各站均出现了不同程度的降温,其中根河48 h日最低气温下降16.2 ℃,达到特强寒潮标准;图里河48 h日最低气温下降13.1 ℃,达到强寒潮标准;额尔古纳、牙克石2站48 h日最低气温分别下降10.5 ℃、11.5 ℃,达到寒潮标准。此外,海拉尔、鄂温克、满洲里、新右旗、博克图5站出现了大风天气。

**表1　内蒙古呼伦贝尔市各站2016年4月1日降水量及历史同期最大值**

| 站点 | 2016年4月1日降水量(mm) | 历史同期 | |
| --- | --- | --- | --- |
| | | 日降水量最大值(mm) | 出现年份 |
| 满洲里 | 3.0 | 1.3 | 1966 |
| 新右旗 | 2.2 | 0.5 | 1993 |
| 新左旗 | 14 | 7.0 | 1983 |
| 陈旗 | 15.6 | 3.7 | 1983 |
| 海拉尔 | 21.9 | 4.8 | 1983 |
| 鄂温克 | 13.5 | 5.2 | 2010 |
| 扎兰屯 | 0.3 | 4.6 | 1976 |
| 阿荣旗 | 2.3 | 7.3 | 1976 |
| 莫旗 | 7.0 | 9.9 | 1983 |
| 鄂伦春 | 14.3 | 5.9 | 1977 |
| 小二沟 | 6.8 | 5.6 | 1976 |
| 额尔古纳 | 8.2 | 9.3 | 1933 |
| 根河 | 11.7 | 3.6 | 1966 |
| 图里河 | 35.1 | 1.8 | 1982 |
| 牙克石 | 16.5 | 5.1 | 1983 |
| 博克图 | 7.2 | 3.6 | 1983 |
| 全市 | 179.6 | 55.7 | 1983 |

## 2.2　环流形势特征

降雪发生前一天3月30日08:00,高纬地区的极涡偏向亚洲一侧,100 hPa高度场上中心值(1568 dagpm)位于贝加尔湖以北,并缓慢南压(图3a),同时对应500 hPa高度场上有切断冷涡生成,中心值为516 dagpm,且温度场上有−40 ℃的冷中心配合(图3b);低纬地区,副热带高压发展强盛,副高脊线稳定于15°N,此时青藏高原由冷源逐渐转为热源,受其加热作用,500 hPa高度场有暖脊向北伸展,588 dagpm线北伸越过30°N(图3b)。由于极涡与副高势力相当,东亚中纬地区整层大气始终处于平直偏西气流控制之中,80°～120°E几乎没有南北热量、动量交换,导致南方热源更热、北方冷源更冷,使得中纬地区锋区加强,斜压有效位能得以储存,为后期短波扰动发展为大型涡动提供了有利条件。与此同时,高层切断冷涡在低层850 hPa等压面上呈现出热力不对称形态,冷涡主体在东移南下过程中逐渐减弱填塞,且涡后尾部有一横向扰动叠加于低空锋区之上(图3c),海平面气压场上则对应明显横向低涡(图3d)。

扰动随冷涡东移而转竖,强冷平流侵入致使高度场加深,而斜压有效位能释放转换为扰动动能促使流场发展,短波扰动在东移过程中逐渐加深转为低涡,造成此次暴雪天气过程。

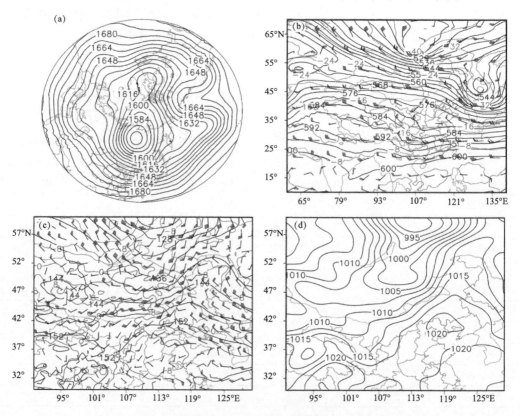

图 3　2016 年 3 月 30 日 08:00 的 100 hPa 高度场(a,单位:dagpm)和 500 hPa(b)与
850 hPa(c)高度场(单位:dagpm)、温度场(单位:℃)、风场(风向杆,
单位:m·s⁻¹)(b、c)及海平面气压场(d,单位:hPa)分布

3 月 31 日 08:00,极涡分裂形成的切断冷涡东移减弱,在低层槽后冷平流与高层槽前正涡度平流的共同作用下,850 hPa 等压面上短波扰动迅速发展南下,与冷涡主体分离,且不断加深(图 4a);至 20:00 形成低涡,中心值为 136 dagpm,低涡叠加于锋区之上,呈现出典型的热力不对称结构,对应流场上呈现出完整的气旋式环流(图 4c)。海平面气压场上(图 4b 和图 4d),低压槽在低空暖平流作用下形成东西向的低压带,与纬向锋区对应,低涡形成后,波动振幅增加,冷暖锋逐渐显现。

4 月 1 日 08:00,低涡形成后经向环流加强,冷平流更盛,致使低涡进一步发展,850 hPa 等压面中心值加深为 132 dagpm,同时温度场上纬向锋区逐渐转为经向,形成明显的冷槽暖脊(图 4e);海平面气压场上,气旋已进入锢囚阶段,对比前一时次,尽管气压中心值(均为 992.5 hPa)并无变化,但在上游冷高与下游暖高同时加强作用下,等压线骤然增密,气压梯度突然加大,直接导致气旋爆发性加强(图 4f)。

4 月 2 日 08:00,上游阻高东移迫使低涡北上,脊前偏北气流引导冷空气南下导致锋区南压,两者共同作用致使低涡与锋区分离,热力不对称结构遭到破坏逐渐转为冷性(图 4g);海平面气压场上,气旋锢囚已完成,冷暖锋面消失,逐渐进入消亡阶段,并在上游变性冷高的强迫下转向东北方向移动(图 4h),动力与水汽条件相继转差,降水趋于结束。

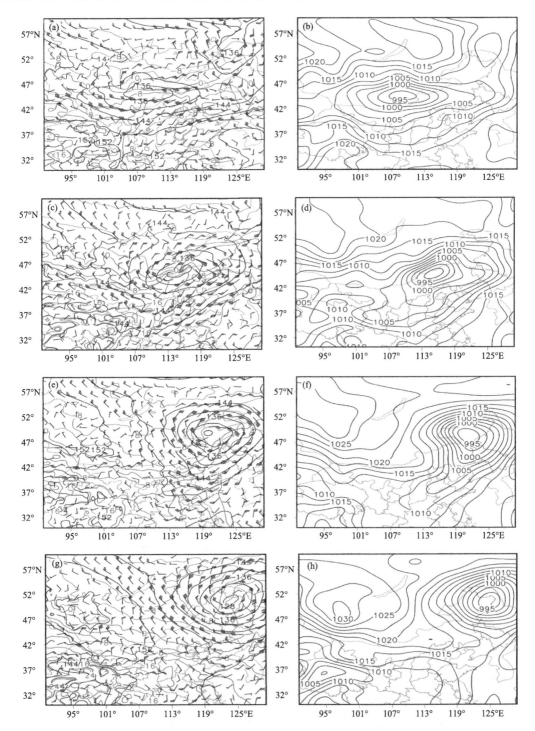

图 4　2016 年 3 月 31 日 08:00(a、b)、20:00(c、d)和 4 月 1 日(e、f)、2 日(g、h)08:00 的 850 hPa
高度场(单位:dagpm)、温度场(单位:℃)、风场(风向杆,单位:m·s⁻¹)
(a、c、e、g)及海平面气压场(b、d、f、h,单位:hPa)分布

## 3　水汽输送和收支特征

为综合分析此次暴雪期间对流层水汽输送情况,对地面到 300 hPa 的水汽通量进行垂直积分(图 5),发现暴雪期间内蒙古东北部地区存在明显的水汽通量大值区,影响该地区的水汽流向南可以追溯至南海和孟加拉湾,向西北可以追溯至贝加尔湖附近,向西可以追溯至巴尔喀什湖。可见,有三支不同源地的水汽流在内蒙古东北部地区交汇,对该地区暴雪的发生与维持有重要影响,即一支是源自孟加拉湾的水汽流,向东传播至南海后再向北输送进入我国大陆,另一支是源自巴尔喀什湖的水汽流,向西南传播至我国华北地区后再向北输送,这两支水汽流在我国东部沿海汇聚加强后继续向北输送,与第三支源自贝加尔湖一直向东南传播的水汽流在内蒙古东北部地区汇合。

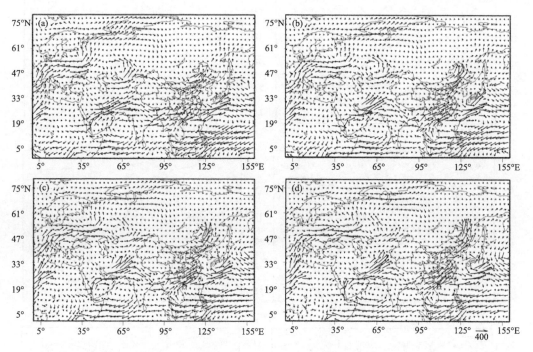

图 5　2016 年 3 月 31 日 20:00(a)和 4 月 1 日 02:00(b)、08:00(c)、14:00(d)地面到 300 hPa
整层积分的水汽通量分布(单位:g·hPa$^{-1}$·cm$^{-1}$·s$^{-1}$)

图 6 是 2016 年 3 月 31 日至 4 月 1 日 850 hPa 水汽通量及其散度空间分布。可以看出,850 hPa 上,4 月 1 日 02:00(图 6b),闭合低涡在呼伦贝尔市西部形成,并与南支波动同位相叠加,使得偏南低空急流显著加强,急流中心最大风速超过 22 m·s$^{-1}$,且由 25°N 向北贯穿至45°N,致使水汽输送通道完全打开,水汽自南海源源不断地向北输送,出现了南北 2 个大值中心,分别位于 20°N 和 40°N,对应水汽通量分别为 15,13 g·hPa$^{-1}$·cm$^{-1}$·s$^{-1}$,且在呼伦贝尔市西部存在水汽强辐合区,中心值为 $-3.0\times10^{-8}$ g·hPa$^{-1}$·cm$^{-2}$·s$^{-1}$;至 08:00(图 6c),北部的水汽通量中心值略有增大为 14 g·hPa$^{-1}$·cm$^{-1}$·s$^{-1}$,且位置偏北至 45°N 附近,此时呼伦贝尔市的水汽通量散度都为负值,散度中心东移至该市中北部地区,中心强度增到 $-4.5$

$\times 10^{-8}$ hPa$^{-1}$ · cm$^{-2}$ · s$^{-1}$，表明水汽在呼伦贝尔市上空有强辐合，为本次暴雪的发生提供充足的水汽条件；至 14:00(图 6d)，南部的水汽通量中心趋于减弱，中心值减至 11 g · hPa$^{-1}$ · cm$^{-1}$ · s$^{-1}$，而北部中心更加偏北偏东，且中心值略有增强，在东北风的作用下水汽被输送到呼伦贝尔市东北部，与此同时水汽通量散度负值中心也东移至该市东北部地区，降雪区域也随之东北移。

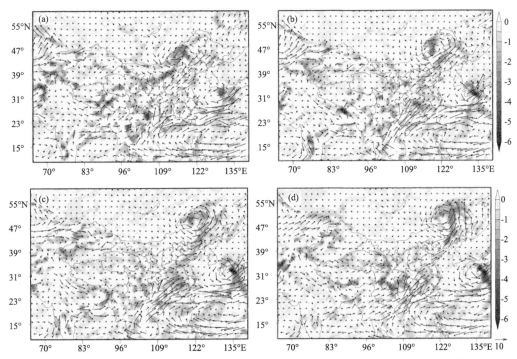

图 6　2016 年 3 月 31 日 20:00(a)和 4 月 1 日 02:00(b)、08:00(c)、14:00(d)850 hPa 水汽通量
（矢量，单位：g · hPa$^{-1}$ · cm$^{-1}$ · s$^{-1}$）及其散度（阴影，单位：10$^{-8}$ g · hPa$^{-1}$ · cm$^{-2}$ · s$^{-1}$）分布

表 2 列出此次降水过程当日及前一天呼伦贝尔市区域内平均水汽贡献。可见，暴雪前一天(3 月 31 日)，东、西边界水汽的纬向输出较南、北边界的经向输入多，且东边界、北边界的流出量远多于西边界、南边界的流入量；在暴雪当天(4 月 1 日)，自上而下整层水汽以经向输送为主，且区域内大部分水汽输入来自于南边界和西边界，少部分来自于北边界，这对于暴雪天气过程中源源不断的水汽补给至关重要；暴雪后一天，虽然区域内水汽通量较大，但是整个区域为强烈的下沉运动控制，不利于降水的发生发展(表略)。

表 2　此次暴雪过程呼伦贝尔区域水汽收支情况　　　　　　　　　单位：10$^7$ kg · s$^{-1}$

| 日期 | 层次 | 东边界 | 西边界 | 南边界 | 北边界 | 合计 |
|---|---|---|---|---|---|---|
| 3 月 31 日 | 500～300 hPa | 0.088 | −0.115 | −0.037 | 0.022 | −0.043 |
| | 850～500 hPa | 0.275 | −0.023 | −0.082 | 0.089 | 0.259 |
| | 地面至 850 hPa | 0.000 | −0.013 | 0.006 | −0.013 | −0.019 |
| | 地面至 300 hPa | 0.363 | −0.151 | −0.113 | 0.098 | 0.197 |

续表

| 日期 | 层次 | 东边界 | 西边界 | 南边界 | 北边界 | 合计 |
|---|---|---|---|---|---|---|
| 4月1日 | 500～300 hPa | 0.079 | −0.145 | −0.238 | 0.054 | −0.250 |
| | 850～500 hPa | 0.207 | 0.000 | −0.355 | 0.024 | −0.124 |
| | 地面至850 hPa | −0.029 | −0.225 | 0.178 | −0.274 | −0.349 |
| | 地面至300 hPa | 0.257 | −0.370 | −0.415 | −0.196 | −0.723 |

图 7 是暴雪过程中对流层高、中、低层各边界水汽输送总量日变化。可以看出,水汽输入主要为 850 hPa 以上南边界、随西风气流的西边界和低空偏北急流 850 hPa 以下北边界,3月31日 20:00 至 4 月 2 日 20:00 这三部分水汽输送量分别为 $6.3×10^8$,$5.1×10^8$,$3.2×10^8$ t。可见,南边界的水汽输送量最大,其次为西边界,但两边界的贡献相当。随着暴雪过程结束,水汽输送亦停止,水汽输出主要出现在东边界和 500 hPa 以上北边界。

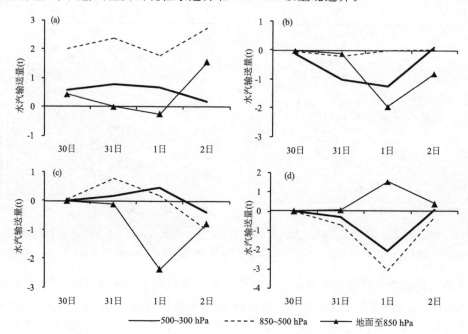

图 7　暴雪过程中呼伦贝尔上空对流层高、中、低层各边界水汽输送总量日变化(单位:t)
(正值表示输出,负值表示输入)
(a)东边界,(b)西边界,(c)北边界,(d)南边界

## 4　水汽来源轨迹分析

以上分析仅是针对局地水汽收支情况的定量描述,无法得到明确的水汽输送路径对该区域的水汽贡献量,故而下面通过模拟携带有水汽气团的运行轨迹得以探讨。

### 4.1　轨迹模拟方案

整个降水过程以 3 月 31 日 19:00 新巴尔虎左旗开始,至 4 月 2 日 12:00 图里河结束,故选取该时段内 16 个国家级自动站和 59 个区域自动站,以降水量为权重,对各站点经纬度进行聚合,得出一个降水中心点;然后,将该中心点的经纬度作为追踪的起始位置,以整个降水时段内各整点(31 日 19:00、31 日 20:00、…、4 月 2 日 12:00)作为追踪的起始时间,并分别以 500 m、1500 m、3000 m 作为起始高度,后向追踪 120 h。

## 4.2　暴雪水汽来源的轨迹簇

对不同高度的空气质点运动轨迹追踪发现,在此次暴雪过程中,有 3 条轨迹较为集中的路径:偏东路径、偏西路径、局地水汽路径。其中,偏东与偏西路径中各轨迹的相似度较高,而局地水汽路径的离散度相对较大。

在 500 m、1500 m、3000 m 高度上,分别进行 2,3,4,5 通道聚类,由于 3 通道聚类结果与轨迹表现最为吻合,故而最终选择 3 通道聚类结果(图 8)。可以看出,500 m 高度上,3 个通道的水汽源地分别在新地岛以西的北冰洋洋面、西伯利亚中部、局地;1500 m 高度上,3 个通道的水汽源地分别在日本海、西伯利亚中部、局地;3000 m 高度上,3 个通道的水汽源地分别在巴尔喀什湖、西伯利亚中部、局地。配合源地降水情况,局地水汽多是由源地降水蒸发所提供。

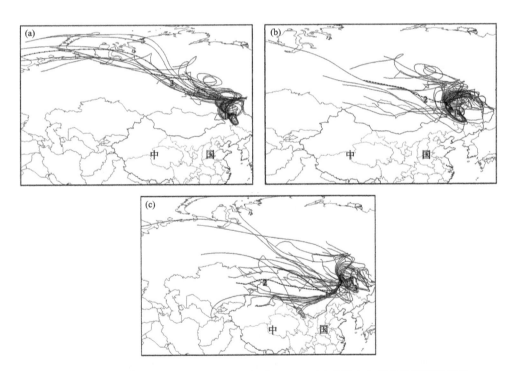

图 8　暴雨过程期间 500 m(a)、1500 m(b)和 3000 m(c)高度上气团轨迹模拟及聚类

经统计(表 3),500 m 和 1500 m 高度起始追踪的轨迹数量中,局地占有较大比重,均超过 50%,这与地面气旋和低空低涡的长时间稳定维持密切相关,而 3000 m 高度起始追踪轨迹数量中,3 条路径大致相当。从贡献率来看,500 m 和 1500 m 起始的追踪中,同样是局地水汽的贡献较多,而 3000 m 高度 3 条路径大致相当,与路径中追踪轨迹的分配大体一致,但就单条轨迹而言,新地岛以西、日本海以及巴尔喀什湖 3 个源地的水汽贡献更大。

　　另外,局地水汽与西风带补充水汽一直存在,故判断此次暴雪过程的水汽来源主要是新地岛以西洋面、日本海以及巴尔喀什湖。对比 3 个高度的源地比湿和,发现比湿自高向低依次减小,对流层中层大于低层,推断可能与低涡和气旋强烈发展造成的强上升运动有关。

**表 3　500,1500,3000 m 高度的水汽通道及水汽贡献率**

| 高度(m) | 路径 | 轨迹数 | 轨迹占比(%) | 源地比湿(g·kg⁻¹) 累积 | 源地比湿(g·kg⁻¹) 平均 | 贡献率(%) | 源地 |
|---|---|---|---|---|---|---|---|
| 500 | C1 | 24 | 57.14 | 27.28 | 1.14 | 49.22 | 局地 |
|  | C2 | 12 | 28.57 | 17.85 | 1.49 | 32.21 | 西伯利亚中部 |
|  | C3 | 6 | 14.29 | 10.29 | 1.72 | 18.57 | 新地岛以西 |
|  | 合计 | 42 | 100 | 55.42 | 1.32 | 100 |  |
| 1500 | C1 | 25 | 59.52 | 37.46 | 1.5 | 49.24 | 局地 |
|  | C2 | 13 | 30.96 | 28.74 | 2.21 | 37.78 | 西伯利亚中部 |
|  | C3 | 4 | 9.52 | 9.88 | 2.47 | 12.99 | 日本海 |
|  | 合计 | 42 | 100 | 76.08 | 1.81 | 100 |  |
| 3000 | C1 | 15 | 35.71 | 30.37 | 2.02 | 33.77 | 西伯利亚中部 |
|  | C2 | 13 | 30.96 | 32.22 | 2.48 | 35.83 | 巴尔喀什湖 |
|  | C3 | 14 | 33.33 | 27.33 | 1.95 | 30.39 | 局地 |
|  | 合计 | 42 | 100 | 89.92 | 2.14 | 100 |  |

# 5　结论

　　(1)内蒙古东北部地区的此次极端降雪天气过程,是由短波扰动叠加低空锋区导致斜压有效位能释放转变为扰动动能,并促使扰动发展加深为大型涡动而产生。

　　(2)极端降水的产生与充沛的水汽输送密不可分。此次降水发生时,源自孟加拉湾的水汽流向东传播至南海后转向北输送进入我国大陆,而源自巴尔喀什湖的水汽流向西南传播至我国华北地区后再转向北输送,这两支水汽流在我国东部沿海汇聚加强后继续向北输送,并与另一支源自贝加尔湖附近一直向东南传播的水汽流在内蒙古东北部地区汇合。

　　(3)暴雪发生时,850 hPa 等压面上偏南低空急流显著加强,致使水汽输送通道完全打开,水汽自南海源源不断地向北输送;同时,水汽通量散度在呼伦贝尔地区存在明显的负值中心,表明在呼伦贝尔市上空有强的水汽辐合,为本次暴雪的发生提供充足的水汽。

　　(4)对于此次暴雪呼伦贝尔区域内水汽收支可见,水汽输入主要为 850 hPa 以上南边界、随西风气流的西边界和低空偏北急流导致的 850 hPa 以下北边界,3 个边界中南边界的输送量最大,其次为西边界,但两者贡献相当,少部分来自于北边界。这表明经向和纬向输送共同为本次暴雪天气的发生提供了充足的水汽,暴雪区水汽主要源于中高层的南边界和随西风气流的西边界。

　　(5)利用 HYSPLIT 模式模拟发现,在此次暴雪过程中存在 3 条水汽输送通道,分别对应 3 条轨迹较为集中的路径:偏南路径(日本海)、偏西路径(新地岛以西的北冰洋洋面、巴尔喀什湖、西伯利亚中部)、局地水汽路径。

（6）水汽输送轨迹数量及贡献率方面,500 m 和 1500 m 起始的追踪中,局地的轨迹数量占比重较大,均超过 50％,且水汽贡献率也较大,这与地面气旋和低空低涡的长时间稳定维持有关;3000 m 起始的追踪中,3 条路径轨迹数和贡献率都大致相当,但就单条轨迹提供的水汽而言,新地岛以西洋面、日本海以及巴尔喀什湖 3 个源地贡献更大。另外,局地的水汽与西风带补充水汽始终存在,故判断此次暴雪过程的水汽来源主要是新地岛以西洋面、日本海以及巴尔喀什湖。其中,3 个高度的比湿和总体上中层大于低层,推断可能与低涡和气旋强烈发展造成的强上升运动有关。

## 参考文献

[1] 庄晓翠,覃家秀,李博渊.2014 年新疆西部一次暴雪天气的中尺度特征[J].干旱气象,2016,34(2): 326-334.

[2] 陈豫英,陈楠,翟颖佳,等.2015 年深秋宁夏冷涡降雪过程的预报性分析[J].干旱气象,2017,35(3): 465-474.

[3] 庄晓翠,崔彩霞,李博渊,等.新疆北部暖区强降雪中尺度环境与落区分析[J].高原气象,2016,35(1): 129-142.

[4] 刘畅,杨成芳.山东省极端降雪天气事件特征分析[J].干旱气象,2017,35(6):957-967.

[5] 胡顺起,曹张驰,陈滔.山东省南部一次极端特大暴雪过程诊断分析[J].高原气象,2017,36(4): 984-992.

[6] 刘晶,李娜,陈春艳.新疆北部一次暖区暴雪过程锋面结构及中尺度云团分析[J].高原气象,2018,37 (1):158-166.

[7] Huang Y R, Xue Z H, Xu C. A study on snowstorm weather in coastal area of western Antarctic[J]. Marine Science Bulletin, 2003,15(1):24-31.

[8] Lackmann G M. Analysis of a surprise western New York snowstorm[J]. Weather and Forecasting, 2001,16(1):99-116.

[9] Steenburgh W J, Onton D J. Multiscale analysis of the 7 December 1998 Great Salt Lake effect snowstorm[J]. Monthly Weather Review, 2001,129(6):1296-1317.

[10] Onton D J, Steenburgh W J. Diagnostic and sensitivity studies of the 7 December 1998 Great Salt Lake effect snowstorm[J]. Monthly Weather Review, 2001,129(6):1318-1338.

[11] 刘玉莲,任国玉,于宏敏.中国降雪气候学特征[J].地理科学,2012,32(10):1176-1185.

[12] 张志富,希爽,刘娜,等.1961—2012 年中国降雪时空变化特征分析[J].资源科学,2015,37(9): 1765-1773.

[13] 朱爱民,寿绍文.长江中下游地区"84.1"暴雪过程分析[J].气象,1993,19(3):20-23.

[14] 胡中明.中高纬暴雪形成的统计分析和机理研究[D].南京:南京信息工程大学,2003.

[15] 李如琦,唐冶,肉孜·阿基.2010 年新疆北部暴雪异常的环流和水汽特征分析[J].高原气象,2013,34 (1):155-162.

[16] 杨莲梅,刘雯.新疆北部持续性暴雪过程成因分析[J].高原气象,2016,35(2):507-519.

[17] 王东勇,刘勇,周昆.2004 年末黄淮暴雪的特点分析和数值模拟[J].气象,2006,32(1):30-35.

[18] 周淑玲,朱先德,符长静,等.山东半岛典型冷涡暴雪个例对流云及风场特征的观测与模拟[J].高原气象,2009,28(4):935-944.

[19] 杨青莹,杨万康,郑智佳,等.一次南方特大暴雪灾害过程诊断分析[J].气象研究与应用,2015,36(2): 36-39,128.

[20] 孙力,马梁臣,沈柏竹,等.2010 年 7～8 月东北地区暴雨过程的水汽输送特征分析[J].大气科学,

2016,40(3)：630-646.

[21] 迟竹萍，龚佃利.山东一次连续性降雪过程云微物理参数数值模拟研究[J].气象,2006,32(7)：25-32.

[22] 白人海，张志秀，高煜中.东北区域暴雪天气分析及数值模拟[J].气象,2008,34(4)：22-29.

[23] Brimelow J C, Reuter G W. Transport of atmospheric moisture during three extreme rainfall events over the Mackenzie River basin[J]. Journal of Hydrometeorology, 2005,6(4):423-440.

[24] Gimeno L, Drumond A, Nieto R, et al. On the origin of continental precipitation[J]. Geophysical Research Letters, 2010,37(13)：1029-1034.

[25] 江志红，梁卓然，刘征宇，等.2007年淮河流域强降水过程的水汽输送特征分析[J].大气科学,2011,35(2):361-372.

[26] 王婧羽，崔春光，王晓芳，等.2012年7月21日北京特大暴雨过程的水汽输送特征[J].气象,2014,40(2)：133-145.

[27] 杨浩，江志红，刘征宇，等.基于拉格朗日法的水汽输送气候特征分析——江淮梅雨和淮北雨季的对比[J].大气科学,2014, 38(5)：965-973.

[28] 魏铁鑫，缪启龙，段春锋，等.近50 a东北冷涡暴雨水汽源地分布及其水汽贡献率分析[J].气象科学,2015,35(1)：60-65.

[29] 王佳津，王春学，陈朝平，等.基于HYSPLIT4的一次四川盆地夏季暴雨水汽路径和源地分析[J].气象,2015,41(11)：1315-1327.

[30] 陈斌，徐祥德，施晓晖.拉格朗日方法诊断2007年7月中国东部系列极端降水的水汽输送路径及其可能蒸发源区[J].气象学报,2011,69(5)：810-818.

# 2017 年 2 月 21—22 日锡林郭勒盟南部地区暴雪天气过程分析[*]

王学强[1] 董春艳[1] 孟雪峰[2]

(1. 内蒙古自治区锡林郭勒盟气象局,锡林郭勒 026000;

2. 内蒙古自治区气象台,呼和浩特 015000)

**摘要**:利用 MICAPS 常规气象资料和 FY-2E 卫星云图资料,对 2017 年 2 月 21—22 日锡林郭勒盟南部地区暴雪天气过程进行分析。结果表明,此次暴雪天气的主要影响系统为低层切变线、高低空急流和地面倒槽;高低空急流耦合为降雪天气的发生提供动力条件,较强的低空急流和低层切变线为降雪天气的发生提供充足的水汽条件;卫星云图上显示强降雪主要发生在暖云向冷云转化的过程中,高低空急流与云区相对应。

**关键词**:暴雪;高低空急流耦合;卫星云图

## 前言

大雪、暴雪通常伴有大风、降温和寒潮,是锡林郭勒盟冬季常见的灾害性天气,给农牧业和交通等带来严重的影响。目前,已有许多气象工作者对内蒙古的大雪、暴雪天气气候特征进行了研究,如张连霞等[1]、高玲[2]对河套地区的暴雪天气过程进行分析;孟雪峰等[3]对 2010 年 11 月 20—21 日内蒙古东北地区大到暴雪天气成因进行分析。本文主要利用 MICAPS 常规气象资料和 FY-2C 卫星云图资料,从天气形势和物理量场对 2017 年 2 月 21—22 日锡林郭勒盟南部地区暴雪天气过程进行分析,以期提高预报准确率,为暴雪预报和防灾减灾提供参考。

## 1 天气实况

2017 年 2 月 21 日 08:00 至 22 日 08:00,锡林郭勒盟发生入冬以来最强降雪天气,降雪主要集中在南部地区和苏尼特右旗,其中太仆寺旗、正镶白旗出现暴雪,降雪量分别为 10.8, 11.0 mm,苏尼特右旗、镶黄旗、多伦出现大雪,降雪量为 5.5~6.7 mm,正蓝旗、西乌珠穆沁旗

---

 * 本文发表于《资源与环境科学》,2018,11:222-224。

出现中雪,降雪量为 3.6～4.2 mm,其余地区出现 0.4～2.3 mm 的小雪(图1)。此次降雪天气对改善土壤墒情、降低火险等级、净化空气十分有利,但由于气温较低、积雪深,严重阻碍交通,对农牧区生产及公众生活造成严重影响。

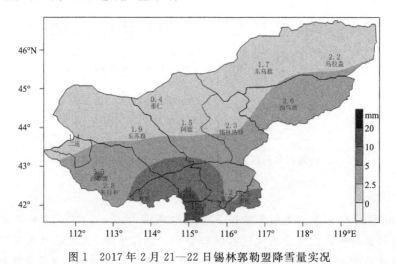

图 1　2017 年 2 月 21—22 日锡林郭勒盟降雪量实况

## 2　天气形势分析

### 2.1　高空形势场

　　500 hPa 高空环流形势为两槽一脊型,21 日 08:00 锡林郭勒盟为一暖脊控制,从高层到低层一直为暖平流,并配合有南支槽生成。低层 700 hPa 为华北脊,脊的外围形成较强偏南风急流,使水汽源源不断沿着华北脊的外围向此区域输送;河套以东地区受切变线控制,随着系统东移,此切变线影响锡林郭勒盟南部地区,850 hPa 为明显的东南风急流,21 日 14:00,500 hPa 高空槽东移至锡林郭勒盟上空,冷暖空气在此区域交汇,使锡林郭勒盟南部地区出现了强降雪天气。

### 2.2　地面气压场

　　地面系统为河套倒槽,21 日 08:00 锡林郭勒盟位于倒槽和高压之间的锋区里,21 日 14:00 倒槽东移至锡林郭勒地区,南部地区受低压底部控制,此时该区域出现强降雪,随着系统东移南压降雪开始逐渐减弱。

### 2.3　高低空急流耦合

　　21 日 08:00,200 hPa 高空急流位于二连浩特至渤海上空,风速为 46～54 m·s$^{-1}$,锡林郭勒盟南部地区处于高空急流入口区右侧,低层 700 hPa 存在偏南风急流,风速为 16～20 m·s$^{-1}$,河套地区处于其左前方,高层辐散、低层辐合的耦合作用产生较强的上升运动,为此次暴雪天气提供了较好的动力条件,同时强的低空急流也为此次暴雪提供充足的水汽条件[4-5]。

# 3　物理量诊断分析

## 3.1　散度和涡度

21 日 08:00,200 hPa 锡林郭勒盟南部地区位于正散度区,中心值为 $2.2×10^{-5}s^{-1}$,位于河套以东地区,具有强烈辐散;500 hPa 以下为负散度区。在涡度场上,850 hPa 为正涡度区,700 hPa 以上各层均为负涡度,高层辐散、低层辐合配置有利于空气的上升运动,为此次暴雪天气的发生提供了较好的动力条件。

## 3.2　湿度

21 日 08:00,700 hPa 上有较强的低空急流,偏南风将水汽源源不断地输送至锡林郭勒盟,锡林郭勒盟西南部地区比湿达到 $2 g·kg^{-1}$,水汽通量散度负中心值为 $-1×10^{-7}g·cm^{-1}·hPa^{-2}·s^{-1}$,由此可知,湿层主要集中在 700 hPa 及以下,低层水汽辐合,为此次暴雪天气提供充足的水汽条件[6]。

# 4　卫星云图分析

在 FY-2E 卫星云图上,河套地区覆盖逗点状云系随系统移动东移北抬,河套地区降雪发生前由于暖湿气流强盛,暖云盾发展旺盛,在可见光和红外云图中表现为明亮密实的盾状云区,与急流相对应,云区边界整齐。21 日 05:00 之后,暖云盾东移北抬至锡林郭勒盟上空,但云顶亮温减小,冷暖空气在此区域交汇,使锡林郭勒盟降雪增强[7]。

# 5　结论

1)2017 年 2 月 21—22 日锡林郭勒盟南部地区暴雪天气过程的主要影响系统为高空槽、低层切变线、高低空急流、华北脊、地面倒槽。

2)锡林郭勒盟南部地区高层辐散、低层辐合的高低空耦合作用为降雪天气的发生提供动力条件。

3)充足的水汽条件、不稳定能力的积累以及较强的低空急流是此次暴雪产生的根本原因。

4)河套地区覆盖逗点状云系随系统移动东移北抬至锡林郭勒盟上空,冷暖空气交汇使锡林郭勒盟出现强降雪。

## 参考文献

[1] 张连霞,石磊,刘艳丽,等.2009 年初冬河套地区暴雪天气过程诊断分析[J].沙漠与绿洲气象,2011,5(1):18-20.

[2] 高玲.2015 年秋末河套地区一次罕见暴雪天气成因分析[J].陕西气象,2017(1):10-14.

[3] 盂雪峰,孙永刚,姜艳辛.内蒙古东北部一次致灾大到暴雪天气分析[J].气象,2012,38(7):877-883.

[4] 高玲.2015 年秋末巴彦淖尔罕见暴雪的成因[J].天气预报,2016(3):11-15.

［5］　滕海迪.巴彦淖尔市一次极端暴雪天气过程的诊断分析［J］.现代农业,2017(11):90-91.

［6］　时青格,周须文.2009年河北省初冬暴雪天气过程的诊断分析［J］.干旱气象,2011,29(1):82-87.

［7］　王清川,寿绍文,霍东升.河北省廊坊市一次初冬雨转暴雪天气过程分析［J］.干旱气象,2011,29(1):
　　　62-68.

# 呼伦贝尔市 2016 年 3 月 31 日—4 月 2 日暴雪过程天气学特征研究[*]

王洪丽[1]　付亚男[1]　孟雪峰[2]　隋沅锐[1]　王　颖[1]

(1. 内蒙古呼伦贝尔市气象局,呼伦贝尔 021008;2. 内蒙古自治区气象局,呼和浩特 015000)

**摘要:** 利用常规观测资料及 NCEP $1.0° \times 1.0°$ 再分析资料,对 2016 年 3 月 31 日至 4 月 2 日发生于呼伦贝尔市的一次暴雪天气过程的环流形势、成因机制进行分析,以期总结出此次暴雪的特殊之处,为今后的暴雪天气预报提供可参考的经验。从天气学角度详细地分析此次暴雪过程的高低空影响系统的生消演变,特别对产生极端降水的水汽输送条件、水汽辐合情况、局地水汽聚集以及垂直运动情况进行详尽的分析。研究结果表明:此次暴雪天气过程是由短波扰动叠加低空锋区,导致斜压有效位能释放转变为扰动动能,并促使扰动发展加深为大型涡动而产生;水汽通量分布形态在一定程度上决定了水汽输送效果,"均匀狭长"的分布形态具有更高的水汽输送效率;涡度差动平流与温度平流表明动力因子与热力因子在本次过程中对垂直运动均有显著贡献,而水平散度作为直接反映质量汇集、流失的参量可以更为直观地反映垂直运动的强弱与分布;整层水汽通量散度积分作为与降水强度直接相关的物理量,对于降水量级的反映异常精准,配合中低空气流强度与方向,可对降水落区与时段进行精确判断。

**关键词:** 暴雪;诊断分析;水汽通量;垂直速度;水汽通量散度

## 引言

呼伦贝尔市地处内蒙古东北部,地处 $115°31' \sim 126°04'$ E、$47°05' \sim 53°20'$ N,呼伦贝尔市总面积 $25.3 \times 10^4$ km²。东邻黑龙江省,西、北与蒙古国、俄罗斯相接壤,是中俄蒙三国的交界地带,与俄罗斯、蒙古国有 1 733 km 的边境线。冬季寒冷漫长,11 月至次年 3 月长达 5 个月之久的降水相态大部分为雪,积雪期长达 3~6 个月之久,积雪分布特征随气候变化而呈现新的变化特征[1-3]。在 4 月、5 月和 10 月过渡季节里,大部分降水性质为雨夹雪。从近 50 a 呼伦贝尔市暴雪演变趋势来看,20 世纪 60 年代发生暴雪 7 次,70 年代为 13 次,80 年代为 14 次,90 年代为 10 次,进入 21 世纪至今为 21 次,极端降水事件随年代际变化呈增多态势。春秋两季的

──────────
* 本文发表于《冰川冻土》,2018,40(3):501-510。

雨夹雪型暴雪量级大,雪后融化成冰致使交通事故增多,造成交通中断,同时给畜牧业生产造成极大的损失。因此对春、秋季的大雪、暴雪的准确预报尤为重要。暴雪天气是在一定的环流背景场下中小尺度系统作用的结果。关于暴雪的研究诸多学者做了大量的工作。孟雪峰等[4-6]对内蒙古东北部暴雪天气进行了多次分析;胡中明等[7]、刘玉莲等[8]对东部地区暴雪形成机理、黑龙江暴雪气候特征做了深入研究;李大为等[9]对沈阳百年最大降雪过程做了系统分析;万俞等[10]对新疆中天山城市暴雪过程进行诊断分析;王学强等[11]对内蒙古锡林郭勒盟2012年冬季暴雪过程天气学特征进行研究;宫德吉等[12]研究了低空急流与大(暴)雪过程的关系,认为低空偏南急流对于暴雪过程起着重要作用;姜学恭等[13]分析了一次北方强降雪天气过程,指出高空短波槽产生的高层强辐散强迫与低层倒槽增强的辐合相互耦合是强降雪成因,中层中尺度低涡的形成和加强及其低空暖湿急流的适宜配置也是强降雪产生的一个有利因素。本文对2016年4月初发生在呼伦贝尔市地区暴雪天气过程进行分析,影响系统及高低空配置为本地暴雪的产生提供了背景条件,符合本地暴雪经典的环流特征,但其特殊的水汽条件及动力作用是本次极端降水事件产生的重要原因,为今后暴雪及极端降水事件提供预报依据和指导。

## 1　资料来源

本文使用的资料主要包括:呼伦贝尔市地区16个气象站降水、积雪实况观测资料;时间间隔为6 h的NCEP/NCAR全球再分析资料,水平分辨率为1°×1°的比湿、气压场、风场等各种资料。

## 2　2016年春季暴雪天气实况与灾情

2016年3月31日19:00至4月2日16:00(北京时间,下同),内蒙古呼伦贝尔市出现了一次区域性暴雪天气,16个气象观测站中,有3个气象观测站累计降水量均大于20.0 mm,最大降水量为46.1 mm,其他13个气象观测站累计降水量为0.3～18.2 mm,降水呈现时间段集中、强度大、范围大的特点。主要降水时段集中在3月31日夜间至4月1日08:00,新左旗、陈巴尔虎旗、海拉尔区、鄂温克旗、根河市、牙克石市、图里河镇共7个测站降水量超过10 mm,达到暴雪,其中图里河镇24 h降水量多达35 mm(图1),出现了极端降水事件;莫力达瓦旗、小二沟、额尔古纳市、博克图镇4个测站为大雪。4月1日,有12个气象观测站降水量突破同期历史极值。过程降水量情况:海拉尔市、牙克石市、图里河镇累计降水量20～46.1 mm,雪深7～20 cm;新左旗、陈巴尔虎旗、鄂温克旗、鄂伦春旗、根河市累计降水量13.3～18.2 mm,雪深2～15 cm;其他地区累计降水量2.2～9.2 mm,雪深0～8 cm(表1)。

伴随降水,各站均出现了不同程度的降温,其中根河市48 h日最低气温下降16.2 ℃,达到特强寒潮标准,图里河镇48 h日最低气温下降13.1 ℃,达到强寒潮标准,额尔古纳市、牙克石市两站48 h日最低气温分别下降10.5 ℃、11.5 ℃,达到寒潮标准。此外,海拉尔区、鄂温克旗、满洲里市、新右旗、博克图镇5站出现了大风。此次暴雪天气过程,降水量之大,史上罕见,先后经历了雨、雨夹雪、雪的相态变化。大部分地区积雪深度并不深厚,且牧区抗灾基础设施良好,对牧业生产影响不大;但大雪和暴雪造成城市街道积雪深厚和道路结冰,交通严重受阻,境内高速全线停运,航班取消;海拉尔区和牙克石市周边的设施农业的大棚受损严重。

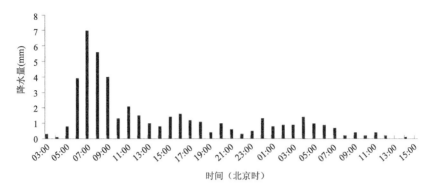

图1　2016年4月1日03:00至4月2日15:00图里河站逐时降水量

表1　2016年3月31日20:00至4月2日20:00呼伦贝尔市过程降雪量和积雪深度

| 台站 | 新右旗 | 新左旗 | 满洲里 | 鄂温克旗 | 陈巴尔虎旗 | 海拉尔 | 额尔古纳 | 牙克石 | 博克图 | 图里河 | 根河 | 鄂伦春旗 | 小二沟 | 扎兰屯 | 阿荣旗 | 莫力达瓦旗 |
|---|---|---|---|---|---|---|---|---|---|---|---|---|---|---|---|---|
| 降水量/mm | 2.2 | 16.6 | 3.2 | 15.1 | 18.2 | 22.1 | 9.2 | 20.1 | 7.9 | 46.1 | 13.3 | 17.3 | 7.2 | 0.3 | 2.3 | 7.0 |
| 积雪深度/cm | 2 | 2 | 3 | 8 | 11 | 15 | 7 | 7 | 8 | 20 | 13 | 14 | 0 | 0 | 0 | 0 |

## 3　环流形势分析

降水前期3月31日08:00,极涡分裂形成的冷涡东移减弱,在低层槽后冷平流与高层槽前正涡度平流的共同作用下,850 hPa等压面上短波扰动迅速发展南下,与冷涡主体分离,不断加深,至3月31日20:00形成低涡,中心值136 dagpm,低涡叠加于锋区之上,呈现出典型的热力不对称结构,并对应流场上完整的气旋式环流(图2a、图2c)。海平面气压场上低压槽在低空暖平流作用下形成东西向的低压带,与纬向锋区对应,低涡形成后,波动振幅增加,冷暖锋逐渐显现(图2b、2d)。

4月1日08:00,低涡形成后,经向环流加强,一方面,冷平流更盛,致使低涡进一步发展,850 hPa等压面中心值加深为132 dagpm,另一方面,温压场相互适应,温度场上纬向锋区逐渐转为经向,形成明显的冷槽暖脊(图3a)。此时海平面气压场上气旋已进入锢囚阶段,对比前一时次,尽管中心值均为992.5 hPa并无变化,但由于上游冷高与下游暖高同时加强,在两者共同作用下,等压线骤然增密,气压梯度突然加大,直接导致气旋爆发性加强(图3b)[14]。

4月2日08:00,上游阻塞高压东移,迫使低涡北上,脊前偏北气流引导冷空气南下,导致锋区南压,两者共同作用,致使低涡与锋区分离,热力不对称结构遭到破坏,逐渐转为冷性(图3c),对应海平面气压场上,气旋已锢囚完成,冷暖锋面消失,开始逐渐进入消亡阶段,并在上游变性冷高的强迫下转向东北移动(图3d),动力与水汽条件相继转差,降水趋于结束。

综上所述,深厚低涡配合地面发展完整深厚的气旋,是导致呼伦贝尔市此次暴雪天气过程的主要影响系统,同时,这种深厚的高低空配置是本地暴雪的经典环流形势。据统计,本地70%的暴雪过程均是此类环流形势。暴雪落区一般情况下出现在地面气旋的

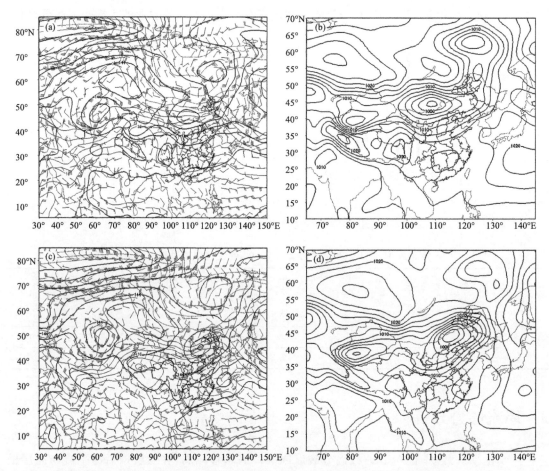

图2　3月31日08:00环流形势 (a)850 hPa高度场、温度场、风场,(b)海平面气压场,
和3月31日20:00环流形势,(c)850 hPa高度场、温度场、风场,(d)海平面气压场

顶部及前部。

# 4　降水成因机制分析

## 4.1　水汽输送条件

充沛的水汽输送是形成较大降水的必要条件[15-16]。4月1日02:00,闭合低涡形成,并与南支波动同位相叠加,偏南低空急流显著加强,925 hPa等压面上急流中心最大风速甚至超过22 m·s$^{-1}$,由25°N向北贯穿至45°N,致使水汽输送通道完全打开,自南海源源不断向北输送水汽,途径渤海,水汽得到进一步补充,比湿通量中心位于35°N,高达15 g·s$^{-1}$·hPa$^{-1}$·cm$^{-1}$(图4a);至4月1日08:00,比湿通量分布形态出现了明显变化:中心值趋于减弱,由15 g·s$^{-1}$·hPa$^{-1}$·cm$^{-1}$减小至9 g·s$^{-1}$·hPa$^{-1}$·cm$^{-1}$,但其平均值则由5 g·s$^{-1}$·hPa$^{-1}$·cm$^{-1}$左右增大为7 g·s$^{-1}$·hPa$^{-1}$·cm$^{-1}$左右,换而言之,水汽通道更为"均匀",这种比湿通量的分布形态表明水汽在输送过程中没有明显的辐合辐散,几乎全部水汽都被输送至

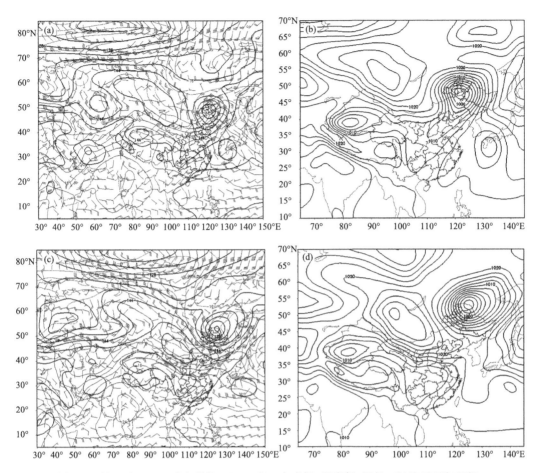

图3　4月1日08:00环流形势（a)850 hPa 高度场、温度场、风场,(b)海平面气压场;
和4月2日08:00环流形势(c)850 hPa 高度场、温度场、风场,(d)海平面气压场

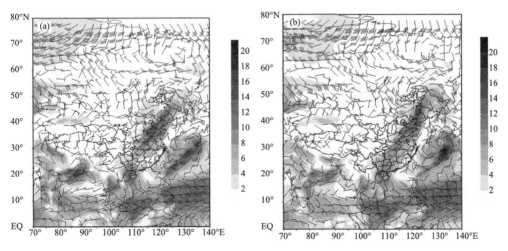

图4　925 hPa 水汽通量(单位:g·s$^{-1}$·hPa$^{-1}$·cm$^{-1}$)
(a)2016年4月1日02:00,(b)2016年4月1日08:00

通道"终点"即降水区(图4b)。4月1日极端降水过程的水汽输送程度,可与夏季暴雨过程中的水汽输送相较,这是导致本次极端暴雪过程的主要因素之一。

## 4.2　水汽绝对含量

水汽输送通道的建立直接导致水汽局地含量增加:4月1日08:00比湿50°N空间垂直剖面上,850 hPa等压面中心值超过4 g·kg$^{-1}$(图5a),图里河单站比湿时间高度剖面上,3月31日20:00之后比湿突增,800 hPa以下的比湿为2.5~3 g·kg$^{-1}$(图5b),4月1日08:00低层比湿存在≥3 g·kg$^{-1}$的高值,此时本站降水强度也达到最大。可见,充分的水汽原料是产生极端降雪的原因之一。

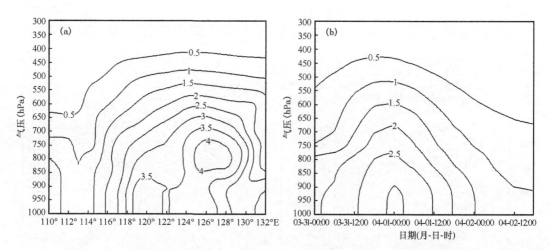

图5　比湿垂直剖面变化情况

(a)4月1日08:00比湿50°N空间垂直剖面;(b)图里河单站比湿时间垂直剖面

## 4.3　水汽饱和程度

相对湿度50°N空间垂直剖面上,3月31日20:00,中低层相对湿度均在70%以下(图略),而至4月1日02:00(图略),由于水汽的水平输送与垂直扩散,饱和程度突然加大,自116°E至126°E整层相对湿度均增加至70%以上,850 hPa等压面上下由于暖平流作用,饱和程度稍差,但仍在85%以上,而边界层与中高层则增加至95%以上,基本处于饱和状态,这种整层饱和的大气状态一直持续4月2日02:00(图6a)。图里河单站相对湿度时间剖面图上(图6b),从3月31日20:00以后,相对湿度迅速增大,至4月2日08:00,500 hPa以下始终维持高湿状态,再次验证本站具备充沛的水汽条件。

## 4.4　垂直运动条件

对于垂直运动的诊断,可通过$\omega$方程进行,亦可通过连续方程进行。根据式(1)的$\omega$方程:

$$\left(\sigma\nabla^2+f^2\frac{\partial^2}{\partial p^2}\right)\omega=f\frac{\partial}{\partial p}[V_g\cdot\nabla(f+\xi_g)]-\nabla^2\left[V_g\cdot\nabla\frac{\partial\varphi}{\partial p}\right]-\frac{R}{c_p p}\nabla^2\frac{\mathrm{d}Q}{\mathrm{d}t} \tag{1}$$

可知垂直运动由涡度平流随高度的变化、温度平流以及非绝热变化三种作用共同决定。忽略

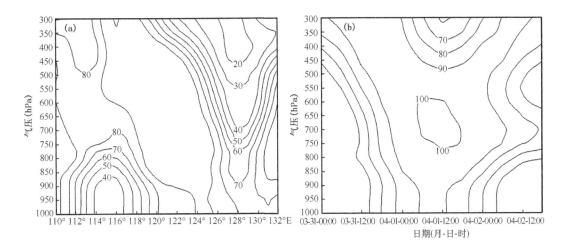

图6 相对湿度50°N空间垂直剖面

(a)4月2日02:00相对湿度50°N空间垂直剖面,(b)图里河单站相对湿度时间垂直剖面

非绝热加热或冷却的作用,以图里河单站为例,对于涡度平流随高度的变化,自3月31日20:00至4月1日20:00,300 hPa以下涡度平流始终随高度增大,并且在400 hPa附近出现了明显的梯度区(图7a);对于温度平流,自3月31日20:00至4月1日14:00,100 hPa以下均处于暖平流控制之中,并且在700 hPa附近与200 hPa附近各出现了中心值,分别为$1.0\times10^{-4}$ $K\cdot s^{-1}$与$3.0\times10^{-4}$ $K\cdot s^{-1}$(图7b)。由此可见,无论是动力因子还是热力因子,对垂直运动均产生了明显作用。

根据连续方程:

$$\frac{\partial u}{\partial x}+\frac{\partial v}{\partial y}+\frac{\partial \omega}{\partial p}=0 \tag{2}$$

可知垂直运动由上下层的水平散度共同决定。对于水平散度,同样以图里河单站为例,自3月31日20:00至4月2日08:00,高低层始终维持着一对正负中心,其值分别为$2.5\times10^{-5}$ $s^{-1}$与$-4.5\times10^{-5}$ $s^{-1}$,表明高层存在明显的辐散而低层存在明显的辐合。换而言之,高层质量流失而低层质量汇集,高低层水平运动的共同作用强迫空气抬升,产生强烈的垂直运动(图7c)。

图里河单站垂直速度时间空间剖面可以更为直观地反映上升运动的剧烈程度。自3月31日20:00至4月2日20:00,整层均处于垂直速度的负值区,而降水最强时段,其值一度超过$-75$ $Pa\cdot s^{-1}$,基本与暴雨过程中的垂直速度相当,这是导致出现极端降雪的原因之一(图7d)。

### 4.5 层结条件

从4月1日08:00海拉尔站探空资料来看,在水汽通道建立之后,局地水汽绝对含量增大,露点提高,整层近乎饱和,假相当位温垂直廓线在600 hPa至300 hPa区间内近乎垂直,表明层结已由绝对稳定逐渐转为中性(图略)。

### 4.6 水汽辐合

高、低层系统动力、热力共同作用,产生强烈的垂直运动,并且在降水区出现了明显的水汽

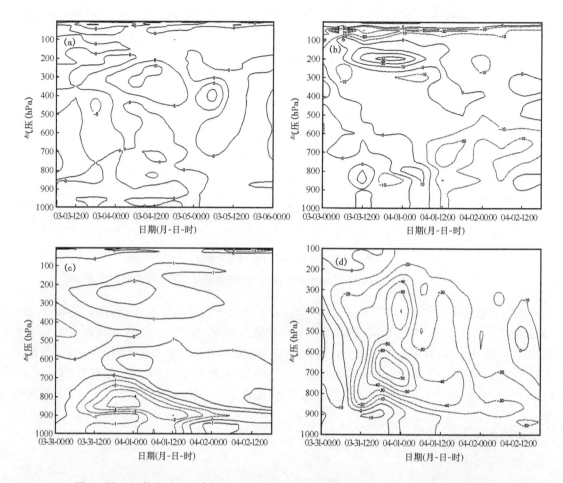

图7　图里河单站时间垂直剖面 (a)涡度平流,(b)温度平流,(c)散度,(d)垂直速度

辐合,4月1日08:00水汽通量散度50°N空间垂直剖面上,自114°E至128°E均为水汽辐合区,并且在119°E与124°E附近的边界层分别出现了超过$-5×10^{-8}$ g·s$^{-1}$·hPa$^{-1}$·cm$^{-2}$、$-6×10^{-8}$ g·s$^{-1}$·hPa$^{-1}$·cm$^{-2}$的辐合中心(图8a),而图里河单站的水汽通量散度时间垂直剖面上中心值则一度超过$-3×10^{-8}$ g·s$^{-1}$·hPa$^{-1}$·cm$^{-2}$(图8b)。

事实上,局地降水量的多少,基本取决于局地气柱中水汽辐合的多少,故而整层比湿通量散度积分可以非常明确地反映降水率(单位时间的降水量),而从3月31日20:00时至4月2日02:00,整层水汽通量散度积分的高值区经呼伦贝尔市自西南向东北划过,3月31日20:00中心值为$-2.5×10^{-5}$ g·s$^{-1}$·cm$^{-2}$(图8c),4月2日02:00图里河的数值为$-4.0×10^{-5}$ g·s$^{-1}$·cm$^{-2}$(图8d)。不难看出,整层比湿通量散度积分在降水量级的预报中,相较其他物理量,具有非常明显的优势。

需要指出的是,对于此次极端降水过程,整层水汽通量散度积分的时间演变与空间分布,与降水的时段、落区并非完全吻合,降水时段相对滞后,降水落区偏向西南,初步推断,或许与中低空强烈的东北气流有关[17-19]。

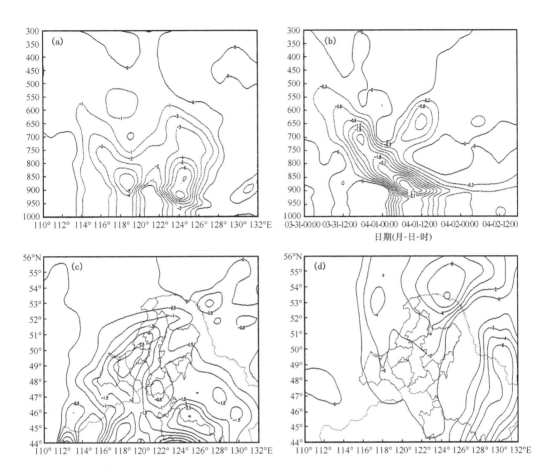

图8　水汽通量散度变化情况 (a)4月1日08:00水汽通量散度50°N空间垂直剖面,(b)水汽通量散度图里河单站时间垂直剖面,(c)3月31日20:00整层水汽通量散度积分,(d)4月1日08:00整层水汽通量散度积分

## 5　降水相态分析

由常规地面观测资料可知,3月31日18:00后自呼伦贝尔市南部新左旗开始出现降雨,随后南部其余地区也陆续出现小雨或雨夹雪,随着系统的东移、北上,4月1日05:00,降水范围自西向东、自南向北进一步扩大,南部地区先后经历了雨、雨夹雪、雪的相态变化,北部地区由雨夹雪转为纯雪。4月1日08:00除了呼伦贝尔市东南部地区仍降雨或雨夹雪,其余地区均为降雪。随着冷空气的进一步入侵,4月2日全市范围内均出现了结冰现象和不同程度的积雪,由于降水量大以及相态复杂,对交通和设施农业均产生了较大影响。

系统的发展演变导致温度变化是相态转变的一个关键性因素。为进一步加强对雨雪分界线与温度场关系的理解,对温度的空间分布(图略)进行了分析,3月31日20:00受地面气旋顶部东南暖湿气流的影响(图2d),低层存在暖脊,南部地区850 hPa温度高于0 ℃,925 hPa高于4 ℃,而700 hPa为−10 ℃线控制,降雨时地面气温也均高于0 ℃;4月1日08:00时,西中部大范围地区受地面气旋顶后部影响(图 3b),冷空气的侵入使 850 hPa 及其以下层结的温度下降明显,海拉尔区与图里河镇 850 hPa 为-2 ℃控制,925 hPa 在 0 ℃至-2 ℃线之间,海拉尔区地面气温为-0.1 ℃降纯雪,图里河镇地面气温为-1 ℃,雨夹雪。由此可知,降水相态与海拔高度关系密切。此外,温度的垂直分布及其演变也是影响降水相态类型的重要因素。从探空资料(图 9a、9b)分析可知,3 月 31 日 20:00,0 ℃层高度高于 850 hPa,925~700 hPa 温度直减 14 ℃,4 月 1 日 08:00,0 ℃层高度位于 925 hPa 附近,925~700 hPa 温度递减缩小为 8 ℃,融化层厚度明显减小,相态趋于纯雪。同时,在降水开始前低层为未饱和状态,700 hPa 以下相对湿度均小于 70%,随着温度的下降和水汽的进一步补充,高层固态降水落入低层未饱和的温度略高的层结中,融化或进一步蒸发并吸收热量,使得低层环境温度得到改变,起到了一个互相反馈的作用。这种微物理过程也加强了对降水相态的预报难度,同时多相态降水利于大量级降水天气的出现。

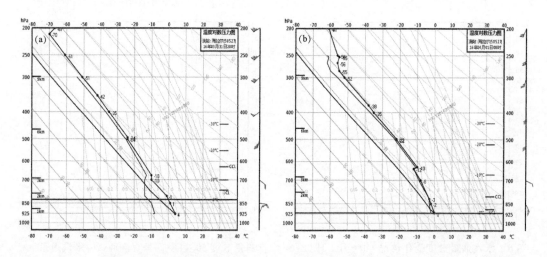

图 9　探空资料 (a)3 月 31 日 20:00 $T$-ln$p$,(b)4 月 1 日 08:00 $T$-ln$p$

## 6　结论

(1)深厚低涡配合地面发展完整深厚的气旋,是导致呼伦贝尔市此次暴雪天气过程的主要影响系统,暴雪落区出现在地面气旋的顶部及前部。

(2)极端降水的产生与优异的水汽输送条件密不可分。本次过程中水汽通量分布形态在一定程度上决定了水汽输送效果,"均匀狭长"的分布形态具有更高的水汽输送效率,水汽通量已基本与暴雨过程相当,低层比湿存在≥3 g·kg$^{-1}$的高值,这是产生极端降水的重要原因之一。

(3)涡度差动平流与温度平流表明动力因子与热力因子在本次过程中对垂直运动均有显著贡献。本次过程中上升运动自降水开始至结束始终贯穿整层,且量值较大,基本与暴雨过程相当,这也是产出极端降水的原因之一。

(4)整层比湿通量散度积分作为与降水强度直接相关的物理量,对于降水量级的反映异常精准,配合中低空气流强度与方向,同样可对降水落区与时段进行判断。

（5）多相态降水利于大量级降水天气的出现。天气系统影响使得温度的垂直结构发生变化，0 ℃层高度的迅速降低以及温度递减率的减小利于降雨向固态降水的转变。

## 参考文献

[1]　肖王星，效存德，郭晓寅，等.北京－张家口地区冬春季积雪特征分析[J]冰川冻土，2016，38(3)：584-595.

[2]　蒋文轩，假拉，肖天贵，等.1971—2010年青藏高原冬季降雪气候变化及空间分布[J].冰川冻土，2016，38(5)：1211-1218.

[3]　李玉婷，柳锦宝，王增武，等.2003—2012年四川省积雪时空动态变化与气候响应研究[J].冰川冻土，2016，38(6)：1491-1500.

[4]　孟雪峰，孙永刚，姜艳丰.内蒙古东北部一次至致灾大到暴雪天气分析[J].气象，2012，38(7)：877-883.

[5]　孟雪峰，孙永刚，姜艳丰，等.内蒙古大雪天气学分型研究[J].内蒙古气象，2011(3)：3-8.

[6]　孟雪峰，孙永刚，云静波，等.内蒙古大雪的时空分布特征[J].内蒙古气象，2011(1)：3-6.

[7]　胡中明，周伟灿.我国东北地区暴雪形成机理的个例研究[J].南京气象学院学报，2005，28(5)：679-684.

[8]　刘玉莲，于宏敏，任国玉，等.1961—2006年黑龙江省暴雪气候时空变化特征[J].气候与环境研究，2010，15(4)：470-478.

[9]　李大为，路爽，张子峰，等.沈阳市百年最大降雪过程分析[J].安徽农业科学，2009，37(18)：306-310.

[10]　万瑜，窦新英.新疆中天山一次城市暴雪过程诊断分析[J].气象与环境学报，2013，29(6)：8-14.

[11]　王学强，王澄海，孟雪峰，等.内蒙古锡林郭勒盟2012年冬季暴雪过程天气学特征研究[J].冰川冻土，2013，35(6)：1446-1453.

[12]　宫德吉，李彰俊.低空急流与内蒙古的大(暴)雪[J].气象，2001，27(12)：3-7.

[13]　姜学恭，李彰俊，康玲，等.北方一次强降雪过程的中尺度数值模拟[J].高原气象，2006，25(3)：476-484.

[14]　刘宁微，齐琳琳，韩江文.北上低涡引发辽宁历史罕见暴雪天气过程的分析[J].大气科学，2009，33(2)：275-284.

[15]　翟丽萍，魏鸣.一次大范围暴雪天气的大气环境形成机理研究[J].气象科学，2012，32(6)：638-645.

[16]　高玉中，周海龙，苍蕴琦，等.黑龙江省暴雪天气分析和预报技术[J].自然灾害学报，2007，16(6)：25-30.

[17]　孙继松，梁丰，陈敏，等.北京地区一次小雪天气过程造成路面交通严重受阻的成因分析[J].大气科学，2003，27(6)：1057-1066.

[18]　孙建华，赵思雄.华北地区"12·7"降雪过程的数值模拟研究[J].气候与环境研究，2003，8(4)：387-401.

[19]　赵思雄，孙建华，陈红，等.北京"12·7"降雪过程的分析研究[J].气候与环境研究，2002，7(1)：7-21.

# 大兴安岭地区的一次暴雪天气诊断分析[*]

张桂莲[1]　　姚晓娟[1]　　孙永刚[1]　　孟雪峰[1]　　仲夏[1]　　刘文炜[2]

(1. 内蒙古自治区气象台,呼和浩特 010051;2. 乌海市气象局,乌海 016000)

**摘要:**利用常规观测资料、FY-2 气象卫星水汽云图、多普勒雷达资料、NCEP(1°×1°)逐 6 h 再分析资料对 2016 年 11 月 13—14 日东北冷涡背景下的大兴安岭地区暴雪天气过程进行分析。结果表明:高空冷涡后部横槽南摆,使干冷空气南下以及冷涡前部西南低空急流北上且辐合急剧加强为暴雪天气提供了非常有利的环流背景;≥20 m·s$^{-1}$的西南低空急流作为水汽输送带,为暴雪区提供了充足的水汽来源;垂直上升运动中心和散度辐合辐散中心基本耦合且加强,为暴雪提供了强有利的动力抬升条件,有利于上升运动的增强发展;暴雪是发生在条件对称不稳定的(湿位涡 MPV2<0)的背景下,暴雪中心位于 MPV2 等值线密集带以及 MPV2 绝对值得到较大增长的区域。水汽图像上有表征干侵入特征的干缝、斧形暗区等;雷达回波显示低层东南风急流非常显著,低层强烈发展的东南暖湿气流与东北—西南走向的大兴安岭山脉相垂直时,地形强迫抬升不仅使迎风坡的垂直上升运动迅速加强,而且使低层水汽辐合得到加强和维持为暴雪提供了充足的水汽,这也是暴雪主要集中在大兴安岭东麓的重要因素。

**关键词:**暴雪;低空急流;干侵入;湿位涡;水汽图像

## 引言

　　暴雪是我国大兴安岭地区冬半年常见的一种灾害性天气,常伴有寒潮、大风甚至暴风雪等恶劣天气。而秋末冬初由于气温偏低,暴雪天气常常导致白灾,给交通运输、电力设施、农牧业生产和人民生命财产安全造成较大影响和危害。

　　我国对于暴雪的研究从 20 世纪 70 年代末传统的的天气学分析和诊断到 90 年代以后中尺度数值模拟以及非常规资料的应用,已取得了较大进展。国内许多学者对暴雪的成因及动力热力结构方面的分析和诊断进行了多方面的研究[1-6];苗爱梅等[7]对"091111"山西特大暴雪过程的流型配置及物理量诊断分析认为:降雪量与散度场、水汽通量散度场高、低层的辐散、辐合强度,湿层的厚薄成正比;赵桂香等[8-9]对暴雪期中尺度切变线的动力进行了深入分析认为:

　　* 本文发表于《气象科技》,2018,46(5):971-978。

正涡度区的演变与切变线的发展、东移和北抬密切相关；孔凡超等[10]分析了暴雪与雷暴共存的天气过程认为：大范围的雷暴是发生在低层冷空气堆之上的高架雷暴，暴雪区中层较强的水汽通量辐合及辐合层厚度爆发性增长、700 hPa槽区以及槽前西南气流和偏西气流的强辐合是造成暴雪天气的重要原因；张迎新等[11]对太行山喇叭口地形对于降雪的影响分析认为：由于向东开口的喇叭口地形对于气流有汇聚作用，因此整个喇叭口地形上空到800 hPa为地形辐合产生的上升运动，而在喇叭口地形南侧与东北风几乎垂直的迎风坡处上升运动最强；杨舒楠等[12]研究了低层温度平流对华北雨雪相态影响认为：雨雪相态的转变取决于整个对流层低层（850～950 hPa）的温度平流状况；易笑园等[13-14]对暴雪过程应用中尺度数值模式进行模拟分析认为：造成华北东部暴风雪的天气系统是回流形势下的冷锋锢囚锋，锢囚降雪阶段，地面和低层水平风场具有β中尺度气旋性环流，是造成降雪回波旋转且长时间维持的动力；苗爱梅等[15-16]应用多普勒雷达探测资料分析一次春季暴雪过程认为：降雪的强度与雷达探测范围内各高度层的辐合、辐散有着密切的关系；段丽等[17-18]应用多种非常规探测资料，对北京一次大雪过程进行了动力计算和成因分析认为：山前和平原地区近地面东南风，边界层偏东风及边界层以上的对流层低层偏西风的风廓线分布在北京西部地形作用下产生动力抬升和局地对流，增强了北京西南部的降雪。许多科技工作者对内蒙古地区的暴雪进行了多方面的研究[19]，对暴雪进行了中尺度数值模拟[20]，分析了暴雪与沙尘暴的关系[21]以及雨雪转换等[22]，但研究大兴安岭地区暴雪，特别是干侵入、湿位涡对该地区暴雪的作用相对比较少。本文利用常规气象观测资料、FY-2气象卫星水汽云图、多普勒天气雷达观测资料、NCEP（1°×1°）逐6 h全球再分析资料并结合干侵入、湿位涡理论等，对2016年11月13—14日大兴安岭地区初冬暴雪天气过程的环境条件以及干侵入特征、多普勒雷达资料进行分析，着重阐述了13日14:00至20:00，6 h降雪量突然增强到暴雪量级与系统各方面强度变化的关系等内容，以期获得对天气预报中有指导意义的一些参考依据，为实际预报业务提供一些参考依据。

# 1 暴雪天气实况概述

通过对2016年11月13日08:00至14日08:00（北京时，下同）常规气象观测资料分析发现，内蒙古东北部和黑龙江省西南部交界的大兴安岭地区共70个国家站出现降雪（图略）；其中24个国家站出现大雪，14个国家站出现暴雪，暴雪降雪量为10～18 mm；最大降雪量出现在黑龙江的龙江（18 mm）、内蒙古东北部的阿荣旗（17 mm）和甘南（16 mm）。从降雪的时间分布来看，降雪主要从13日14:00开始明显增大，13日20:00以后降雪明显减弱；13日14:00至20:00仅6 h内6个国家站降雪量就突破10 mm以上，达到暴雪量级。从13日08:00至14日08:00阿荣旗、齐齐哈尔、龙江逐6 h的降雪量柱状图（图1，另见彩图8）可以看出，13日14:00以后3个测站降雪明显增大，13日14:00至20:00的6 h累积降雪量阿荣旗11 mm、齐齐哈尔9 mm、龙江14 mm，但从13日20:00以后，3个测站降雪逐渐减弱。这场暴雪天气因降雪量大（全部为纯雪），新增积雪10～17 cm，使多地公路、铁路、民航交通运输严重受阻；农业生产特别是蔬菜大棚垮塌，造成绝收；部分地区电力设施受损严重，还出现了停电现象；由于这场强降雪发生在秋末冬初（俗称"座冬雪"），大量积雪造成牲畜圈棚损毁，草场被覆盖，牲畜食草困难,幼畜冻死,部分牧区形成白灾,给牧民带来巨大的财产损失。

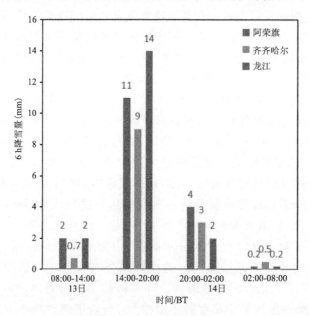

图1　2016年11月13日08:00至14日08:00阿荣旗、
齐齐哈尔、龙江6 h降雪量

## 2　暴雪过程的环流形势

这次暴雪过程的大尺度天气背景是高空冷涡首先在蒙古国形成,然后东移加强进入我国东北地区形成东北冷涡,造成大兴安岭地区的暴雪天气。

应用NCEP(1°×1°)逐6 h再分析资料(图2～6,下同)对2016年11月13日08:00环流形势(图略)进行分析,大兴安岭地区受位于蒙古冷涡前西南气流的影响,在37°～47°N、115°～125°E区域内,850 hPa有大范围12～18 m·s$^{-1}$的西南低空急流,低空急流核中心值高达20 m·s$^{-1}$;13日14:00(图2a,另见彩图9a)蒙古冷涡东移进入大兴安岭地区形成东北冷涡,850 hPa西南低空急流进一步北上且范围进一步扩大,强度也有明显的跃增,从08:00的12～18 m·s$^{-1}$增大为20～24 m·s$^{-1}$,急流核中心值也跃增为≥28 m·s$^{-1}$,强烈发展的西南低空急流作为水汽输送带,向降雪区输送了大量的水汽,13日14:00以后降雪强度明显加大;13日20:00(图2b,另见彩图9b)西南低空急流核中心值更是高达34 m·s$^{-1}$,西南低空急流辐合的急剧加强更有利于上升运动的加大,同时暖式切变线南北两侧风速进一步加大,暖式切变线北侧形成东南风低空急流带,暖式切变线两侧形成强烈的风向、风速辐合,暴雪区就发生在850 hPa暖式切变线以及南北两侧的区域内;13日14:00—20:00东北冷涡西北侧一直有12～18 m·s$^{-1}$的偏北急流维持,高空冷涡后部横槽南摆,使干冷空气南下以及冷涡前部强烈发展的西南低空急流北上且辐合急剧加强为这次暴雪天气提供了非常有利的环流背景。东北低涡南北侧各有一个急流带,不仅为东北暴雪提供了暖湿空气而且还提供了促使水汽相变的冷空气[23];13日08:00—14:00的6 h内冷暖空气急剧加强,强降雪在这个时段内爆发。

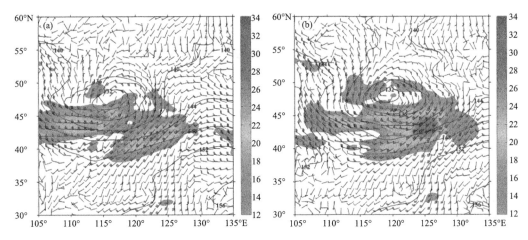

图2　2016年11月13日14:00(a)、20:00(b) 850 hPa 环流形势综合图
(蓝色实线,850 hPa 等高线,单位:dagpm,风羽,850 hPa 风场,单位:m·s⁻¹,
阴影,850 hPa 低空急流,单位: m·s⁻¹)

# 3　暴雪天气物理量诊断

## 3.1　强烈的辐合上升运动

13日08:00散度和垂直速度沿47°N(暴雪区暖式切变线)剖面图(图略)显示,120°E以西地区(暴雪区西侧),400 hPa以下散度均为辐合,200~400 hPa散度为辐散,散度呈现中低层辐合高层辐散结构,而且中低层辐合明显大于高层辐散,有利于上升运动的发展;13日14:00(彩图3a)120°E以西地区低层散度辐合带大值区范围明显加大,低层散度辐合强度明显增强,同时高层辐散强度也明显增强,散度低层辐合高层辐散同时加强,这种抽吸作用的加大,有利于上升运动的发展;与暴雪区低层辐合、高层辐散相对应,13日14:00在120°E垂直上升运动不断加强,垂直上升运动速度也有明显跃增,且高度达到300 hPa,说明大兴安岭地区有一个深厚的上升气流;14:00垂直上升运动中心和辐合辐散中心基本耦合,为暴雪提供了强有利的动力抬升条件,有利于上升运动的增强发展,降雪在14:00之后明显增强;13日20:00(图略)在122°~130°E大范围区域内为垂直上升运动和低层辐合、高层辐散区。低层辐合、高层辐散的抽吸效应形成过程和强降水发生的时间有很好的对应关系[24];实况降雪也验证了这种对应关系。

## 3.2　充沛的水汽输送

13日08:00,850 hPa水汽通量和风场平面图显示(图略),水汽通量大值区和低空急流区大部分位于45°N以南地区,而暴雪区(45°~50°N,120°~130°E)水汽通量较小且风速辐合也较弱,但暴雪区南侧的低空急流南北跨度将近10个经度;13日14:00(图3b,另见彩图10b)低层850 hPa气旋环流中心进入暴雪区域,西南低空急流南北跨度进一步加大,强度进一步加强,水汽通量明显加大且向北达到50°N,偏南急流为低层强辐合提供了动力条件;13日14:00

(图 3a,另见彩图 10a)低层 850 hPa 散度辐合带大值区范围明显加大,低层散度辐合强度明显增强也验证了这一结论;时值冬季,南北向跨度大的西南低空急流不仅创造了低层强辐合的动力条件,而且成为范围广、强度大的水汽强劲输送带[25],又为东北冷涡移动和加强提供了条件,强降雪就发生 13 日 14:00 之后的 6 h 之内。

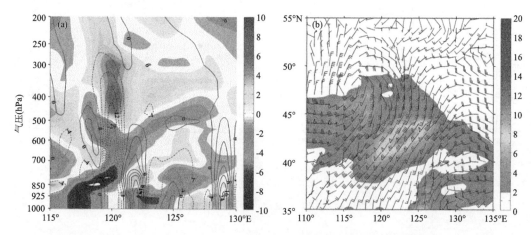

图 3　2016 年 11 月 13 日 14:00(a)沿 47°N 散度和垂直速度剖面图(黑线,垂直速度,单位:$10^{-1}$ Pa·$s^{-1}$;阴影,散度,单位:$10^{-5}$ $s^{-1}$)、(b)850 hPa 水汽通量和风场($u$、$v$ 风合成场)(阴影,水汽通量,单位:g·$cm^{-1}$·$hPa^{-1}$·$s^{-1}$;风羽,850 hPa 风场,单位:m·$s^{-1}$)

### 3.3　湿位涡的作用

#### 3.3.1　湿位涡分析

　　湿位涡是综合反映大气热力学、动力学和水汽作用的物理量[26]。在 $p$ 坐标系中,考虑大气垂直速度的水平变化比水平速度的垂直切变小得多,当忽略 $\omega$ 水平变化时,湿位涡的守恒方程表达式为:

$$MPV = -g(\xi - f)\frac{\partial \theta_e}{\partial_p} + \left(g\frac{\partial v}{\partial p}\frac{\partial \theta_e}{\partial x} - g\frac{\partial u}{\partial p}\frac{\partial \theta_e}{\partial y}\right) = 常数$$

式中:$\zeta$ 是垂直方向的涡度,$f$ 是地转涡度,$\theta_e$ 是相当位温。

　　湿位涡分为两个部分,$MPV1 = -g(\xi + f)\frac{\partial \theta_e}{\partial p}$,$MPV2 = -g\frac{\partial v}{\partial_p}\frac{\partial \theta_e}{\partial x} \cdot g\frac{\partial u}{\partial p}\frac{\partial \theta_e}{\partial y}$

　　MPV1 是湿位涡 MPV 的垂直分量(湿正压项),MPV2 是湿位涡 MPV 的水平分量(湿斜压项)。当 MPV2<0,大气是条件对称不稳定的,负值越大表明大气的斜压性越强。

#### 3.3.2　湿斜压项 MPV2 与暴雪的关系

　　以相对湿度低值(≤50%)和位涡高值(≥1PVU)代表干冷空气的活动,13 日 08:00 相对湿度、MPV2 沿 123°E(通过暴雪区垂直于暖式切变线)剖面显示(图略)代表干冷空气活动的位涡高值区及相对湿度低值区主要集中在对流层高层 250 hPa 以上区域,对流层高层位涡高值区对应于相对湿度低值区;13 日 14:00(图 4a,另见彩图 11a)对流层高层的位涡高值区和相对湿度低值区倾斜向下至 300~500 hPa(40°~45°N),同时 45°~50°N 暴雪区域上空 300~500 hPa 以及中低层 700~925 hPa 有 MPV2<0 的湿对称不稳定区,13 日 14:00 以后降雪加

强,强降雪就发生在 MPV2<0 的对流不稳定区中;13 日 20:00(图 4b,另见彩图 11b)可以清晰看到干冷空气继续分裂,呈斜漏斗状向下延伸至对流层中层 500 hPa,同时 300~500 hPa 的 MPV2 绝对值高值舌区也较 14:00 范围增大、强度增强,变得更加陡立密集;同时低层 850 hPa,45°N 南北区域的 MPV2 绝对值高值区范围和强度也增大增强,锋区变得更加密集,而该区域正对应于 850 hPa 暖式切变线即强降雪发生区。由于 MPV2 是湿位涡的斜压项,当 MPV2<0,大气是条件对称不稳定的;MPV2 绝对值增大,大气斜压性越强。暴雪就发生在 850 hPa 暖式切变线区域即低层 MPV2 等值线密集带,同时也是 MPV2 绝对值得到较大增长的 14:00—20:00 的 6 h 这一时段内;大气斜压性越强,越有利于强降雪的发生,是形成此次暴雪的重要原因之一。

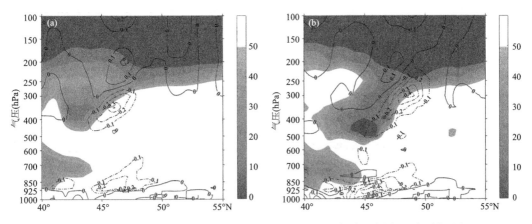

图 4　2016 年 11 月 13 日 14:00(a)、20:00(b)MPV2、相对湿度沿 123°E 剖面图

(黑线,MPV2,单位:PVU;1PVU=$10^{-6}$ m² · s⁻¹ · K · kg⁻¹;阴影,相对湿度,单位:%)

### 3.4　干侵入的作用

#### 3.4.1　干侵入在温度平流的特征

13 日 08:00(图略)温度平流沿 47°N(暴雪区暖式切变线)剖面图显示,120°~125°E(暴雪区)、300~400 hPa 有一冷平流中心,而 400 hPa 以下大部分为暖平流;13 日 14:00(图 5a)高空干冷空气继续向中层侵入,115°~120°E、500~700 hPa 明显有冷平流中心存在,120°E,500 ~700 hPa 处于冷暖平流交汇区,有明显的锋区存在,14:00 以后降雪明显加强;13 日 20:00 (图 5b)120°E 以西地区 200~500 hPa 继续有干冷空气补充,如同"楔子"一样侵入中低层,同时 500~700 hPa 的冷平流中心 13 日 20:00 也东移进入 120°~125°E(暴雪区),相对于冷平流中心 120°~125°E,850 hPa 以下低层均为暖平流,维持着"上干冷下暖湿"的层结分布;随着高层干冷空气不断侵入,层结变得更加不稳定,特别是 850 hPa 暖式切变线区域(即暴雪区 47°N,120°~125°E);干侵入以不同的强度持续侵入中低层切变线上空,引起降雪区上空不同程度的冷平流降温,导致高低空温差加大,使得切变线上空的不稳定增强,加强了湿不稳定的发展,导致强降雪增幅[27]。850~1000 hPa,120°E 以西地区也有冷平流存在,850~1000 hPa,120°E 有密集的锋区,锋区东侧有暖平流(850~1000 hPa,120°~125°E),冷暖空气交汇,低层饱和湿空气受锋生强迫的抬升作用,强降雪就发生在锋区密集区;降雪的形成和加强与锋面的发展有密切的关系[28]。

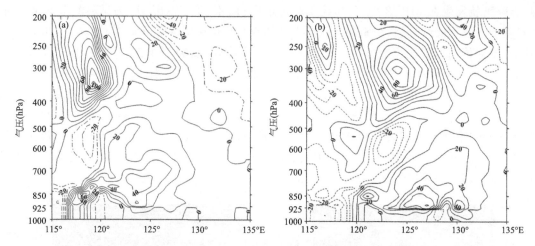

图5　2016年11月13日14:00(a)、20:00(b)沿47°N温度平流剖面图

（黑实线为正温度平流,黑虚线为负温度平流,单位:$10^{-5}$ s$^{-2}$）

### 3.4.2　干侵入在水汽图像上的特征

卫星水汽图像是监测干侵入的有效工具,干侵入是卫星水汽图像上中等到近黑色灰度的特定区域,并与任何形式的气旋性环流相联系[29],在水汽图像上表现为暗区[30],以干缝形式存在[31-32];利用风云二号气象卫星水汽图像揭示此次大兴安岭暴雪过程中干侵入的特征。

13日09:25的水汽图像(图略)上在蒙古国至贝加尔湖东南地区一带有狭长的干缝以及与之相伴的气旋逗点云系形成;13日14:25的水汽图像(图略)上气旋逗点云系前部已经进入大兴安岭地区,气旋底后部仍然维持有狭长的干缝且干缝的长度较09:25明显加长;13日21:25的水汽图像显示(图6a)干侵入(暗区)继续向南发展,气旋底部出现范围更大的暗区,说明下沉运动进一步加强,暗区前部呈逆时针旋转且上翘,同时侵入东北冷涡中心,干湿空气相互缠绕,且有对流云团产生,东北冷涡已经发展至成熟阶段,干、湿空气形成温带气旋的"6,9"型结构[33];13日14:00—20:00这一时段也是降雪量急剧加强的阶段。14日02:25的水汽图像显示(图6b)温带气旋的"6,9"型结构继续维持,干侵入(暗区)继续向气旋中心发展,气旋中心的对流云团消失,气旋底部暗区进一步增大,有较为明显的斧形暗区[34];干冷空气基本控制

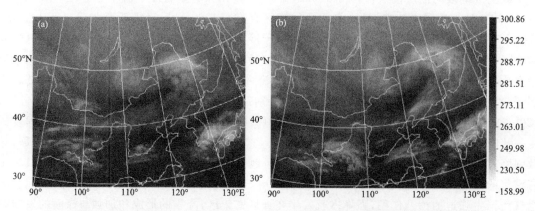

图6　2016年11月13日21:25(a)、14日02:25(b)FY-2水汽云图(单位:K)

气旋内部,气旋逐渐减弱,降雪逐渐减小。

## 4　多普勒雷达特征分析

我国东北地区的暴雪分布具有明显的空间差异,其中东南部的长白山区、南部的辽东半岛和西北部的大兴安岭山区为暴雪的主要高发区[35]。

大兴安岭山脉对这次暴雪天气的位置和强度具有重要影响,这次暴雪的分布特点之一是呈带状分布且主要集中在大兴安岭地区东麓;对暴雪中心之一的齐齐哈尔市多普勒雷达 13 日 16:54 的 1.5°仰角(图 7a,另见彩图 12a)基本径向速度图进行分析,雷达回波显示辐合均大于辐散,有明显东南风急流和西南风急流的暖式切变线存在,即东北冷涡东侧的暖式切变线;低层东南风急流非常显著,且有"牛眼"存在,出现了速度模糊,最大东南风速高达 25 m·s⁻¹,低层强烈发展的东南急流携带来自海上的水汽聚集在大兴安岭地区东麓;当来自东南方向的暖湿气流与东北—西南走向的大兴安岭山脉相垂直时,暖湿气流由于山脉的阻挡作用而被强迫抬升,且在大兴安岭东麓迎风坡一侧产生辐合,地形强迫抬升不仅使迎风坡的垂直上升运动迅速加强,而且使低层水汽辐合得到加强和维持为暴雪提供了充足的水汽,这也是暴雪主要集中在大兴安岭东麓的重要因素。

这次暴雪的分布特点之一是呈带状分布,是什么原因造成这一现象呢? 对齐齐哈尔多普勒雷达 13 日 16:54 的 2.4°仰角(图 7b,另见彩图 12b)基本反射率图进行分析,雷达回波呈层状云回波为主,而且一直维持着带状回波特征,带状回波相对于其他位置的回波强度明显偏强,最大反射率为 34 dBZ,带状回波的位置基本和东北冷涡东侧的暖式切变线的位置吻合。暖式切变线南侧的西南急流和东南急流与来自东北冷涡西北侧的冷空气在暖式切变线附近形成强烈风向、风速辐合,从而造成暴雪分布主要集中在暖式切变线附近,且成带状分布。

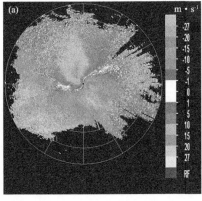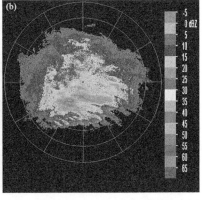

图 7　2016 年 11 月 13 日 16:54 齐齐哈尔市多普勒雷达(a)1.5°仰角径向速度图
(单位:m·s⁻¹)、(b)2.4°仰角反射率因子图(单位:dBZ)

## 5　结论

通过对 2016 年 11 月 13—14 日东北冷涡背景下的大兴安岭地区暴雪天气过程进行分析,结果表明:

(1)大兴安岭地区暴雪天气是在东北冷涡背景下形成的,暴雪发生前 6 h 东北冷涡前部 850 hPa 西南低空急流范围和强度有明显的跃增过程,急流核中心值高达 28 m·s$^{-1}$,高空冷涡后部横槽南摆,使干冷空气南下以及冷涡前部强烈发展的西南低空急流北上且辐合急剧加强为这次暴雪天气提供了非常有利的环流背景。

(2)在暴雪发生前 6 h 散度低层辐合高层辐散同时有明显增强,这种抽吸作用的加大,有利于上升运动的发展;同时垂直上升运动的速度也有明显跃增,高度达 300 hPa,说明大兴安岭地区有一个深厚的上升气流;垂直上升运动中心和散度辐合辐散中心基本耦合,为暴雪提供了强有利的动力抬升条件,有利于上升运动的增强发展。

(3)强烈发展的西南低空急流不仅为暴雪区提供了低层强烈辐合的动力条件和充足的水汽来源,也为东北冷涡移动和加强提供了条件。

(4)暴雪天气是发生在条件对称不稳定的(MPV2<0)的背景下,暴雪中心位于 MPV2 等值线密集带和 MPV2 绝对值得到较大增长的区域。

(5)水汽图像上有表征干侵入特征的干缝、斧形暗区等暗区,东北冷涡中心有气旋逗点云系和与之相伴的表示干、湿空气相互缠绕的"6,9"型涡旋云系结构。

(6)齐齐哈尔多普勒雷达基本径向速度图显示雷达回波辐合均大于辐散,有明显东南风急流和西南风急流的暖式切变线存在,即东北冷涡东侧的暖式切变线;低层东南风急流非常显著,且有"牛眼"存在,出现了速度模糊,最大东南风风速高达 25 m·s$^{-1}$。低层强烈发展的东南暖式气流与东北—西南走向的大兴安岭山脉相垂直时,暖湿气流由于山脉的阻挡作用而被强迫抬升,且在大兴安岭东麓迎风坡一侧产生辐合,地形强迫抬升不仅使迎风坡的垂直上升运动迅速加强,而且使低层水汽辐合得到加强和维持为暴雪提供了充足的水汽,这也是暴雪主要集中在在大兴安岭东麓的重要因素。

## 参考文献

[1] 张元春,孙建华,傅慎明.冬季一次引发华北暴雪的低涡涡度分析[J].高原气象,2012,31(2):387-399.

[2] 何娜,孙继松,王国荣,等.北京地区预报失误的两次降雪过程分析[J].气象科技,2014,42(3):488-495.

[3] 李海军,张雪惠,潘士雄.伴随对流层中低层气温持续下降的雪转雨过程分析[J].气象科技,2015,43(6):1164-1169.

[4] 张芹,秦增亮,张秀珍,等.山东春季两次强降雪过程对比分析[J].气象科技,2016,44(1):76-86.

[5] 刘畅,杨成芳,张少林,等.一次晚春暴雪天气成因分析[J].气象科技,2014,42(5):872-880.

[6] 高晓梅,杨成芳,王世杰,等.莱州湾冷流降雪的气候特征及其成因分析[J].气象科技,2017,45(1):131-139.

[7] 苗爱梅,贾利冬,李智才,等."091111"山西特大暴雪过程的流型配置及物理量诊断分析[J].高原气象,2011,30(4):969-981.

[8] 赵桂香,程麟生,李新生."04.12"华北大到暴雪过程切变线的动力诊断[J].高原气象,2007,26(3):615-623.

[9] 张小玲,程麟生."96.1"暴雪期中尺度切变线发生发展的动力诊断Ⅰ:涡度和涡度变率诊断[J].高原气象,2000,19(3):285-294.

[10] 孔凡超,李江波,张迎新,等.华北冷季一次大范围雷暴与暴雪共存天气过程分析[J].气象,2015,41(7):833-841.

[11] 张迎新,姚学祥,侯瑞钦,等.2009 年秋季冀中南暴雪过程的地形作用分析[J].气象,2011,37(7):

857-862.

[12] 杨舒楠,徐珺,何立富,等.低层温度平流对华北雨雪天气过程的降水相态影响分析[J].气象,2017,43(6):665-674.

[13] 易笑园,李泽椿,朱磊磊,等.一次β-中尺度暴风雪的成因及动力热力结构[J].高原气象,2010,29(1):175-186.

[14] 张云惠,于碧馨,谭艳梅,等.乌鲁木齐一次极端暴雪事件中尺度分析[J].气象科技,2016,44(3):430-438.

[15] 苗爱梅,安炜,刘月丽,等.春季一次暴雪过程的多普勒雷达动力学诊断[J].气象,2007,33(2):57-62.

[16] 匡顺四,王丽荣,张秉祥,等.2009年石家庄暴雪过程降雪雷达估测[J].气象科技,2011,39(3):326-331.

[17] 段丽,张琳娜,王国荣,等.2009年深秋北京大雪过程的成因分析[J].气象,2011,37(11):1343-1351.

[18] 吴庆梅,杨波,王国荣.北京地区一次回流暴雪过程的锋区特征分析[J].高原气象,2014,33(2):539-547.

[19] 孟雪峰,孙永刚,姜艳丰.内蒙古东部一次致灾大到暴雪天气分析[J].气象,2012,38(7):877-883.

[20] 姜学恭,李彰俊,康玲,等.北方一次强降雪过程的中尺度数值模拟[J].高原气象,2006,26(3):476-484.

[21] 韩经纬,沈建国,孙永刚,等.一次强沙尘暴和暴雪天气过程的诊断和模拟分析[J].高原气象,2007,26(5):1031-1038.

[22] 李一平,德勒格日玛,江靖.内蒙古雨雪转换期强降雪多普勒雷达产品特征[J].干旱区研究,2015,32(1):123-131.

[23] 秦华锋,金荣花."0703"东北暴雪成因的数值模拟研究[J].气象,2008,31(4):30-34.

[24] 朱乾根,林锦瑞,寿绍文,等.天气学原理和方法[M].北京:气象出版社,1992.

[25] 孙欣,蔡芗宁,陈传雷,等."070304"东北特大暴雪的分析[J].气象,2011,37(7):863-870.

[26] 王宏,王万筠,余锦华,等.河北东北部暴雪天气过程的湿位涡分析[J].高原气象,2012,31(5):1302-1308.

[27] 赵桂香,秦春英,赵彩萍,等.2009年冬季黄河中游一次由旱转雨雪天气的诊断分析[J].高原气象,2010,29(4):864-874.

[28] 张芳华,陈涛,杨舒楠,等.一次冬季暴雨过程中的锋生和条件对称不稳定分析[J].气象,2014,40(9):1048-1057.

[29] 帕特里克・桑特里特,克里斯托.卫星水汽图像和位势涡度场在天气分析和预报中的应用[M].方翔,译.北京:科学出版社,2008:1-156.

[30] McCallum E, Clark G V. Use of satellite imagery in a marked cyclogenesis on 12 November 1991[J]. Weather,1992,46:241-246.

[31] Browning K A, Roberts N M. Variation of frontal and precipi-tation structure along a cold front[J]. Quart J RoyMeteor Soc,1996,122:1845-1872.

[32] 吴迪,寿绍文,姚秀萍.东北冷涡暴雨过程中干侵入特征及其与降水落区的关系[J].暴雨灾害,2010,29(2):111-116.

[33] 杨贵名,毛冬艳,姚秀萍."强降水和黄海气旋"中的干侵入分析[J].高原气象,2006,25(1):16-28.

[34] 陶祖钰,周小刚,郑永光.从涡度、位涡到平流层干侵入——位涡问题的缘起、应用及其歧途[J].气象,2012,38(1):28-40.

[35] 董啸,周顺武,胡中明,等.近50年来东北地区暴雪时空分布特征[J].气象,2010,36(12):74-79.

# 2015 年内蒙古东北部一次大到暴雪天气诊断分析[*]

刘诗韵[1]　　孟雪峰[2]

(1. 乌兰察布市气象局,乌兰察布 012000;2. 内蒙古自治区气象台,呼和浩特 010051)

**摘要:**文章利用常规观测资料和 NCEP 1°×1°逐 6 h 再分析资料,对 2015 年 4 月 4—5 日发生在内蒙古东北部的大到暴雪天气过程进行诊断分析。结果表明:(1)大到暴雪天气过程的主要环流背景条件是乌拉尔山阻塞高压和鄂霍次克海冷涡,而低空急流、切变线、地面气旋是大到暴雪的主要触发机制;(2)高低层散度的有利配置及高低空急流的耦合作用是该次过程的动力原因;(3)充足的水汽条件和不稳定能量的积累以及高空西风急流、低层南风急流和东风急流的共同作用是该次暴雪产生的根本原因;(4)近地面东风的加强,促进了低层的辐合或抬升,有助于垂直风切变加强和上升运动发展,对降水的加强有指示意义。

**关键词:**大到暴雪;急流;物理量配置

## 引言

　　内蒙古东北部大雪、暴雪是常见的灾害性天气之一,通常伴有大风、降温和寒潮,给农牧业和交通等方面带来很大影响。许多学者对近年来内蒙古东北部的暴雪过程进行了研究,如白玉双等[1]对 2009 年 12 月内蒙古东北部两次大雪天气个例诊断分析,孟雪峰等[2]详述了 2010 年 11 月 20—21 日一次漏报的内蒙古东北地区致灾大到暴雪天气的原因,刘雅婷等[3]对 2010 年 12 月 9 日兴安盟大雪天气过程进行了诊断分析并对数值预报场预报的效果进行检验分析,德勒格日玛等[4]对 2012 年 11 月 10—12 日影响内蒙古东部地区暴雪过程进行了诊断分析,但这些研究都是针对冬季暴雪个例进行的,因此为了更好地了解内蒙古东北部春季暴雪形成的原因,选取春季暴雪个例进行深入细致的分析非常重要。笔者利用常规观测资料和 NCEP 1°×1°逐 6 h 再分析资料,对 2015 年 4 月 4—5 日内蒙古东北部地区大到暴雪过程的环流特征和物理量场进行分析,期望对该地区暴雪预报有一定的参考作用。

＊ 本文发表于《内蒙古气象》,2016(5):8-12。

# 1　天气实况与灾情

2015 年 4 月 4 日 08 时至 5 日 23 时内蒙古锡林郭勒盟东部以东地区出现了持续性降雪天气,降雪时段主要集中在 4 月 4 日,强降雪范围主要集中在锡林郭勒盟东北部、通辽市西北部、兴安盟、呼伦贝尔市南部,上述地区出现大到暴雪天气(图略)。5 日 08 时 24 h 降雪量,索伦 10.6 mm、胡尔勒 10.0 mm。过程降温 5~17 ℃。索伦过程降雪量达 13.9 mm,积雪深度 10 cm,为当地 1957 年有完整气象观测以来 4 月上旬过程量第二大值。

此次降雪出现在春季,气温波动大,雪后降温造成道路积雪和结冰,对地面交通和民航造成了严重影响,长途客运班车基本停止运营,海拉尔机场、乌兰浩特机场关闭,多驾次航班被取消。

# 2　强降雪的环流形势演变

3 日 20 时(降雪前期),500 hPa 高空欧亚大陆环流呈一槽一脊型,乌拉尔山阻塞高压位于 70°E 附近,在 135°E 附近为一低涡,西高东低。乌拉尔山阻塞高压发展强盛,已经形成闭合中心,中心值达到 560 hPa,极地冷空气沿着脊前西北气流南下,135°E 附近的低涡分裂出低槽,冷空气沿乌拉尔山脊前的西北气流滑入低槽,使低槽不断加深,新疆东北部有低涡活动,同时高原槽移至河套地区。4 日 08 时(降雪初期),由于乌拉尔山阻塞高压前冷空气不断补充南下,促使低槽不断加深至贝加尔湖以南,同时新疆东北部的低涡减弱东移成槽,高原槽东移,强降雪区处于槽前强盛的西南气流中。高空 300 hPa 有较强的高空急流存在,其中心轴风速达到了 76 m·s⁻¹,强降雪区位于高空急流入口区右侧的辐散区中,高空强烈的抽吸作用加强了整层的上升运动,为强降雪的发生提供了有利的大尺度环流场[5]。至 4 日 20 时,高原槽东移出内蒙古自治区,同时蒙古低槽与新疆东移槽合并加强东移,强降雪持续,至 5 日 20 时,降雪区处于槽后西北气流中,降雪基本结束。

700 hPa 的影响系统为蒙古低涡,3 日 20 时位于河套地区,四川盆地有南支槽存在,低涡底部槽与南支槽合并,此时华北脊较强,脊顶位于锡林郭勒盟的东北部,与四川盆地南支槽建立起较强的偏南路径水汽通道。

4 日 08 时,低涡东移携带冷空气与强盛的暖湿气流在内蒙古东北部汇合,同时南风急流建立,上述地区位于低空急流出口区的左侧,为暴雪的形成提供了不稳定能量条件。

850 hPa 有斜压性低涡形成并发展,配合有向东延伸的暖湿切变线,低涡沿着暖湿切变线东移北上发展加强,强降雪就发生在暖湿切变线影响的区域。

地面图上(图略),4 日 02 时在河套地区有气旋生成,北部冷高压强盛,形成北高南低的形势,4 日 08 时,气旋不断向东北移动,中心值为 1010.0 hPa,北部冷高压不断南下,等压线变得更密集,河套至贝加尔湖之间的气压差达 17.5 hPa,锡林郭勒盟的东北部和兴安盟产生降雪,4 日 11 时,气旋发展向东北方向移动,强降雪区位于气旋的东北部象限的暖区中,4 日 20 时,气旋继续北抬,冷高压维持南下,地面转成西高东低的形势,其间的气压梯度力进一步增大,此时强降雪区北抬,随着冷高压侵入,气旋减弱为倒槽,5 日 08 时后降雪区东移减弱。

## 3　强降雪成因分析

### 3.1　水汽条件

分析 2015 年 4 月 4 日 08 时 700 hPa 水汽通量和风场的叠加(图 1)可知,强降雪区偏南路径水汽通道已经建立,且内蒙古中部偏南地区有着大 6 g·s$^{-1}$·hPa$^{-1}$·cm$^{-1}$水汽通量高值舌伸向强降雪区,与之配合的有水汽通量散度辐合明显区域正好处于内蒙中部偏南地区(图略),随着地面气旋向东北移动,后期影响内蒙古东北部,对此地降雪明显增幅,造成大到暴雪天气。

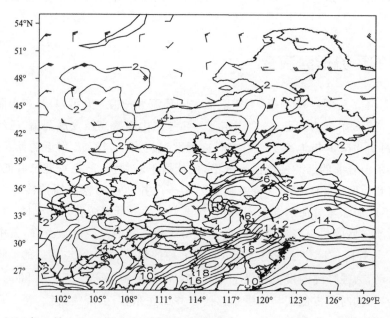

图 1　2015 年 4 月 4 日 08 时 700 hPa 水汽通量(单位:g·s$^{-1}$·hPa$^{-1}$·cm$^{-1}$)与风场叠加

对 4 月 3 日 08 时—6 日 08 时水汽通量散度场沿(46.6°N,121.2°E)作垂直剖面图(图 2),可见在降雪前 3 日 08 时至 4 日 02 时,索伦上空开始出现水汽辐合,最大辐合中心位于 850 hPa 以下,中心值为$-2.7×10^{-7}$g·cm$^{-2}$·hPa$^{-1}$·s$^{-1}$说明低层的水汽十分充沛;4 日 08 时 850 hPa 以上出现水汽辐合,且 4 日 08 时—20 时索伦上空水汽通量散度辐合上升到 550 hPa,说明索伦站集中了非常深厚的水汽条件,辐合层次越深厚,降水越强[6],特别是 4 日 14—20 时,850~700 hPa 水汽通量散度辐合值明显增大,最大值为$-1.5×10^{-7}$g·cm$^{-2}$·hPa$^{-1}$·s$^{-1}$,表明中低层水汽十分充沛,与强降雪区一致,5 日 02 时以后,850 hPa 以上转为水汽辐散,强降雪逐渐结束。

### 3.2　动力条件

#### 3.2.1　散度场与垂直速度场

从 3—5 日散度场分布可以看出(图略),此次过程散度场的垂直分布具有低空辐合、高空

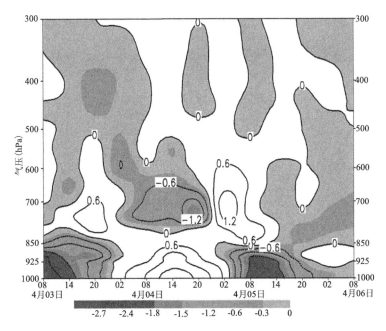

图 2　2015 年 4 月 3 日 08 时—6 日 08 时沿 46.6°N,121.2E 水汽通量散度剖面

辐散的有利配置形势,高空 200 hPa 强辐散场抽吸作用产生的强上升运动为暴雪的产生提供了动力条件。3 日 20 时 200 hPa 散度场华北地区为东北-西南向的正散度区,散度中心区最大达 $50×10^{-6}\ s^{-1}$,内蒙古东北部高层 200 hPa 为辐合区。4 日 08 时,200 hPa 正散度区向东北方向扩展,强中心东移北上至内蒙古东部地区,范围扩大,同时 500 hPa 以下中低层的辐合也明显加强。这种低空强辐合、高空强辐散配置的建立,为此次强降雪提供了必要的动力条件。4 日 20 时,正散度区维持在内蒙古东部地区,中心强度减弱为 $30×10^{-6}\ s^{-1}$。5 日 08 时,东北部地区 200 hPa 正散度区明显减弱,强降雪基本结束。

从 3—5 日沿 46.6°N 垂直速度剖面图分布可见(图 3),3 日 20 时 121°E 附近处在弱的下沉运动区内,119°～120°E 为上升运动区。4 日 08 时 121°E 附近转为强上升运动区,从高层到低层均为负值区,上升运动大值中心在 600 hPa 左右,中心值为 $-15×10^{-3}\ hPa•s^{-1}$,表明有很强的上升运动,与此次大到暴雪落区吻合;4 日 20 时强上升运动区西退减弱,121°E 附近上升运动明显减小,同时低层开始出现下沉区;5 日 08 时,121°E 附近处于下沉运动区,强降雪也随之结束。

### 3.2.2　高低空急流的耦合作用

强降雪开始前 24 h,200 hPa 高空存在 1 支西风急流,内蒙古东北部处于西风急流入口区右侧辐散区中,高空强烈的抽吸作用加强了整层的上升运动。同时高空西风急流主要提供冷空气,是形成暴雪的触发机制。强降雪开始时(4 日 08 时)700 hPa 存在 1 支南风急流,经南海—黄海—内蒙古东北部地区,最大风速可达 12～24 m•$s^{-1}$。内蒙古东北部处于南风急流左前方,该南风急流提供大量的暖湿空气,是暴雪天气的重要水汽来源。同时 850 hPa 还存在一支东风急流,内蒙古东北部处于东风急流左前方,该急流把渤海的水汽输送到内蒙古东北部地区,加强了低层的水汽输送。这三支急流在内蒙古东北部共同作用(图 4),为此次大到暴雪天气提供了冷空气及水汽条件。

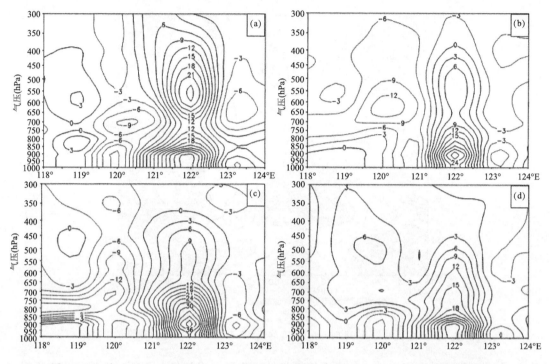

图3　2015年4月3日20时(a)、4日08时(b)、4日20时(c)、5日08时(d)垂直速度剖面

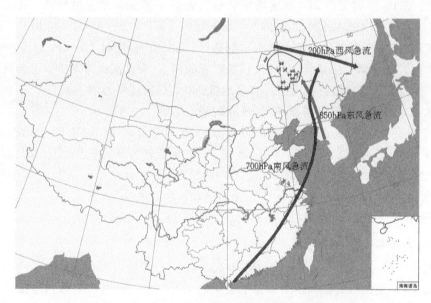

图4　2015年4月4日08时三支急流示意图

## 3.3　热力条件

### 3.3.1　假相当位温场

假相当位温是表征大气温度、压力、湿度的综合特征量,表示了大气的温湿特征和垂直

运动。其水平分布和垂直分布与对流天气的发生发展有极大关系,也反映了大气中能量的分布[7,8]。分析 3—5 日 850 hPa 假相当位温场可以看出(图 5a、5b、5c、5d),此次过程中的强降雪带与假相当位温线密集带对应,低层高湿的不稳定能量与中层向下渗透的冷空气导致中低层位势不稳定的建立,从而为此次强降雪过程提供了不稳定条件。

3 日 20 时,南北向分布的假相当位温高能舌从长江以南伸向河套地区;4 日 08 时,随着西南气流输送的暖湿空气加强,高能区明显向东北方向扩展,呈东北-西南向分布,内蒙古东北部处于高能舌的梯度区内;4 日 20 时,随着西南气流输送的暖湿空气的东移和冷空气南下加强,向北伸展的高能区强度减弱;5 日 08 时,假相当位温线逐渐变得相对均匀,降水区上空梯度密集区逐渐消失,内蒙古东北部强降雪时段基本结束。分析表明大到暴雪期间,内蒙古东北部位于高能舌前方梯度密集区,且高能舌与对流层低层的偏南暖湿气流的水汽输送相联;内蒙古东北部位于高能轴附近高能中心的前方,从而构成了下暖湿、上干冷的对流性不稳定层结;内蒙古东北部强降雪区位于假相当位温高值区(280～292 K),在高空冷平流的作用下,大量不稳定能量在短时间内(4 日 08 时至 20 时)得以释放,致使内蒙古东北部地区出现了大到暴雪天气。

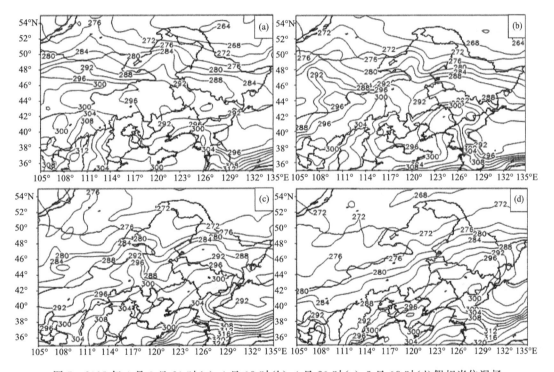

图 5　2015 年 4 月 3 日 20 时(a)、4 日 08 时(b)、4 日 20 时(c)、5 日 08 时(d)假相当位温场

### 3.3.2　大气层结分析

以索伦站为例,分析内蒙古东北部大气层结状况。由 4 日 08 时 $T$-ln$p$(图略)可知,降水开始时 500 hPa 以下风向随高度的升高顺时针旋转,有暖平流,表明大气处于不稳定层结,同时在 850 hPa 附近有 1 个浅薄的逆温层,表明低层冷空气较高层提前伸入到内蒙古东北部地区,同时这股冷空气起到了"冷垫"的作用,有利于南风急流提供的暖湿空气"爬升",对于上升

运动的发展十分有利。由索伦站的探空时间剖面图(图略)可知,4 日 08 时前,索伦站 850 hPa 为西南风,4 日 08 时索伦站 1000～850 hPa 风场转为偏东风,4 日 20 时 1000～850 hPa 偏东 风加强,08—20 时南风气流在东风气流上爬升,20 时高低层垂直风切变最大,对应着最强的降 雪时段。因此近地面东风气流加强不仅起到动力抬升作用,还使得高低层垂直风切变加强,促 进了上升运动的发展,使降雪加强。

# 4　小结

(1)此次大到暴雪天气过程的主要环流背景条件是乌拉尔山阻塞高压和鄂霍次克海冷涡, 而低空急流、切变线和地面气旋是此次大到暴雪的触发机制。低空急流输送的大量水汽和高 低空急流的有利配合有助于低层上升运动加强,为大到暴雪强度的增强提供了有利条件。乌 拉尔山塞阻高压发展,使强冷空气沿阻塞高压前西北气流南下,使得地面气旋不断发展,而南 支槽前暖湿气流强盛,迫使气旋东移在内蒙古东北部地区产生大到暴雪天气。

(2)充足的水汽条件和不稳定能量的积累以及高空西风急流、低层南风急流和东风急流 的共同作用是该次暴雪产生的根本原因。

(3)大到暴雪期间,在近地面层存在逆温层,起到了"冷垫"的作用,有利于暖湿空气"爬 升",增强了上升运动。

(4)近地面东风气流加强不仅起到动力抬升作用,还使得高低层垂直风切变加强,促进了 上升运动的发展,使降雪加强。

## 参考文献

[1] 白玉双,杨保成.内蒙古东北部大雪天气个例诊断分析[J].安徽农业科技,2011(12):7518-7519.

[2] 孟雪峰,孙永刚.内蒙古东北部一次致灾大到暴雪天气分析[J].气象,2012(7):877-883.

[3] 刘雅婷,刘宽晓.2010 年 12 月 9 日兴盟大雪天气过程分析[J].内蒙古气象,2014(3):15-16.

[4] 德勒格日玛,李一平.内蒙古东部初冬一次大雪天气过程诊断[J].干旱区研究所,2015(4):726-734.

[5] 顾润源.内蒙古自治区天气预报手册[M].北京:气象出版社,2012:149.

[6] 矫玲玲.黑龙江 17 次大雪过程物理量场分析[J].黑龙江气象,2008(4):29-29.

[7] 宋晓辉,王咏青.冀南大到暴雪天气过程分析[J].内蒙古气象,2011(6):3-7.

[8] 陈传雷,蒋大凯.2007 年 3 月 3—5 日辽宁特大暴雪过程物理量诊断分析[J].气象与环境学报,2007,23(5):17-25.

[9] 倪丽霞,魏月娥.一次大到暴雪过程的流型配置及诊断分析[J].宁夏工程技术,2013(3):225-228.

# 内蒙古东部初冬致灾暴雪天气过程诊断分析[*]

德勒格日玛[1,2] 李一平[2] 孙永刚[2] 孟雪峰[2]

(1. 南京信息工程大学,南京 210044;2. 内蒙古自治区气象台,呼和浩特 010051)

**摘要**:利用常规观测资料、NCEP $1° \times 1°$ 再分析资料对 2012 年 11 月 10—12 日影响内蒙古东南部地区暴雪过程进行了诊断分析,结果表明:1)此次暴雪过程是由江淮流域倒槽北上与北部倒槽合并形成东北低压与蒙古冷涡南下相互作用造成的。2)中空强气流带与低空、超低空急流的叠置加速了暴雪区低层的辐合运动,低空急流对水汽的不断输送与低层较强的辐合运动为强降雪的出现提供了充沛的水汽。3)此次暴雪过程为稳定性降雪过程。该过程中暴雪出现的区域为湿位涡正压项为 $\zeta_{MPV1} > 0$,同时湿度位涡斜压项 $\zeta_{MPV2} < 0$ 的区域,并有暴雪区域伴随着 $\zeta_{MPV1} > 0$,同时 $\zeta_{MPV2} < 0$ 区域向东移动而东移的特征;在此次暴雪过程中显现出 $\zeta_{MPV1}$ 的值大于 $\zeta_{MPV2}$ 的绝对值的特征。4)假相当位温、散度、湿位涡的垂直分布与倾斜锋面有很好的对应关系。

**关键词**:暴雪;系统配置;低空、超低空急流;水汽;湿位涡;倾斜锋面

## 前言

暴雪是我国北方冬季常见的一种灾害性天气,对工农业生产、畜牧业、交通运输和人民生活、出行影响较大,是内蒙古中东部灾害性天气预报的一项重要内容。中国暴雪的研究始于20 世纪 70 年代末,进入 90 年代,暴雪的研究逐渐采用数值模拟和动力学诊断分析相结合的方法,在发生、发展机理和影响机制等方面取得了明显的进展,对于揭示暴雪的演变过程或影响机制起到极大推动作用。目前更多的暴雪研究应用诊断分析的方法,北方暴雪个例诊断分析方面的研究较多[1-9],易笑园等[10]、陶建红等[11]、梁军等[12]研究者用 MM5、WRF 模式模拟了中尺度暴雪天气过程,对于研究暴雪形成机理起到重要的作用。

本文利用常规观测、NCEP 再分析资料等对 2012 年 11 月 10—12 日内蒙古东南部地区暴雪过程进行了诊断分析,旨在探讨暴雪成因,为暴雪预报预警提供一些参考。

## 1 雪情和灾情概述

2012 年 11 月 10 日 14:00 至 11 日 23:00(北京时,以下同),内蒙古东南部地区普降中雪

---

\* 本文发表于《干旱区研究》,2015,32(4):726-734。

以上的降雪,其中赤峰市和通辽市大部地区出现了暴雪天气。其中科左中旗、高力板、库伦 12日 08 时 24 h 降雪量(图 1b)为 27、25、20 mm,宝格图 11 日 08 时 24 h 降雪量(图 1a)为 27 mm。主要的降雪时段集中在 11 日 02:00 至 11 日 20:00 时。据有关部门统计,11 月 9—12 日,内蒙古出现新一轮降雪降温天气过程,由于这一轮降雪与 11 月 2—6 日的降雪区域基本一致,大部分地区形成"座冬雪",对畜牧业、设施农业等产生不利影响。截至 11 月 12 日,此次灾害造成内蒙古呼和浩特市、锡林郭勒盟、赤峰市、通辽市共 17 个旗县的 107207 人受灾,196 座蔬菜大棚被压垮,造成 8391 hm² 大棚蔬菜受灾,487 hm² 绝收;倒塌房屋 51 间,严重损坏房屋 18 间,一般损坏房屋 18 间;死亡大小牲畜 859 头只,灾害共造成直接经济损失 6567 万元,其中通辽市灾情较重。

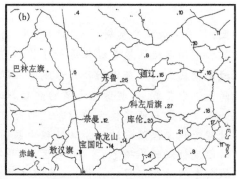

图 1　(a)2012 年 11 月 11 日 08(北京)时 24 h 降水量;
(b)2012 年 11 月 12 日 08(北京)时 24 h 降水量(单位:mm)

　　另外此次降雪都对交通带来严重影响,国道、省道路面积雪严重,多条高速公路封闭、长途班车全线停运。在机场方面,多个机场一度关闭,多架次航班被取消或延误。内蒙古生态与农业气象中心评估此次暴雪灾害为中级以上等级的雪灾,赤峰市巴林右旗、阿鲁科尔沁旗积雪深度超过 30 cm,牧草掩埋程度超过了 90%,形成区域性重度白灾。

## 2　暴雪过程的环流背景和系统配置

### 2.1　500 hPa 环流背景和 850 hPa、925 hPa 风场特征

　　2012 年 11 月 9 日 20:00,500 hPa 欧亚中高纬度地区处于"两槽两脊"经向型环流控制中。较深的高空槽位于新疆东部,同时在河套南部有一南支槽向东缓慢移动发展,槽底可南伸至长江中下游地区,南北向的两支槽构成阶梯状分布(图略)。10 日 08:00 新疆东部高空槽东移南下至河套地区,高空引导冷空气主体移至(40°N,108°E)附近,其东部的西南气流与南支槽前的西南气流共同携带大量西南暖湿气流输送至我国华北一带(图略)。10 日 20:00,南北两支高空槽基本以同位相叠加合并,后部不断有冷空气补充,高空槽加深发展,其东部的环流经向度加强,对于内蒙古东南部的水汽输送更有利,同时 500 hPa 上南北两支槽的叠加合并加强使得冷暖空气交汇是造成内蒙古东南部暴雪的主要环流形势(图略)。11 日 08:00(图 2a),高空槽主体在 120°E 附近,5360 为中心的冷涡正好在内蒙古东部,850 hPa-4 ℃线已经控制内蒙

古东部。11日20:00,高空槽主体已经移入渤海黄海海区,冷涡在内蒙古通辽市上空(图2b),此后冷涡快速移出内蒙古,内蒙古东南部降雪过程结束。

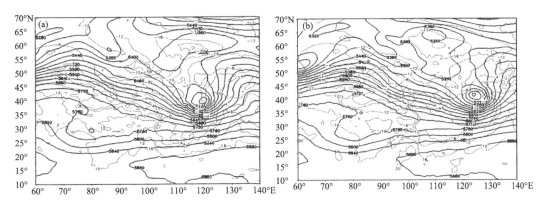

图2　2012年11月9—11日500 hPa位势高度(实线,单位:gpm)与850 hPa温度场
(虚线,单位:℃)分布:(a)11日08:00;(b)11日20:00

10日08:00,850 hPa上华中地区有一中心位势高度为1400 gpm(下同)的较强低涡存在,其东侧并伴随着来自西太平洋的偏南暖湿气流向内蒙古东南部输送水汽,同时在内蒙古中部锡林郭勒盟一带有低涡发展并向东南移动(图3a)。10日20:00时在华中地区的低涡向东北移入至黄海地区,内蒙古中部已有明显的辐合,1480 gpm外围存在较强的偏南气流,形成较强的水汽输送通道(图3b)。11日08:00,两个低涡合并(图3c),低涡中心在渤海湾北侧,内蒙古东部偏南地区处在低涡北部,与其伴随的地面南来倒槽与北部发展的倒槽在11日02:00合并后形成东北低压后使得降水加强。10日08时在辽东半岛东南地区已经开始建立大于8 m·s⁻¹的超低空急流(图4a),10日20时急流加强北上形成超过12 m·s⁻¹的超低空急流图(4b),11日08时随着系统的移动存在从日本海向西北输送的超低空急流,所以10日超低空水汽输送是由黄海、渤海等地输送,11日主要是来自日本海,并依靠气旋系统折成东北气流给内蒙古东南部地区输送水汽(图4c)。

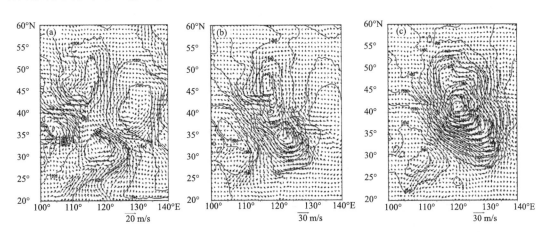

图3　2012年11月9—11日850 hPa位势高度(单位:gpm)与风场分布:
(a)10日08:00; (b)10日20:00;(c)11日08:00

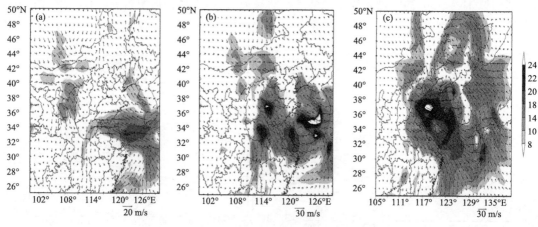

图 4　2012 年 11 月 10—11 日 925 hPa 风场分布:
(a)10 日 08:00; (b)10 日 20:00; (c)11 日 08:00

由此可认为,江淮流域北上倒槽和北部倒槽以及后期合并成东北低压是这次暴雪过程的地面影响系统,对流层低层相对深厚的低涡系统具有随 500 hPa 高空气流移动的特征,850 hPa低空急流、925hP 超低空急流的建立为暴雪区域提供充分的水汽、不稳定能量,是影响我国东北地区暴雪的重要影响系统。

## 2.2　中低空系统配置和地面气压场特征

从图 5a 中看出,11 日 08 时降雪正在出现时段的低层湿度条件好,700 hPa、850 hPa 的 $T-T_d \leqslant 2$ ℃,700 hPa 风场看出,在内蒙古东部、辽宁西部存在辐合区,风力超过 12 m·s$^{-1}$,850 hPa 风力也达到低空急流强度,分别从渤海湾和日本海向内蒙古东部输送水汽,500 hPa 也有强气流带的存在(图略),因此对流层中低层形成很好的水汽通道且存在水汽辐合对于降水非常有利;从 700 hPa $\theta_{se}$ 的分布看也有高能高湿舌伸向内蒙古东南部地区,从 500 hPa 高度槽700 hPa$\theta_{se}$能量舌的位置看,对于冷暖空气的交汇有利。11 日 20 时,700 hPa、850 hPa 高度上有着明显的气旋性辐合存在,相对应的高度图上有两个以上闭合圈的低涡存在(图 5b);从

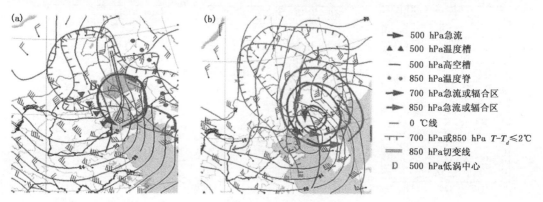

图 5　700 hPa 风场、$\theta_{se}$(实线,间隔 4 ℃)分布及暴雪区域流型配置、地面暴雪区分布
(阴影区,a、b 图中的的暴雪区一致)(a)2012 年 11 月 11 日 08:00;(b)2012 年 11 月 11 日 20:00

700 hPa 假相当位温的分布看出,高能高湿舌伸向内蒙古通辽北部地区,有利于内蒙古东部的降雪天气;从 700 hPa、850 hPa 的 $T-T_d\leqslant2$ ℃内蒙古仍然在低层高湿度区之内,但从 700 hPa 风场看出,内蒙古已经转为西北风,东南部地区处在低涡外围,低涡的旋转辐合仍给内蒙古东南部地区带来降雪天气,但随着低涡的向东北方向移动,11 日 23 时内蒙古东南部地区降雪天气结束。

　　分析实况降水与地面系统的配置(图 6),可以发现降水区可以延伸至倒槽的顶部,09 日 14 时降水开始时在地面锋区前面 3 个纬距范围内,以雨夹雪为主,到 20 时逐渐加强,在锋区中段两侧,前面大,以雪为主,此后逐渐东移且向北扩展,锋区顶端(存在辐合)雪量加大。10 日 14 时地面锋区转向,降水区范围扩大,但量级减小,以雪或雨夹雪混合出现,到 11 日 02 时地面主体系统东南发展与南上系统合并加强为气旋,降水区覆盖气旋周边,气旋中心及其西北部两根等压线间降水量大,内蒙古赤峰市大都

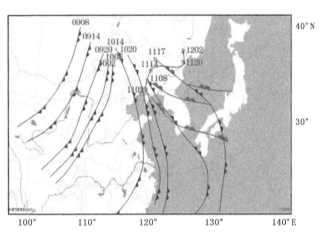

图 6　降水过程中冷锋及气旋中心演变图

是雪,通辽市东部、南部前期有雨或雨夹雪,后期转为纯雪,11 日 11 时以后处在冷锋后部的内蒙古地区基本为纯雪,11 日 14 是气旋开始锢囚,气旋锢囚后降雪强度逐渐减弱。

　　综上所述,500 hPa 南北两支槽合并带来的较强冷暖空气交汇和后期发展成低涡以及江淮流域倒槽与北部发展的倒槽合并成地面气旋的共同影响下造成这次暴雪。

## 3　物理量诊断分析

### 3.1　水汽通量、水汽通量散度及假相当位温

　　分析暴雪期间沿暴雪区域 1000～300 hPa 的水汽通量和水汽通量散度的垂直分布可见,2012 年 11 月 11 日 08 时 120°～121°E 低层有很强的水汽通量散度辐合区,水汽通量分布看出以 120°E 为界限,以东区域整层以偏南水汽输送为主,为暴雪天气的出现提供水汽输送(图 7a),此时此处已经出现了 6 h 降水量为 16 mm(宝国图,54226)的暴雪天气;从图 7b 中看出 40.5°～44.5°N 的区域 700 hPa 以下有着明显的水汽通量散度辐合区配合,从水汽通量值看出,40°N 以北地区以偏南暖湿气流输送为主;从 11 日 08 时 850 hPa 图中看出(图 7c),内蒙古通辽市及以南地区有着大于 $10\times10^{-5}$ g·cm$^{-1}$·hPa$^{-1}$·s$^{-1}$水汽通量高值舌伸向内蒙古,与之配合的有水汽通量散度辐合明显区域正好也在通辽地区;从 11 日 14 时 850 hPa 图中看出(图 6d),内蒙古通辽大部地区处在水汽通量气旋性辐合区域之内,水汽通量值也较大,在该区域内的水汽通量散度也与辐合区域相对应,但水汽通量与水汽通量散度值更大的区域在辽宁与吉林境内,对于此地区的降水有利,随着地面倒槽向东北移动影响内蒙后,后期移入东三省

以后也造成较大量级的降水天气,因此水汽通量和水汽通量散度对于降水的预报有着很好的指示意义,此次过暴雪过程中水汽通量值大于$8×10^{-5}$ g·cm$^{-1}$·hPa$^{-1}$·s$^{-1}$,暴雪区中的低层的水汽通量散度值大于$10×10^{-6}$ g·cm$^{-2}$·hPa$^{-1}$·s$^{-1}$。

　　另外从(图7a)中的假相当位温的分布可知,此次过程中,122°E以西存在倾斜的等熵面(相当位温面),并且在接近地面的地方等熵面与等压面近于垂直(中性层结区),表明这一时段为对流性稳定度减弱的过程。在120°～122°E区域出现了"漏斗"形,说明此阶段对流层低层的气旋性涡度显著增长,导致此处的气旋不断发展,并向高层伸展。11 日 08 时在 120°E,42°N附近正下雪,在其上空冷空气沿着暖空气向南滑动(图7b),有利于位势不稳定能量的储存和释放,使降水增幅。从图7c,7d 中看出随着南风气流的向北输送水汽,在辽宁、内蒙古东南部、吉林一带为假相当位温线的密集带,850 hPa 有明显的高能高湿舌伸向内蒙古。

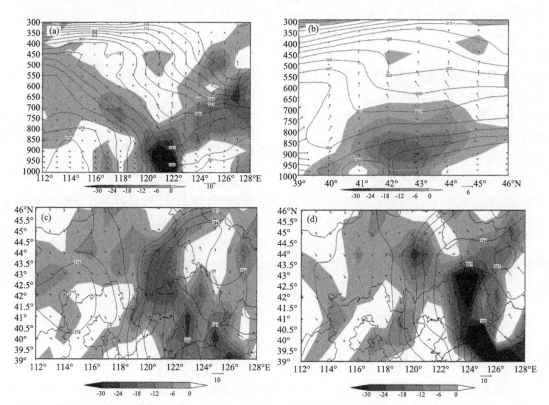

图 7　水汽通量(矢量,单位:$10^{-5}$ g·cm$^{-1}$·hPa$^{-1}$·s$^{-1}$)和水汽通量散度(阴影,单位:$10^{-6}$ g·cm$^{-2}$·hPa$^{-1}$·s$^{-1}$)、假相当位温(等值线,单位:K)分布图:(a)2012 年 11 月 11 日 08:00 沿 42°N 剖面;(b)2012 年 11 月 11 日 08:00 沿 120°E 剖面;(c)2012 年 11 月 11 日 08:00 850 hPa 图;(d) 2012 年 11 月 11 日 14:00 850 hPa 图

### 3.2　涡度、散度及垂直速度

　　从图8a 中可以看出,在 42 °N,120°～122°E区域 700 hPa 以下存在正涡度,并有上升气流配合,从实况看出,当时宝国图(54226 站)出现 6 h 降水量为 16 mm 的降雪天气。从经度剖面中看出121°E,41.5°～45°N 的地区 500 hPa 以下存在很明显的上升运动,冷空气沿着暖湿气流上空往南滑,450～750 hPa 的区域存在明显的辐散气流,750 hPa 以下为辐合区,表现出与

锋面平行的倾斜特征(图 8b)。从 11 日 14 时剖面中看出(图 7c),121 °E 以东地区存在明显的上升运动。从图 8d 中看出,42°~45°N 区域存在明显的上升运动,800 hPa 以下存在较强的辐合运动配合,在其上有着倾斜的向地面伸展的辐散区域,并在 39°N 接近地面,这也充分显现出倾斜锋面的存在。以上选取的两个时次均为降雪时段,从分析中看出,强降雪的出现时段有着上升运动和倾斜锋面配合的特征。

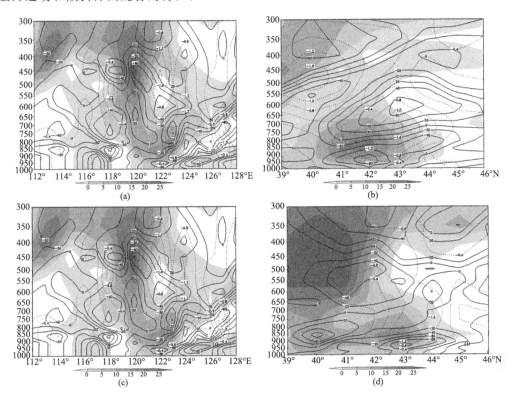

图 8　涡度(阴影,单位:$10^{-6}\ \mathrm{s}^{-1}$)、散度(实线,单位:$10^{-5}\ \mathrm{s}^{-1}$)、垂直速度(虚线,单位:$10^{-3}\ \mathrm{hPa \cdot s}^{-1}$)的
垂直剖面图 (a)2012 年 11 月 11 日 08:00 沿 42°N 剖面;(b)2012 年 11 月 11 日 08:00 沿 121°E 剖面;
(c)2012 年 11 月 11 日 14:00 沿 42°N 剖面;(d)2012 年 11 月 11 日 14:00 沿 121°E 剖面

### 3.3　湿位涡条件分析

吴国雄等[13,14]从完整的原始方程出发,推导出湿位涡并证明了对于绝热无摩擦饱和大气满足湿位涡守恒。其中,$\zeta_{MPV1}$ 是湿位涡中涡度矢垂直分量部分,称为湿正压项,是主要项,表示惯性稳定性和对流稳定性的作用;$\zeta_{MPV2}$ 是湿位涡中涡度矢水平分量部分,称为湿斜压项,包含了湿斜压性和水平风垂直切变的贡献。湿位涡的单位为 pvu,1 pvu $= 10^{-6}\ \mathrm{m}^2 \cdot \mathrm{s}^{-1} \cdot \mathrm{K} \cdot \mathrm{kg}^{-1}$。因此湿位涡是能同时表征大气动力、热力和水汽性质的综合物理量。近年来,湿位涡在暴雪[15,16]等方面应用较广,利用其性质得出了许多对预报有借鉴意义的结果。王宏等[17]得出湿位涡在暴雪中均具有较好的指示性,当对流层低层 $\zeta_{MPV1} > 0$,同时 $\zeta_{MPV2} < 0$ 时,暴雪易发生。王子谦等[18]应用湿位涡度(MPV)诊断分析和倾斜涡度发展(SVD)理论研究了 2007 年 11 月一次孟加拉湾热带风暴北上造成青藏高原暴雪的天气事件结果表明,负的 $\zeta_{MPV2}$ 对总湿位祸 MPV 的贡献超过了 $\zeta_{MPV1}$,SVD 得到较大增长,同时使得 $\zeta_{MPV} < 0$ 导致条件性对称不稳

定的产生有利于倾斜祸度的发展。

从图 9a 和图 9c 看出,暴雪出现区域出现了 $\zeta_{MPV1}$ 为 $18 \times 10^{-1}$ pvu, $\zeta_{MPV2}$ 为 $-4 \times 10^{-1}$ pvu 的中心的高值舌控制暴雪区域。从图 9b 和图 9d 看出,随着暴雪区域的向东移动,内蒙古东部、内蒙古通辽东部、吉林省西部、辽宁省西部出现了 $\zeta_{MPV1} > 0$,同时 $\zeta_{MPV2} < 0$ 的区域,其中在通辽市东部与吉林省边境一带出现了以 $\zeta_{MPV1}$ 为 $21 \times 10^{-1}$ pvu, $\zeta_{MPV2}$ 为 $-8 \times 10^{-1}$ pvu 为中心的高值区,并从地面实况中看出,相应区域出现的较大强度的降雪。从图 9e 和图 9f 看出,在

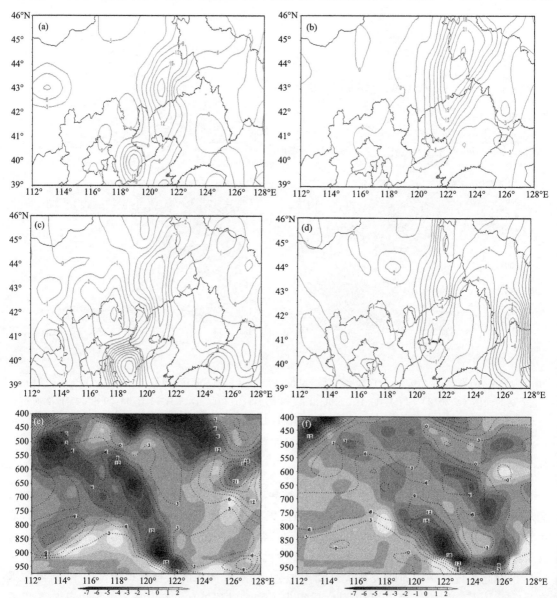

图 9　湿位涡分布图(单位:pvu, 1 pvu $= 10^{-6}$ m$^2 \cdot$ s$^{-1} \cdot$ K $\cdot$ kg$^{-1}$) (a)11 月 11 日 08:00 850 hPa MPV1 分布图;(b)11 日 14:00 850 hPa MPV1 分布图;(c)11 日 08:00 850 hPa MPV2 分布图;(d)11 日 14:00 850 hPa MPV2 分布图;(e)11 日 08:00 沿 43°N MPV1((虚线)MPV2(阴影)剖面;(f) 11 日 14:00 沿 43°N MPV1((虚线)MPV2(阴影)剖面

降雪强度大值区上空均出现了 $\zeta_{MPV1}>0$，同时 $\zeta_{MPV2}<0$ 且量值较大的区域。此次过程自始至终 $\dfrac{\partial\theta_{se}}{\partial p}<0$，$\zeta_{MPV1}>0$（图略），因此该过程为对流稳定性降雪过程。从图 9e 中看出，湿正压项 $\zeta_{MPV1}$ 的值基本为正。高层有 $\zeta_{MPV1}$ 的高值带下传，可以表征高层的冷空气下滑，与图 7a 中的倾斜锋面有着较好的对应。在此次过程暴雪出现的区域为 $\zeta_{MPV1}>0$，同时 $\zeta_{MPV2}<0$ 的区域，并有着暴雪区域伴随着 $\zeta_{MPV1}>0$，同时 $\zeta_{MPV2}<0$ 区域向东移动而东移的特征，这与以上王宏等[17]得出的结论非常吻合。另外在此次过程中 $\zeta_{MPV1}$ 的值大于 $\zeta_{MPV2}$。

## 小结

（1）500 hPa 南北支合并带来的较强冷暖空气交汇和后期发展成蒙古低涡以及江淮流域倒槽北上与北部倒槽合并成东北低压的共同影响下导致此次暴雪。高空强气流带与低空、超低空急流的叠置加速了暴雪区低层的辐合运动，低、超低空急流对水汽的不断输送与低层较强的辐合运动为强降雪的出现提供有力机制。

（2）水汽通量、水汽通量散度高值区、假相当位温密集区与暴雪区有较好的对应关系，在此次过程中以上三个变量对于暴雪区域的预报有着很好的指示意义。从散度、垂直速度场的分布看出，强降雪的出现时段配合有上升运动和较强的辐合运动。

（3）此次暴雪过程为对流稳定性降雪过程。该过程中暴雪出现的区域为 $\zeta_{MPV1}>0$，同时 $\zeta_{MPV2}<0$ 的区域，并有着暴雪区域伴随着 $\zeta_{MPV1}>0$，同时 $\zeta_{MPV2}<0$ 区域向东移动而东移的特征；$\zeta_{MPV1}$ 的绝对值大于 $\zeta_{MPV2}$ 的绝对值。

（4）假相当位温、散度、湿位涡的垂直分布与倾斜锋面有着很好的对应关系。

### 参考文献

[1] 张迎新,张守保,裴玉杰,等. 2009 年 11 月华北暴雪过程的诊断分析[J]. 高原气象,2011(05):1204-1212.

[2] 孙艳辉,李泽椿,寿绍文. 2007 年 3 月 3—5 日辽宁省暴雪和大风天气的中尺度分析[J]. 气象学报,2012(05):936-948.

[3] 孙欣,蔡芗宁,陈传雷,等. "070304"东北特大暴雪的分析[J]. 气象,2011(07),863-870.

[4] 刘惠云,崔彩霞,李如琦. 新疆北部一次持续暴雪天气过程分析[J]. 干旱区研究,2011,28(2):282-287.

[5] 安冬亮,赵俊荣. 新疆天山中部一次暴雪天气诊断分析[J]. 干旱区研究,2013,30(3):470-476.

[6] 赵桂香,杜莉,范卫东,等. 山西省大雪天气的分析预报[J]. 高原气象,2011,30(3):177-188.

[7] 周淑玲,丛美环,吴增茂,等. 2005 年 12 月 3 月 21 日山东半岛持续性暴雪特征及维持机制[J]. 应用气象学报,2008,19(4):444-453.

[8] 徐建芬,陶健红,夏建平. 青藏高原切变线暴雪中尺度分析及其涡源研究[J]. 高原气象,2000(02):187-197.

[9] 赵俊荣,杨雪,蔺喜禄,等. 一次致灾大暴雪的多尺度系统配置及落区分析[J]. 高原气象,2013(01):201-210.

[10] 易笑园,李泽椿,朱磊磊,等. 一次 β-中尺度暴风雪的成因及动力热力结构[J]. 高原气象,2010(01):175-186.

[11] 陶健红,张新荣,张铁军,等. WRF 模式对一次河西暴雪的数值模拟分析[J]. 高原气象,2002(04):68-75.

[12] 梁军,张胜军,王树雄,等.大连地区一次区域暴雪的特征分析和数值模拟[J].高原气象,2010(03):744-754.

[13] 吴国雄,蔡雅萍,唐晓菁.湿位涡和倾斜涡度发展[J].气象学报,1995,53(4):387-404.

[14] 吴国雄,蔡雅萍.风垂直切变和下滑倾斜涡度发展[J].大气科学,1997,21(3):273-281.

[15] 马新荣,任余龙,丁治英.青藏高原东北侧一次暴雪过程的湿位涡分析[J].干旱气象,2008,26(1):57-63.

[16] 艾丽华,井喜,王淑云,等.湿位涡诊断在青藏高原东北侧暴雪预报中的应用个例[J].气象科学,2008,28(增刊):92-96.

[17] 王宏,王万筠,余锦华,等.河北东北部暴雪天气过程的湿位涡分析[J].高原气象,2012,31(5):1302-1308.

[18] 王子谦,朱伟军,段安民.孟湾风暴影响高原暴雪的个例分析:基于倾斜祸度发展的研究[J].高原气象,2010,29(3):703-711.

# 赤峰市两次强降雪天气过程对比分析[*]

程玉琴　刘志辉　马小林　晋亮亮

（赤峰市气象局，赤峰 024000）

**摘要：**本文应用 MICAPS 资料对近 10 a 来仅有的两次全市性强降雪天气过程（2007 年 3 月 3—4 日全市性暴风雪天气过程和 2004 年全市性大雪天气过程）进行比较分析，结论如下：两次强降雪天气过程的环流形势属于强冷空气类贝加尔湖冷涡底部型，由低层的西南涡东北上，配合地面河套气旋顶部高压底部影响赤峰市；但是影响系统强度、变化趋势不同。暴风雪过程暖空气势力强，气旋强烈发展，上升速度大，使得主要降雪发生在温度缓降、气压下降时段内；大雪过程冷空气实力强，气旋呈减弱趋势，上升速度小，主要降雪发生在温度剧降后、气压上升时段内。暴风雪过程的高、低空急流、水汽通量和散度、上升速度、风辐合、辐散强度等都强于大雪过程。暴风雪过程午后大风是由于降雪停止后气压剧升、温度显著下降、3 h 变压增强和动量下传等综合因素造成的。

**关键词：**暴风雪；大雪；对比分析；环流；诊断

## 引言

　　大雪、暴雪天气是赤峰地区冬季的重要天气过程，除了对改善土壤墒情和生态环境有利之外，往往伴随着严重的雪害发生，对牧业生产、交通运输、供水供电等造成极大危害，严重影响人民群众的生产生活。尤其是暴风雪灾害，虽然发生的概率很小[1-2]，但灾害严重，可对畜牧业造成重大灾害，并严重影响交通运输[3-4]。专家们对内蒙古地区暴雪的环流形势、卫星云图特征和急流等做了很多研究[5-6]。但内蒙地域广阔，各地地理特征差异较大。就赤峰地区而言，位于内蒙古的东南部（116.4°～120.8°E、41.3°～45.2°N），面积 9 万多平方千米，北西南三面环山，东西海拔差 800 多米。全市性和区域性强降雪天气过程约每年 2 次，随着气候变暖[7-8]呈减少的趋势。关于赤峰地区强降雪（指暴雪和大雪）预测方面的研究接近于空白，因此在借鉴专家的研究成果基础上，本文选择近 10 a 来共发生的两次全市性强降雪天气过程（一次暴风雪天气过程、一次大雪天气过程）进行分析总结，主要从气象要素的变化、环流形势演变、物理量场分布和强度等方面分析两次过程的共性和异性，总结预报经验，提高对强降雪天气过程

　　* 本文发表于《内蒙古气象》，2015（2）：7-12。

的理解与掌握,增强模式产品的应用能力。

# 1　定义标准和资料

暴雪标准:日降雪量≥10 mm,天气现象雪,记1次暴雪日。

大雪标准:日降雪量在5.0~9.9 mm,天气现象雪,记1次大雪日。

暴风雪日:将地面气象观测中的雪暴和吹雪日均视为暴风雪日。

资料:过程选择2004年2月21日全市性大雪天气过程(简称大雪过程)和2007年3月4日全市性暴风雪天气过程(简称暴风雪过程),应用MICAPS高度场资料和物理量场资料分析。

# 2　实况异同点

两次天气过程发生时地面气象要素的变化既有相同点又有差别,与典型的强降雪出现在地面降压、升温、升露点[9]的过程有所区别。主要表现在:①大雪过程全市降雪5~9 mm,没有出现大风、暴风雪天气现象,48 h内全市平均气温下降12~14 ℃,最低气温下降12~13 ℃。暴风雪过程全市降雪10~20 mm,出现大风、暴风雪天气现象,48 h内全市平均气温下降9~10 ℃,最低气温下降13~14 ℃。②大雪过程降雪主要出现在温度急剧下降后的18 h内,雪后降温幅度减小。以54218站为例,21日$\Delta T_{24}$为−10 ℃,说明主体冷空气已经影响,$\Delta T_{48}$为−3 ℃,如图1。而暴风雪过程降雪主要出现在温度缓降的时间内,4日$\Delta T_{24}$为4 ℃,说明已受到冷空气前沿的影响(后面形势分析表明此时暖湿空气与干冷空气形成对峙),降雪持续时间长,多数站持续36 h。降温幅度主要在雪后开始增大,12 h内降温8 ℃,说明雪后主体冷空气影响本地,造成大风吹雪天气现象。③以赤峰站为例(图1),大雪过程降雪主要出现在地面气压涌升(20日14时1016 hPa升至20时1024 hPa,至21日08时升至最大值1027.5 hPa)之后的缓升、温度剧降之后的缓降和温露差小于等于4 ℃的时间内;而暴风雪过程降雪主要出现在气压下降、温度缓降和温露差小于等于4 ℃的时间内。④大雪过程前期有偏南风,19日20时到20日08时有2 m·s$^{-1}$偏南风,降雪时转偏北风,风力4 m·s$^{-1}$,雪后气压继续下降,有4 m·s$^{-1}$偏北风,没有出现大风;暴雪过程前期同样也有偏南风,28日20时到2日14时有持续的2~6 m·s$^{-1}$偏南风,降雪时转东北偏北风,风力2~4 m·s$^{-1}$。降雪后期4日14时后气压急剧上升,到18时上升了11 hPa,午后出现西北大风,其中宝国图出现吹雪天气现象。

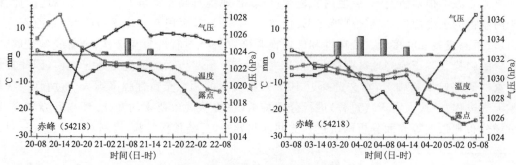

图1　两次强降雪天气过程三线图

# 3　环流形势异同点

## 3.1　暴风雪天气过程环流形势

3 月 3 日 08 时 500 hPa 形势为一脊一槽形势,贝加尔湖冷涡位于贝加尔湖北部 70°N 附近;深厚的冷槽分为南北两支,北支槽位于贝加尔湖西侧到 46°N 附近,南支槽位于河套西侧 100°E 附近,赤峰市处于北槽底部南槽前日本海高压脊区,以偏西气流为主。这次暴风雪天气过程的高空形势属于贝加尔湖冷涡底部型。500 hPa 锋区南缘接近赤峰市北部地区,此时冷空气已经影响赤峰市北部地区,北部富河站 3 日 08 时已经有降雪,雪量 2 mm。南支槽槽后有弱的冷平流,东移速度略快于北支槽;槽前有暖平流,脊发展,西南气流逐渐加强,有利偏南的水汽输送北抬。到 4 日 08 时南北两支槽移至 113°E,我市位于北支槽底前部和南支槽前,系统已经开始影响。

对应的 700 hPa 锋区 3 日 08 时前沿压过赤峰市,在河套及以南地区有一斜压槽,槽前后的冷暖平流势力相当,预示着在东北移的过程中槽将发展加强。4 日 08 时槽已经发展为闭合低压,低压顶前部影响赤峰市。

对应的 850 hPa 3 日 08 时 160 dagpm 闭合高压中心前 152 dagpm 闭合等高线已压过赤峰市,锋区强度为 4 条等温线/10 个纬距,冷平流不强,地面开始降温。高压前位于 45°N、100°~110°E 具有两条闭合曲线的低值系统,中心高度为 144 dagpm,具有很强的斜压性,冷平流比低压前的暖平流弱,冷空气自低压后部南下;低压前偏南风接近垂直于等温线,暖平流很强;暖平流使得海上高压发展,在其阻挡下,低值系统东移北上的过程中其中心轴向发生逆时针旋转。该次过程属西南涡受下游海上高压阻挡东北上、经陕西、华北地区出海的过程[10]。

3 日 08 时对应的最大降水中心(25~30 mm)位于 144 dagpm 低压中心的轴线上,也就是在西南风与偏东风的切变线上,同时在低值系统的前部都有降水发生。20 时低值系统已经北上到 40°N,使得 152 dagpm 等高线东部北抬;4 日 08 时低值系统加强到 140 dagpm、北上到 45°N,使得 152 dagpm 高压线继续北抬西退,赤峰市处于低压顶后部,有弱的冷平流,降水的极大值中心位置(在山东省西部)、强度(50~60 mm)及范围也随之东移北抬。影响赤峰市的锋区 3 日 08 时强度是 3 条等温线/10 个纬距,-8 ℃等温线压在乌丹(54213)站;3 日 20 时强度增至 6 条等温线/10 个纬距,-8 ℃等温线南压至赤峰站;4 日 08 时强度没变,-12 ℃等温线压在赤峰站,24 h 内近两条等温线压过赤峰市(地面降温-6 ℃),锋区轴向也同样呈逆转变化。850 hPa 温压场的变化与三线图显示的实况要素变化特征一致。

配合地面影响形势是河套气旋。地面显著特点是冷暖空气在 40°N、110°~120°E 形成对峙,且暖湿空气势力强于冷空气势力。表现在 1025 hPa 等压线自 3 日 08 时开始到 20 时位置略有变动,赤峰市气压由下降转为上升,幅度在 2 hPa 之内;之后 1025 hPa 等压线一直逆时针旋转北抬增强,使得赤峰市气压呈下降趋势。4 日 08 时河套倒槽发展成中心 1002.5 hPa 气旋,中心位于渤海湾,赤峰市处于气旋顶后部。此时 1025 hPa 等压线在 120°E 线上,由 3 日 20 时的 41.26°N 已经北抬至 42.36°N。此时降水最大值中心位于河套气旋中心后部偏北风内,在山东与河南交界处。降水区北部到辽宁、赤峰通辽地区,西部到 105°E 的广大地区。赤峰市位于这次降水天气过程的边缘地带。由实况可知 3 日 20 时之后到 4 日 08 时是赤峰市降水集中时段。之后高压东南下,中心强度(1052.5 hPa)变化不大,赤峰市受其影响,气压剧升,降温幅度增加,降雪停止,午后出现偏北大风天气。

### 3.2　大雪天气过程环流形势

大雪过程 500 hPa 属于贝加尔湖冷涡底部型,但乌拉尔山高压脊偏西(在 40°E/60°E,注大雪过程/暴风雪过程,以下同)、强度偏弱(556 dagpm/584 dagpm)。

700 hPa 对应南支槽东移北上,受槽前影响,低值系统强度弱于暴风雪过程。

850 hPa 区别在于对应的南支低值系统呈减弱的趋势,由 20 日 08 时具有两条闭合等高线、中心为 144 dagpm 的低值系统到 3 日 20 时减弱为一条闭合等高线、中心 148 dagpm,到 4 日 08 时影响赤峰市时已经减弱为槽了。锋区强度逐渐增强,20 日 08 时强度是 4 条等温线/10 个纬距,20 日 20 时强度增至 5 条等温线,21 日 08 时强度增至 6 条等温线,24 h 内有近三条等温线压过赤峰市(这也是强寒潮预报指标之一),地面 24 h 降温 10 ℃,锋区轴向没有逆转趋势。

地面是河套气旋影响,21 日 08 时中心值 1012.5 hPa。冷空气势力强,冷高压一直东南压,地面气压升高。虽然赤峰市也同样位于倒槽顶前部降水边缘区,但气旋中心偏南(35°N、120°E),强降水中心 40~50 mm,小于暴风雪过程,强降水中心位置在河南省,比暴风雪过程偏南,强降水区域也小于暴风雨过程。21 日 08 时由于底层气压场的斜压性,之后气旋旋转加强东北移,至 21 日 20 时加强为中心值 1007.5 hPa,也使得之后赤峰市地面气压呈缓降趋势,降温幅度较前 24 小时减小。其变化特征与降雪前后地面要素变化一致。

总之,两次天气过程环流形势的相同点是均属于 500 hPa 贝加尔湖冷涡底部强降雪天气形势;对应的 700 hPa 属于西南槽/西南涡东北上;对应的 850 hPa 也是西南槽/西南涡东北上、同时有风场切变;地面系统是河套倒槽东北上形成河套气旋的形势,赤峰市均位于气旋顶部、高压底部偏东气流内。冷暖空气影响过程的主要差异在于大雪过程是前期冷空气势力强,之后冷高压变性减弱,暖湿空气开始增强;而暴风雪天气过程前期暖湿势力强,雪后冷高压影响,造成强降温、大风吹雪;这也是两次过程环流形势变化的不同之处,导致地面要素变化的差异。

## 4　高低空急流的异同点

### 4.1　暴风雪天气过程

如图 2 所示,3 日 08 时高空急流南北各一条,都是西南偏西风急流,中心风速在 60 m·s⁻¹,最大值为 68 m·s⁻¹;4 日 08 时北支急流轴转为西南向,东移南压,南支急流轴东移略北抬,急流轴风速没有变化。低空急流变化特点明显,850 hPa 3 日 08 时西南风急流中心风速在 16 m·s⁻¹,最大风速为 22 m·s⁻¹,位于广西、江西、安徽一线,其中入口区有两个站西南风达到 20 m·s⁻¹;此时在贝加尔湖西北部有 4 个站西北风 12 m·s⁻¹。4 日 08 时西南风急流转为偏南风急流,急流出口区位于丹东附近,在急流出口区的成山头站出现 28 m·s⁻¹ 偏南风,大连、丹东出现 20 m·s⁻¹ 东南风;同时在 120°E、43°N 附近生成一条东北风急流,位于出口区的赤峰和锡林浩特站出现 20 m·s⁻¹、24 m·s⁻¹ 东北风;在陕西、山西、安徽一线有 12 m

·s⁻¹的西北风急流;三条急流[11-12]围起来的区域辐合最强、最有利强降水,也是造成这次暴风雪过程的关键因素。虽然北支高空急流轴偏北,但由于风速大,在赤峰站及周围出现32～42 m·s⁻¹偏南风,其作用不可忽略。此次过程高低空急流的作用很显著。

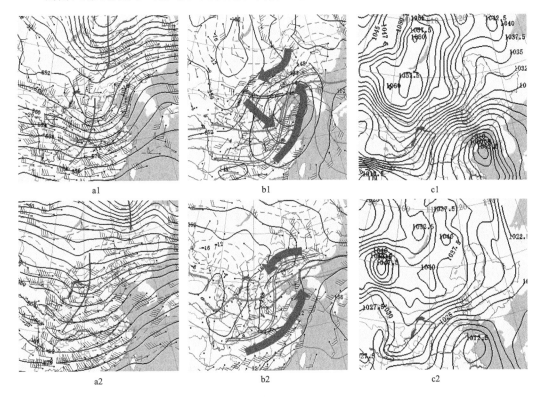

图 2 a1～c1、a2～c2 分别是暴风雪、大雪天气过程 500 hPa、850 hPa、地面天气形势图

## 4.2 大雪过程

大雪过程 20 日 08 时北支高空急流的强度偏弱(40～50 m·s⁻¹),南支急流轴偏南;21 日 08 时北支急流强度变化不大,南支急流轴北移 2 个纬距左右。850 hPa 20 日 08 时低空急流中心风速偏小(16 m·s⁻¹),最大风速为 20 m·s⁻¹;位置偏西(位于贵州、湖南、武汉、河南一线),其中入口区有一个站偏南风达到 20 m·s⁻¹;同样在贝加尔湖北部有 4 个站 12 m·s⁻¹的西北风。21 日 08 时西南风急流入口区一端位置变化不大,出口区一端顺转东移,比暴风雪过程的出口区偏南。急流轴中心最大西南风速 20 m·s⁻¹位于射阳和南京站;同样在 120°E、43°N 附近生成一条东北风急流,但没出现大于 16 m·s⁻¹的东北风;第三条急流没有形成。总之,两次过程的高低空急流强度、位置及其变化都有所区别,尤其强度差异最明显,应引起重视。

# 5 物理量场的异同点

## 5.1 温度平流异同点

暴风雪过程 3 日 08 时温度平流零线与 850 hPa 温压场特征一致,赤峰市处于冷平流内。

随着低值系统东北移加强,配合的低压前部暖平流增强,20 时零线移到 42°～43°N 赤峰站一线,同时在山东半岛附近生成 20×10⁻⁵ K·s⁻¹ 暖平流闭合中心。至 4 日 08 时零线东移,在赤峰市的位置变化不大,但此时暖平流中心北上到辽东半岛,中心加强为 40×10⁻⁵ K·s⁻¹;同时在赤峰市以北的锡盟地区也生成－20×10⁻⁵ K·s⁻¹ 的冷平流中心,这与上面分析的暖空气势力强一致。降雪过后冷空气增强,反映在平流上就是到了 4 日 20 时冷空气主体已完全压下来,赤峰市在－20×10⁻⁵ K·s⁻¹ 的冷平流中心控制区;24 h 内－20×10⁻⁵ K·s⁻¹ 的冷平流中心移过赤峰市,这也是寒潮的预报指标之一。24 h 日平均气温降温幅度(3 日 20 时—4 日 20 时)4 ℃,最低气温下降 6 ℃;48 h(3 日 20 时—5 日 20 时)平均气温下降 9～10 ℃,最低气温下降 13～14 ℃。温度平流高空剖面图的特点是最强的暖平流位于 250～150 hPa,呈西北东南向,与冷暖气团中心轴线方向类似,中心的最大值 60×10⁻⁵ K·s⁻¹ 位于赤峰市上空 200 hPa 处。

大雪过程温度平流变化特点与暴风雪过程的差异主要在暖平流较弱,以冷平流为主。20 日 08 时 850 hPa 温度平流零线压在赤峰市赤峰站,北部地区冷平流影响,南部暖平流影响。随着高压南压,20 时平流零线南压,同时在锡盟东北部地区生成－20×10⁻⁵ K·s⁻¹ 的冷平流中心。

至 21 日 20 时－20×10⁻⁵ K·s⁻¹ 的冷平流中心南移至赤峰站及以南地区,使得降温幅度偏强,日平均气温 24 h 降温幅度(21 日 20 时—21 日 20 时)11 ℃;48 h(21 日 20 时—22 日 20 时)降温幅度 14 ℃。从温度平流高空剖面图看,暖平流强度显著弱于暴风雪过程,中心位置偏西北,没有位于赤峰市上空。

## 5.2 垂直速度的异同点

暴风雪过程(图略)3 日 08 时 850 hPa 上升速度中心位于西安地区,强度－20×10⁻² hPa·s⁻²。垂直速度剖面图显示,赤峰市自底层至 150 hPa 均为上升气流区。850 hPa 上升速度在 0～－6×10⁻² hPa·s⁻² 范围内,500 hPa 在 0～－16×10⁻² hPa·s⁻² 范围内,此时无降雪天气现象。3 日 20 时 850 hPa 上升速度中心位于赤峰市西南部(113°～119°E,33°～40°N),强度－20×10⁻² hPa·s⁻²;500 hPa 上升速度增强,中心值为－60×10⁻² hPa·s⁻²。赤峰市 850 hPa 上升速度也在增大,在 0～－16×10⁻² hPa·s⁻² 范围内;500 hPa 增强为－26×10⁻²～－46×10⁻² hPa·s⁻²,12 h 内上升速度增加了 30×10⁻² hPa·s⁻²,此时南部开始降雪。南部 850 hPa 上升速度在－10×10⁻²～－16×10⁻² hPa·s⁻² 范围内;500 hPa 为－30×10⁻²～－46×10⁻² hPa·s⁻²。4 日 08 时 850 hPa 和 500 hPa 上升速度中心东北移至赤峰市东南部辽宁地区,虽然中心强度维持少变,但赤峰市 850 hPa 的上升速度增强为－16×10⁻²～－21×10⁻² hPa·s⁻²,500 hPa 增强为－31×10⁻²～－51×10⁻² hPa·s⁻²,降雪也主要集中在该时间段内。之后上升速度中心东移,到 4 日 20 时 925 hPa 以下冷空气渗入,已转为下沉气流,我市上空垂直速度减弱为－6×10⁻² hPa·s⁻²,降雪结束。降雪持续约 24 h。

大雪过程的上升气流相对较弱(图略)。20 日 08 时赤峰市西部地区为下沉气流区,东部为 0～－6×10⁻² hPa·s⁻² 的上升气流区内;500 hPa 在 0～－10×10⁻² hPa·s⁻² 范围内,无降雪天气现象。至 20 时 850 hPa 赤峰市上升速度在 0～－8×10⁻² hPa·s⁻² 范围内,500 hPa 在 0～－18×10⁻² hPa·s⁻² 范围内,无降雪。21 日 08 时上升速度中心位于山东半岛,850 hPa 上升速度中心强度－20×10⁻² hPa·s⁻²,500 hPa 为－25×10⁻² hPa·s⁻²。此时赤峰市 850

hPa 上升速度 $0 \sim -10 \times 10^{-2}$ hPa·s$^{-2}$，500 hPa 为 $-5 \times 10^{-2} \sim -10 \times 10^{-2}$ hPa·s$^{-2}$，降雪也主要集中在该时间段。21 日 20 时自底层至高层均由下沉气流控制，降雪于 21 日 14 时结束，持续约 12 个小时。

## 5.3　热力抬升机制的异同点

这两次强降雪天气过程的动力抬升机制显示的非常清楚，都是冷空气在底层的嵌入。从热力抬升机制分析看，以 54218 赤峰站为例（图 3），暴雪过程的前一天 3 日 08 时在 700 hPa 以下出现风向随高度顺转，由东北偏北风顺转为西风，风切变约 240°，有强暖平流，气层不稳定度大；20 时风向随高度顺转，高度到 500 hPa，最大风向切变层在 700 hPa 以下，暖平流使得气层不稳定度增大，12 h 上升速度增加了 $-30 \times 10^{-2}$ hPa·s$^{-2}$，这与不稳定层结有关；4 日 08 时暖平流继续上升到 400 hPa，最大风向切变层抬高，上升至 700～500 hPa。

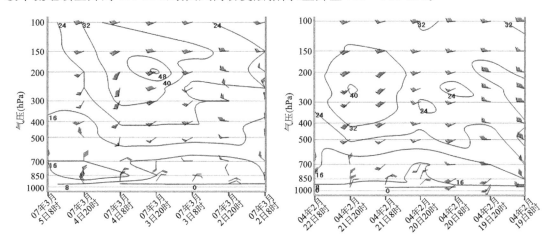

图 3　暴风雪过程和大雪过程探空风时间剖面图

大雪过程 20 日 20 时 500 hPa 以下出现冷平流，由东北风逆转为偏南风，此时层结稳定，没有降雪天气现象；降雪时的 21 日 08 时在 700 hPa 以下出现风随高度顺转，到 20 时又转为冷平流。因此大雪过程无论暖平流的持续时间或者不稳定层结厚度都弱于暴风雪过程。

## 5.4　水汽通量和散度的异同点

暴风雪过程水汽通道与偏南风急流位置相吻合，水汽通量强度与急流强度有关。水汽辐合中心与 850 hPa 低压中心和风切变线位置相配合。3 日 20 时赤峰市位于水汽通道 $1 \times 10^{-8} \sim 2 \times 10^{-8}$ g·cm$^{-1}$·hPa$^{-1}$·s$^{-1}$ 内，水汽辐合 $0 \sim -5 \times 10^{-8}$ g·cm$^{-2}$·hPa$^{-1}$·s$^{-1}$。4 日 08 时水汽通道与辐合中心东北上，$20 \times 10^{-8}$ g·cm$^{-1}$·hPa$^{-1}$·s$^{-1}$ 的中心位于 124°E、36°N，赤峰市位于水汽通道 $2 \times 10^{-8} \sim 4 \times 10^{-8}$ g·cm$^{-1}$·hPa$^{-1}$·s$^{-1}$ 内，水汽辐合 $-5 \times 10^{-8}$ g·cm$^{-2}$·hPa$^{-1}$·s$^{-1}$ 线以内；$-10 \times 10^{-8}$ g·cm$^{-2}$·hPa$^{-1}$·s$^{-1}$ 线压在赤峰市东南部；此时 $-25 \times 10^{-8}$ g·cm$^{-2}$·hPa$^{-1}$·s$^{-1}$ 辐合中心位于辽宁东南部；20 时移出赤峰市。

大雪过程同样位于水汽通道与辐合中心北部边缘，水汽辐合强度略小于暴风雪过程。20 日 20 时赤峰市位于水汽通道 $2 \times 10^{-8} \sim 4 \times 10^{-8}$ g·cm$^{-1}$·hPa$^{-1}$·s$^{-1}$，水汽辐合零线以内。21 日 08 时水汽通道与辐合中心东北上，$14 \times 10^{-8}$ g·cm$^{-1}$·hPa$^{-1}$、

36°N;赤峰市位于水汽通道 0～2×10⁻⁸ g·cm⁻¹·hPa⁻¹·s⁻¹,水汽辐合零线以内;此时—10 ×10⁻⁸ g·cm⁻²·hPa⁻¹·s⁻¹辐合中心位于辽宁东南部;20 时移出赤峰市。

相同之处是都以偏南水汽输送为主,有偏东风水汽辐合但很弱。

### 5.5　散度的异同点

暴风雪过程 4 日 08 时底层 850 hPa 辐合强,—10×10⁻⁶ s⁻¹辐合线压在赤峰中部翁牛特旗一线,—20×10⁻⁶ s⁻¹辐合线压在 54218 赤峰站;中心强度—40×10⁻⁶ s⁻¹位于 120°E、40°N。对应 300 hPa 是辐散区,赤峰市位于中心左侧 40×10⁻⁶ s⁻¹辐散线上。大雪过程也是底层辐合高层辐散,只是强度弱、位置配置差。21 日 08 时 850 hPa 赤峰市位于 0～—10×10⁻⁶ s⁻¹辐合区,中心—20×10⁻⁶ s⁻¹位于山东;对应 300 hPa 是辐散区,赤峰市位于 0～10×10⁻⁶ s⁻¹辐合区。散度的变化趋势与地面低值系统强度的变化密切相关。

### 5.6　涡度的异同点

涡度平流变化差异不大,降雪日都处于涡度值为 10×10⁻⁵ s⁻¹的正涡度平流区。

### 5.7　大风机制分析

暴风雪过程 4 日 08 时起,赤峰市境内有 5 条等压线通过,14—17 时增强为 6 条,20 时继续增强为 7 条;3 h 变压由负到 1.7 hPa,大风主要发生在午后 14—20 时。在与气压梯度增强的同时,也与午后热效应使风速加大有关。大雪过程在降雪及雪后我市境内只在 21 日 11 时达到 5 条等压线,其他时次最多为 4 条等压线,雪后变压不大,没有出现大风天气。

从动量下传的角度分析,暴风雪过程 3 日 08 时之后,底层的风速逐渐增大,由 4 m·s⁻¹ 增加到 4 日 08 时之后的 20 m·s⁻¹,24 h 增加幅度为 16 m·s⁻¹。大雪过程则由 21 日 08 时 10 m·s⁻¹逐渐增加到 22 日 08 时的 14 m·s⁻¹,24 h 增加幅度仅为 6 m·s⁻¹。

总之,暴风雪过程不仅底层风速大于大雪过程,而且随时间变化幅度也强于大雪过程。

## 6　小结

两次天气过程发生时地面气象要素的变化既有相同点又有差别,暴风雪过程降雪出现在气压下降、温度缓降时间内;大雪过程降雪出现在地面气压涌升之后的缓升、温度剧降之后的缓降时间内。

影响形势都属于强冷空气类中贝加尔湖冷涡底部型,由底层的西南涡东北上,配合地面河套气旋顶部高压底部影响我市。暴风雪过程气旋强烈发展,大雪过程相对弱。

暴风雪过程高空急流强,中心风速在 60 m·s⁻¹;850 hPa 形成三条低空急流,是造成暴雪的主要环流特点。大雪过程高空急流的强度偏弱,中心 50 m·s⁻¹;850 hPa 形成两条低空急流,出口区的位置较暴风雪过程偏南,急流强度也偏弱,这是主要差异。

物理量场的主要差异表现在:暴风雪过程冷暖平流在赤峰市形成对峙,暖空气势力强;大雪过程以冷平流为主,冷空气势力强。暴风雪过程赤峰市上升速度强;大雪过程的上升气流相对较弱。这两次强降雪天气过程的动力抬升机制都是冷空气在底层的嵌入,但前者气层不稳定度大,持续时间长。暴风雪过程赤峰市位于水汽通道 2×10⁻⁸～4×10⁻⁸ g·cm⁻¹·hPa⁻¹·s⁻¹,水

汽辐合 $-10 \times 10^{-8}$ g・cm$^{-2}$・hPa$^{-1}$・s$^{-1}$ 线以内；大雪过程位于水汽通道 $0 \sim 2 \times 10^{-8}$ g・cm$^{-1}$・hPa$^{-1}$・s$^{-1}$，水汽辐合零线以内。暴风雪过程午后大风是由于降雪停止后气压剧升、温度显著下降、3 h 变压增强和动量下传等综合因素造成的。

## 参考文献

[1] 孙永刚,孟雪峰,孙鑫.内蒙古暴风雪天气成因分析[J].天气预报技术总结专刊,2009,1(1):1-7.

[2] 宫德吉,李彰俊.内蒙古大(暴)雪与白灾的气候学特征[J].气象,2000,26(12):24-28.

[3] 沈建国,李喜仓,刘兴汉,等.中国气象灾害大典・内蒙古卷[M].北京:气象出版社,2008.

[4] 宫德吉.内蒙古的暴风雪灾害及其形成过程的研究[J].气象,2001,8:19-24.

[5] 宫德吉.低空急流与内蒙古的大(暴)雪[J].气象,2001,(27)12:4-8.

[6] 韩经纬.李彰俊.石少宏,等.内蒙古大(暴)雪天气的卫星云图特征[J].自然灾害学报,2005,14(3):250-259.

[7] 王绍武,蔡静宁,朱锦红,等.中国气候变化的研究[J].气候与环境研究,2002,2:137-145.

[8] 尤莉,程玉琴,张少文,等.赤峰地区气候变暖对极端天气气候事件的影响[J].气象专刊,2005,31:28.

[9] 孟雪峰.暴风雪天气特征及预报[M]//顾润源.内蒙古自治区天气预报手册.北京:气象出版社,2012.

[10] 朱乾根.林锦瑞.寿绍文.天气学原理和方法[M].北京:气象出版社,1983.

[11] 刘宁微,齐琳琳,韩江文.北上低涡引发辽宁历史罕见暴雪天气过程的分析[J].大气科学,33(2):276-284.

[12] 孙欣,蔡芗宁,陈传雷,等."070304"东北特大暴雪的分析[J].气象,2011,37(7):863-870.

# 内蒙古锡林郭勒盟 2012 年冬季暴雪
# 过程的天气学特征研究[*]

王学强[1]　　王澄海[2]　　孟雪峰[3]　　孙永刚[3]　　刘志刚[1]

(1. 锡林郭勒盟气象局,锡林郭勒 026000;2. 兰州大学大气科学学院/甘肃省干旱气候变化
与减灾重点实验室,兰州 730000;3. 内蒙古自治区气象局,呼和浩特 010051)

**摘要:**暴雪是冬季雪灾发生的主要成因,随着气候变化极端天气气候事件发生频繁,准确预报暴雪天气过程对防灾减灾起到重要作用。以内蒙古锡林郭勒盟地区 2012 年 11 月 3—5 日出现的一次暴雪天气过程为例,对 2012 年锡林郭勒盟地区冬季出现的暴雪天气过程进行诊断分析。结果表明:暴雪天气过程的主要环流背景条件是乌拉尔山长脊和西伯利亚冷涡,而高空蒙古低槽、低空切变线和地面河套气旋是这次暴雪的触发机制。此次暴雪天气属于强冷空气类蒙古低槽(涡)型,发生在高湿区和水汽通量辐合区内,地面气旋和华北脊对暴雪的产生和落区起到重要的决定作用。暴雪天气从降雪前期到结束,整层湿层较深厚,低空急流的建立为暴雪提供了很好的不稳定能量和水汽辐合条件,锡林郭勒盟地区有高空辐散低空辐合强烈的上升运动,为此次暴雪提供了非常有利的动力条件。乌拉尔山高压脊东移,使强冷空气沿脊前西北气流南下,地面气旋不断发展,而南方暖湿气流强盛,迫使气旋东移;华北脊的阻挡作用使得气旋缓慢移动,影响系统滞留于锡林郭勒盟地区,产生长时间的降雪天气。

**关键词:**暴雪;低空急流;蒙古低槽;低空切变

## 引言

　　锡林郭勒盟位于内蒙古自治区中部,南邻河北省张家口、承德地区,西连乌兰察布市,东接赤峰市、兴安盟和通辽市,是我国东北、华北、西北的交汇地带,北与蒙古国接壤,全盟区东西长约 600 km,南北宽约 460 km,总面积约为 $20.3 \times 10^4$ km²。全盟以草原植被为基本植被类型,畜牧业经济为主体,是我国四大草原之一,草地面积占全盟总面积的 97.2%,放牧牲畜是锡林郭勒盟地区主要的牧业生产方式。这里冬季气候寒冷干燥,积雪多,雪灾频繁发生,造成大面积草场被掩埋和牲畜走失,导致大量的牲畜死亡,是制约经济建设和牧业发展的重要因素之一。从近 50 a 来的气候变化看,锡林郭勒盟暴雪有明显增多趋势,其中,20 世纪 60 年代本

* 本文发表于《冰川冻土》,2013,35(6):1446-1453。

区发生 10 mm 以上降雪 4 次,80 年代为 6 次,90 年代为 8 次,进入 21 世纪至今已经 11 次,每个年代初期均有雪灾发生,大雪和暴雪引起的白灾(雪灾)每 9 a 出现一次的频率较高。冬季降雪是白灾的主要致灾因子,积雪深度、积雪日数以及气温是成灾必要条件。因此,针对锡林郭勒盟地区暴雪尤其是座冬雪的预报显得尤为重要,准确的暴雪预报在防灾减灾工作中会起到关键作用。目前暴雪的预报准确率较低,明显满足不了迅速发展的畜牧业生产的需要。暴雪天气是在多种天气系统的共同作用下产生的,关于暴雪和积雪的研究,王正旺等[1]对 2009 年 11 月 9—13 日山西大暴雪天气的环流背景、中低空系统配置及物理量场进行了分析;王迎春等[2]对 2002 年 12 月北京出现连续 6 d 降雪进行了合成和诊断分析;王文辉等[3]对内蒙古锡林郭勒盟大雪和暴雪个例进行了天气学分析;徐建芬等[4]研究了青藏高原切变线暴雪的中尺度结构及其涡源;王坤等[5]利用 WRF 模式对 2008 年 10 月 26—28 日的青藏高原一次暴雪过程进行模拟分析,并对 WSM3 方案中冰核浓度的计算方案进行分析和修正,为提高模式对复杂地形下暴雪过程的模拟能力提供科学依据;王东平[6]对一次暴雪天气个例的影响系统、物理量场及数值预报等方面进行了分析。王颖等[7]分析了年降雪量和降雪日数的空间分布、长期变化状况、突变和周期性特征;徐兴奎[8]分析了中国降雪量变化和区域性分布特征;赵勇等[9]分析了新疆地区冬季降水的气候特征;孟雪峰等[10]对内蒙古东北部一次致灾大到暴雪天气进行了分析;贾宏元等[11]从天气背景、物理量场空间结构、高空回暖及地形对宁夏初冬一次大暴雪的作用进行了分析;孟雪峰等[12-13]利用 1971—2000 年内蒙古 117 个地面气象观测站常规观测资料,分析了内蒙古大雪的时空分布特征并展开了天气学分型研究,将内蒙古大雪分为弱冷空气类(槽涡型、切变型、北槽南涡型)、强冷空气类(蒙古低槽(涡)型、贝加尔湖低槽(涡)型、西来斜压槽型)两类六型。王澄海等[14]利用全国 700 余个气象站的地面积雪观测资料对中国地区季节性积雪的年际时空变化特征进行了分析,并指出新疆北部,东北—内蒙古地区和青藏高原西南和南部地区为我国季节性积雪的 3 个高值区,也是积雪年际变化变化大的地区,同时这些地区也是中国积雪年际异常变化的敏感区;姜学恭等[15]对内蒙古暴雪进行了数值模拟研究;李小兰等[16]将中国地区地面观测积雪深度与遥感雪深资料进行了对比分析;王芝兰等[17]对 IPCC AR4 在不同气候情境下气候模式输出的雪水当量预估中国地区未来的雪水当量变化,深入认识积雪与温度之间的关系,为预估未来冰冻圈水资源的变化提供科学依据,为进一步应对气候变化提供参考。研究指出[18-19],在全球变暖的大背景下,河套及邻近不稳定积雪区、黑龙江及辽宁大部分地区积雪日数整体呈减少的趋势,且高纬度和高海拔地区减少最显著;王春学等[20]分析了中国近 50 a 积雪日数与最大积雪深度的时空变化规律;王澄海等[21]分析了新疆北部地区的积雪深度变化特征及对未来 50 a 的预估。本文针对锡林郭勒盟地区 2012 年初冬的一次暴雪天气,从环流背景、影响系统、中低空系统配置以及物理量条件等几个方面进行了综合分析,探讨这次暴雪过程的成因,寻找预报思路,以期为暴雪预报提供参考依据。

# 1　2012 年冬季天气实况与灾情

2012 年 11 月 2 日夜间到 5 日内蒙古锡林郭勒盟自西向东出现了持续性强降雪天气,降雪时段主要集中在 11 月 3—4 日,强降雪范围主要集中在锡林郭勒盟中部及南部地区。从锡林浩特市站的逐小时降雪量发现(图 1),时间长,范围大,降雪强度集中是这次暴雪的主要特征。11 月 3 日,锡林浩特市、西乌珠穆沁旗、阿巴嘎旗、苏尼特左旗、镶黄旗、正镶白旗 24 h 降雪量达到 5 mm 以上;11 月 4 日,锡林浩特市、正蓝旗、西乌珠穆沁旗 24 h 降雪量达到 10 mm 以上。过程降雪量的分布,正蓝旗、西乌珠穆沁旗为 23～24 mm,积雪深度 19～27 cm;太仆寺旗、镶黄旗、正镶白旗、阿巴嘎旗、锡林浩特为 11～20 mm,积雪深度 8～14 cm;其余地区降雪量 4～9 mm,积雪深度 3～5 cm(图 2)。此次降雪过程中,由于降雪强度大,局地阵风风力较大,在锡林郭勒盟中部及南部的大部分地区都出现了持续性的暴风雪,野外最低能见度不足 50 m,全盟大部路段出现积雪和结冰,部分县乡级公路受阻。3 日到 4 日锡林郭勒盟各地运输车辆及民航班机全部停运,5 日因积雪锡林浩特市部分小学停课,锡林浩特市周边部分设施农业(温室大棚)遭到破坏。

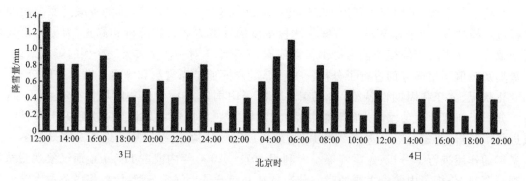

图 1　2012 年 11 月 3 日 12:00 至 4 日 20:00 时锡林浩特站逐时降雪量

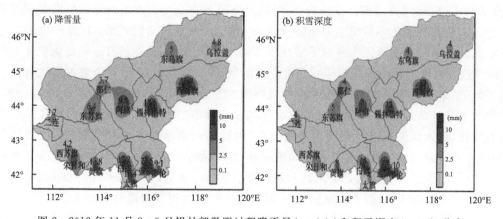

图 2　2012 年 11 月 2—5 日锡林郭勒盟过程降雪量(mm)(a)和积雪深度(cm)(b)分布

## 2　暴雪发生的环流形势

### 2.1　高空环流形势

降雪前期,200 hPa 高空在我国新疆至贝加尔湖一带有高空急流存在,随着降雪的开始,高空急流减弱消失。500 hPa 乌拉尔山阻塞高压发展强盛,脊顶位于 70°～75°N,极地冷空气沿着脊前西北气流南下,在西伯利亚附近为一冷涡,冷涡旋转,不断分裂出低槽,冷空气沿乌拉尔山脊前的西北气流滑入低槽,使低槽不断加深南压至河套北部地区(图3a)。降雪开始时,由于下游稳定少动的日本海低涡阻挡以及乌拉尔山高压脊前冷空气不断补充南下,促使河套低槽加深南压逐渐切断为低涡。低涡前部西南气流加强,华北地区表现为暖脊,锡林郭勒盟一直处于偏南气流中。到4日20:00时,低涡东移,中心位于渤海湾,锡林郭勒盟位于低涡顶部的偏东气流中(图略),到5日08:00时,低涡继续东移减弱,锡林郭勒盟处于西北气流当中,降雪趋于结束。

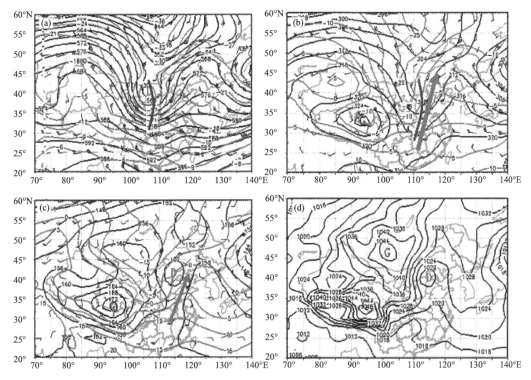

图3　2012年11月3日08:00时500 hPa温压场(a),700 hPa温压场特征及湿舌(b),
850 hPa温压场特征及低空急流(c)和地面场特征(d)分布

## 2.2　低空环流形势

700 hPa影响系统为蒙古低槽,是由西伯利亚低涡分裂而来,在2日20:00时位于河套地区;四川盆地有南支槽存在,低槽与南支槽合并,此时华北脊较强,脊顶位于锡林郭勒盟北部,与四川盆地南支槽配合建立起较强的西南水汽通道,河套低槽携带冷空气南下与强盛的西南暖湿气流在锡盟西部汇合。3日08:00时低空急流建立,锡林郭勒盟中部及南部地区位于低空急流的出口区左侧,为暴雪的形成提供了不稳定能量条件(图3b)。河套低槽不断的南压加深,到4日08:00时形成较强的低涡,低涡顶部位于锡林郭勒盟中部偏南地区,由西南低空急流转为东南低空急流,锡林郭勒盟中部偏南低区位于低空急流的出口区左侧,为水汽辐合提供了有利的条件。

降雪前期850 hPa偏南气流已经建立,在3日08:00时850 hPa锡林郭勒盟中部偏南地区有偏南气流与偏东气流的暖式切变线存在,到3日20:00时切变线东移出锡林郭勒盟,但是低槽加深南压形成低涡(图 3c),低层偏南风急流转为偏东风急流,使得水汽辐合在锡林郭勒盟地区持续较长的时间;到 4 日 20 时低涡东移,锡林郭勒盟处于偏北气流中,降水趋于结束。

### 2.3　地面系统演变

地面受河套气旋控制,由于前期新疆以北至巴尔喀什湖的地面冷高压发展强盛,随着冷空气不断的东移南压,高压前部气压梯度非常大,锋区压在蒙古至四川盆地以南一带,使得河套地区形成地面倒槽。河套倒槽东移北上过程中不断加强,形成闭合中心,气旋缓慢东移北上,3日锡林郭勒盟的中部偏南地区位于地面气旋顶部(图 3d),正好对应高空 850 hPa 的暖式切变,强降雪正好发生在这一时段区域内。

### 2.4　地面要素时间演变特征

对锡林浩特自动站逐时资料分析,降雪从 3 日 12:00 时开始,降雪前气温回升明显,为降雪积蓄了能量,同时也增加了水汽和不稳定条件。气温与露点温度差值开始逐渐减小即 $T-T_d \leqslant 2\ ℃$,说明低层暖湿条件转好,有利于降雪。强降雪集中发生在气压明显上升这一阶段,表明这一时段开始有冷空气入侵,温度线与露点线非常接近,西南暖湿气流与干冷空气交汇,空气湿度开始达到饱和,有利于强降雪的维持和加强。上述气象要素变化对暴雪临近预报具有指示意义(图 4)。

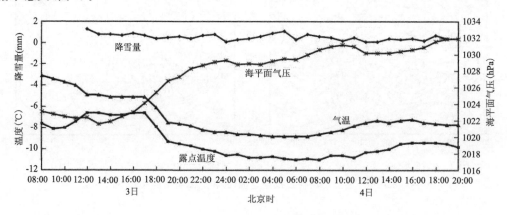

图 4　2012 年 11 月 3 日 08:00 至 4 日 20:00 时锡林浩特市自动站气象要素逐时变化

## 3　降雪过程的动力学特征

### 3.1　涡度、散度场

涡度是衡量流体质块旋转程度和旋转方向的物理量,因为大气基本做水平运动,所以着重考虑在水平面上的旋转,即指向垂直方向的涡度分量。涡度平流是指它的水平输送,根据 $\omega$ 方程中涡度平流项($-V_g \cdot \nabla(f+\xi_g)$)可知,当涡度平流随高度增加时,有上升运动。沿 43.9°N 附近对 11 月 3 日 08:00 时的涡度平流、散度做垂直剖面,从图 5a 可以看出,3 日 08:00 时锡盟上游地区有正涡度平流带,最大中心强度为 $40 \times 10^{-4}\ s^{-2}$,而锡林郭勒盟地区为负涡度平流带。3日20:00时最大正中心强度东移到锡盟上空达到最强,最大中心值在250 hPa附近,随后涡度平流随高度逐渐减弱。正涡度平流带从850 hPa一直延伸到高空,正涡度平流输送有利于垂直上升运动加强和维持,并有利于高空冷涡的移动,使冷空气向暴雪区移动,从而触发不稳定能量的释放。从图5b可以看出,锡林郭勒盟地区高层500~300 hPa存在正散度,低层500~850 hPa为负散度,这种高层辐散,低层辐合的抽吸作用会产生强烈的上升运动,为暴雪的产生提供非常好的动力条件[22]。

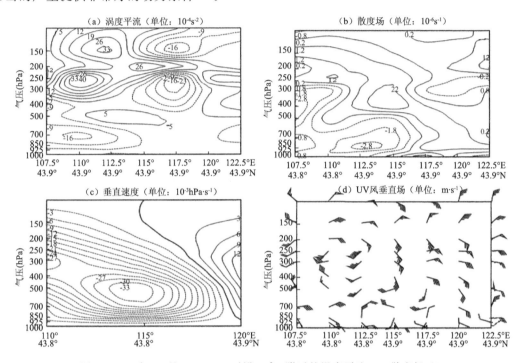

图5　2012年11月3日8:00时沿43°N附近的涡度平流(a)、散度场(b)、
垂直速度(c)和UV风垂直场(d)剖面

## 3.2　速度场

沿43°N附近对垂直速度做垂直剖面,从图5c可以看出,锡林郭勒盟地区从高层到低层均为负值区,垂直上升运动条件较好,上升运动大值中心在500 hPa左右,中心值为$-33\times10^{-3}$ hPa·s$^{-1}$。表明有很强的上升运动,有利于低层水汽的上升凝结,进而产生降雪天气。对风场做垂直剖面,从图5d UV场中可以看出,锡林浩特上空200~150 hPa上风速基本一致,说明该层有一定的动量下传作用,有利于大暴、雪的产生。同时,在低层115°~117.5°E有明显的风向辐合,大、暴雪易发生在该区。

## 3.3　水汽条件

沿43°N附近作比湿垂直剖面,从图6a可以看出,从3日8时开始,锡林郭勒盟上空的湿度开始增加,比湿≥2 g·kg$^{-1}$,湿层厚度也开始增加,到3日20时,湿层厚度达到300 hPa左右,且一直维持到5日8时,说明锡林郭勒盟上空一直维持大范围的深厚湿层。从水汽通量散度垂直剖面图6b看出,600 hPa以下为负值区,水汽辐合大值中心在850 hPa左右,中心值为

$-8\times10^{-7}$ g·s$^{-1}$·cm$^{-2}$·hPa$^{-1}$,由于水汽主要集中在 700 hPa 以下,有利于低层水汽聚积。可见,强降雪发生时,充沛的水汽输送、深厚的湿层和低层强烈的水汽辐合为暴雪提供了有利的水汽条件。

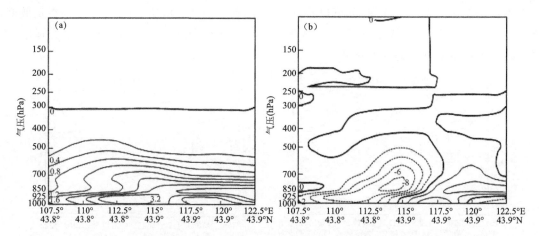

图 6　2012 年 11 月 3 日 08:00 时沿 43°N 附近的比湿(单位:g·kg$^{-1}$)(a)和
水汽通量散度(单位:10$^{-7}$g·s$^{-1}$·cm$^{-2}$·hPa$^{-1}$)剖面(b)

## 4　结论

分析了 2012 年 11 月初内蒙古锡林郭勒盟地区发生的一次暴雪天气过程,该次暴雪是锡林郭勒盟 2012 年入冬以来最大的一次降雪天气,具有时间长,范围大,降雪强度集中的特点。由于积雪较厚,牲畜无法出牧采食,全盟 12 个旗县市区不同程度遭受雪灾。通过上述分析,得到以下认识:

(1)此次暴雪天气过程的主要环流背景条件是乌拉尔山长脊和西伯利亚冷涡,而高空蒙古低槽、低空切变线和地面河套气旋是这次暴雪的触发机制。乌拉尔山高压脊东移,使强冷空气沿脊前西北气流南下,使得地面气旋不断发展,而南方暖湿气流强盛,迫使气旋东移;华北脊的阻挡作用使得气旋缓慢移动,影响系统滞留于锡林郭勒盟地区,产生长时间的降雪天气。

(2)暴雪天气发生在高湿区和水汽通量辐合区内以及强烈的高层辐散低层辐合上升运动区内。

(3)此次暴雪天气,高空急流不明显,高、低空急流的耦合也不显著,但是从涡度和散度物理量分析锡林郭勒盟地区有高空辐散低空辐合强烈的上升运动。本次暴雪天气,从降雪前期到结束,整层湿层较深厚,低空急流的建立为暴雪提供了很好的不稳定能量和水汽辐合条件。

### 参考文献

[1]　王正旺,姚彩霞,刘小卫,等."2009.11"山西大暴雪天气过程诊断分析[J].高原气象,2012,31(2):477-486.

[2]　王迎春,钱婷婷,郑永光.北京连续降雪过程分析[J].应用气象学报,2004,15(1):81-88.

[3]　王文辉,徐祥德.锡盟大雪过程和"77.10"暴雪分析[J].气象学报,1979,37(3):80-86.

[4]　徐建芬,陶键红,夏建平.青藏高原切变线暴雪中尺度分析及其涡源研究[J].高原气象,2000,19(2):

187-197.

[5] 王坤，张飞民，孙超，等.WRF-WSM3 微物理方案在青藏高原地区暴雪模拟中的改进及试验[J].大气科学，2014，doi：10.3878/j.issn.1006-9895.2013.12170.

[6] 王东平.一次区域性暴雪天气成因分析[J].气象与环境科学，2007，30(9)：73-75.

[7] 王颖，赵春雨，严晓瑜，等.1961—2007 年辽宁省降雪量和降雪日数的气候变化特征[J].冰川冻土，2011，33(4)：729-737.

[8] 徐兴奎.1970—2000 年中国降雪量变化和区域性分布特征[J].冰川冻土，2011，33(3)：497-503.

[9] 赵勇，崔彩霞，李霞.北疆冬季降水的气候特征分析[J].冰川冻土，2011，33(2)：292-299.

[10] 孟雪峰，孙永刚，姜艳丰.内蒙古东北部一次至灾大到暴雪天气分析[J].气象，2012，38(7)：877-883.

[11] 贾宏元，赵光平，沈跃琴.宁夏初冬一次大暴雪天气过程分析[J].沙漠与绿洲气象，2007，1(4)：17-21.

[12] 孟雪峰，孙永刚，姜艳丰，等.内蒙古大雪天气学分型研究[J].内蒙古气象，2011(3)：3-8.

[13] 孟雪峰，孙永刚，云静波，等.内蒙古大雪的时空分布特征[J].内蒙古气象，2011(1)：3-6.

[14] 王澄海，王芝兰，崔洋.40 余年来中国地区季节性积雪的空间分布及年际变化特征[J].冰川冻土，2009，31(2)：301-310.

[15] 姜学恭，李彰俊，康玲，等.北方一次强降雪过程的中尺度数值模拟[J].高原气象，2006，25(3)：476-484.

[16] 李小兰，张飞民，王澄海.中国地区地面观测积雪深度和遥感雪深资料的对比分析[J].冰川冻土，2012，34(4)：755-764.

[17] 王芝兰，王澄海.IPCC AR4 多模式对中国地区未来 40 a 雪水当量的预估[J].冰川冻土，2012，34(6)：1273-1283.

[18] 惠英，李栋梁，王文.河套及其邻近不稳定积雪区积雪日数时空变化规律研究[J].冰川冻土，2009，31(3)：446-456.

[19] 赵春雨，严晓瑜，李栋梁，等.1961—2007 年辽宁省积雪变化特征及其与温度、降水的关系[J].冰川冻土，2010，32(3)：461-468.

[20] 王春学，李栋梁.中国近 50 a 积雪日数与最大积雪深度的时空变化规律[J].冰川冻土，2012，34(2)：247-256.

[21] 王澄海，王芝兰，沈永平.新疆北部地区积雪深度变化特征及未来 50 a 的预估[J].冰川冻土，2010，32(6)：1059-1065.

[22] 顾润源.内蒙古自治区天气预报手册[M].北京：气象出版社，2012：324-354.

# 第三部分　客观预报方法研究

# 内蒙古暴风雪天气成因分析[*]

孙永刚　　孟雪峰　　孙鑫　　斯琴

（内蒙古自治区气象台,呼和浩特 010051）

**摘要**:应用常规观测资料、灾情资料、NCAR/NCEP 再分析资料(2.5×2.5 经纬度),对近 40 a 发生在内蒙古地区(草原牧区为主)的 21 次较强暴风雪天气过程,就暴风雪天气进行了天气学分型和成因分析。同时,针对内蒙古暴风雪天气主要影响系统——蒙古冷涡的结构、发展演变特征进行了分析研究。分析研究表明:强冷空气活动是暴风雪天气形成的主要原因;强盛的高空急流及与之配合的高空辐散区的强迫作用是地面蒙古气旋强烈发展和强风形成的动力条件;远程的较好的水汽输送配合对流层低层冷涡辐合对较强的降雪至关重要;对流层高层辐散强迫、中低层温度差异、中层涡度平流作用对蒙古气旋的爆发性发展起到关键作用;对流层低层偏南暖湿急流与偏西干冷急流在蒙古气旋控制区交汇是暴风雪天气发生的重要特征;对流层中层强上升运动配合对流层低层强风区的结构特征对确定暴风雪天气落区有很好的指示意义。

**关键词**:暴风雪;蒙古气旋;诊断分析

## 引言

暴风雪(俗称白毛风)是内蒙古高原特别是草原牧区的一种危害严重的气象灾害。暴风雪灾害多发生在春季,暴风雪发生时,一般风力为 7~8 级,降雪量≥8 mm,降温≥8 ℃,常常是风雪迷漫,能见度差,出牧在外的人和家畜遇到这种天气,睁不开眼,辨不清方向,造成人畜摔伤、冻伤、冻死等严重损失[1-7]。1981 年 5 月 10—11 日,内蒙古中东部地区的一次强暴风雪过程,降雪量 10~20 mm,风力 8~10 级,24 h 降温 10 ℃以上。有 10 万多头(只)牲畜死于此次暴风雪,并冻死 27 人。2000 年 12 月 31 日—2001 年 1 月 1 日,内蒙古中东部的 5 个盟市(锡林郭勒、赤峰、通辽、兴安、呼伦贝尔)出现了一次强暴风雪过程,受灾农牧户达 48.32 万户,受灾人口 256.65 万人;受灾草场面积 2805 万 hm²,受灾牲畜 2322.9 万头(只),因灾死亡牲畜 38.4 万头(只),有 29 人在暴风雪中丧生。可见暴风雪灾害的严重性。

暴风雪天气过程的时间通常仅 1~2 d,与白灾过程长达数月的特点不同,它是一种天气灾

---

\* 本文发表于《干旱区资源与环境》,2012,26(5):18-27。

害,暴风雪主要表现为对人畜的冻害,而白灾却主要是形成牧畜的饿灾[8]。在暴风雪天气中,风、雪、寒潮三种灾害同时施虐,使得暴风雪天气所形成的危害特别严重。由于伴随着强风寒潮出现的暴风雪天气,发生的机会并不太多,而且它总是伴随着寒潮灾害和大风灾害出现。所以人们常把暴风雪作为寒潮天气、大风天气或者暴雪天气来研究。通常也只是研究了暴风雪天气的一两个侧面,而对暴风雪天气全面的有针对性的深入研究还甚少。暴风雪预报还是经验预报为主,对暴风雪发生的时间和落区很难把握,空、漏报率较高。可见对暴风雪的深入研究非常必要。本文选择了 1971—2008 年 38 a 的致灾暴风雪天气过程个例 24 次,收集了有关暴风雪灾害的灾情资料、高空、地面观测资料、NCEP 再分析资料[逐日 00 时、12 时(世界时),2.5×2.5 经纬度的全球格点资料]。应用诊断分析、对比分析和统计分析等方法对历史个例进行分析和总结,揭示内蒙古暴风雪发生的基本规律、天气学环流分型及其发生的动力、热力条件和成因,为内蒙古暴风雪天气落区预报提供借鉴。

# 1　内蒙古暴风雪的气候特征

## 1.1　暴风雪的地域分布

　　通过对 1971 年至 2008 年 38 a 内蒙古自治区 117 个气象站暴风雪日数的统计分析(为了分析上的方便,将地面气象观测中的雪暴和吹雪日均视为暴风雪日),对内蒙古暴风雪进行了分区(图 1)。在内蒙古沿大兴安岭西麓到锡林郭勒盟南部,是暴风雪多发区,年暴风雪日数为5～10 d,锡林郭勒盟南部年暴风雪日数出现最多,可达 10 d 以上;在呼伦贝尔市西部牧区,阴山以北的广大牧区(包括乌兰察布市后山地区和北部牧区、巴彦淖尔市北部牧区),是暴风雪的常发区,年暴风雪日数一般为 3～5 d;呼伦贝尔市岭东地区、兴安盟、通辽市、赤峰市地区、乌兰察布市前山地区、呼和浩特、包头二市和鄂尔多斯市的大部,属暴风雪偶发区,年暴风雪日数为1～3 d;内蒙古其他地区(包括大兴安盟林区,巴彦淖尔市河套地区、阿拉善盟)是基本无暴风雪区。可见,暴风雪多发生在大、小兴安岭西麓,阴山北麓的高原草原地区,草原是暴风雪灾害的主要地区。在这一地区蒙古气旋活动频繁,影响我国的强冷空气大都从这里经过。另外,辽阔的草原上地形平坦有利于大风的形成,为暴风雪的形成提供了有利条件。

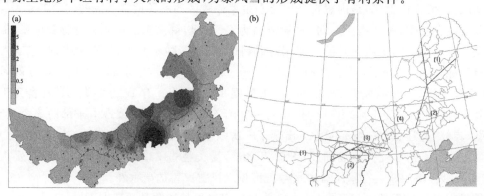

图 1　内蒙古自治区暴风雪日数分布图(a)分区示意图(b)
(1. 无暴风雪区;2. 暴风雪偶发区;3. 暴风雪常发区;4. 暴风雪多发区)

从暴风雪天气过程来分析,内蒙古地区的暴风雪60%以上出现在多发区,致灾暴风雪约2 a发生一次,占统计的总年数的44%。可见,暴风雪的发生频率远远低于寒潮的发生频率(内蒙古寒潮天气每年约4~5次)只有寒潮发生频率的5%左右。可见,暴风雪发生的条件是很苛刻的,并非每次强冷空气活动都会出现暴风雪灾害。

## 1.2　暴风雪的年际变化

根据内蒙古117个观测站的雪暴、吹雪的次数统计,1971—2008年38 a内蒙古发生暴风雪天气(雪暴、吹雪)的站次年际变化(图2)可见:暴风雪发生呈现明显的下降趋势,近10 a全区出现暴风雪(雪暴、吹雪)的站次(平均约不到50站次)不及20世纪70年代(平均达150站次以上)的三分之一。全球气候变暖(内蒙古冬季更加明显),使冬、春季节的冷空气强度明显减弱,全年降雪日数相对减少,可能是暴风雪天气出现频次减少的主要原因。发生次数(站次)年际变化很大,少的年份不到25站次,多的年份达到300站次相差10倍以上。

根据暴风雪出现的影响范围和灾情强度、受灾情况统计:约在3 a中有1 a属于一般性暴风雪灾害年;约在10 a中才出现1a影响范围广、强度大、受灾严重的暴风雪灾害年,其暴风雪日数可超出平均日数的3~5倍,甚至10倍,约占总年数的一半年份,在全区范围内无或基本无暴风雪灾害。

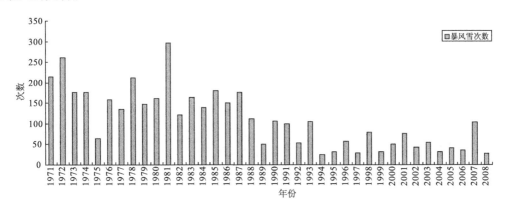

图2　内蒙古发生暴风雪天气(雪暴、吹雪)的站次年际变化图

## 1.3　暴风雪的月际变化

内蒙古暴风雪主要出现在10月至翌年5月的冬春季节,按照暴风雪发生站次(38 a)统计表明(图3a),12月至翌年3月发生站次较多(占全年的70%),3月达880站次;11月和4月次之,10月和5月较少,春季3—5月只占全年的30%。从这一统计结论看,内蒙古暴风雪灾害应该集中出现在12月至翌年3月的隆冬季节。但实际情况并非如此,根据内蒙古暴风雪灾害范围强度、受灾情况分析的暴风雪灾害过程的月际变化可见(图3b),春季的3—5月出现的次数最多,出现频率约占73%左右。其他月份也有发生,但出现频率小于15%。两种统计结论存在明显的差别,春季3—5月只占全年的30%左右的暴风雪日数,暴风雪灾害却占到73%。

这一结果与暴风雪天气成灾机制有关。一般的风雪天气中,尤其是冬季,虽然出现了雪暴和吹雪的天气现象,但其持续时间短,大风降温强度不大,往往不能造成灾害。春季灾害更为严重,是由于牲畜经过严冬体能消耗,到春天体能普遍下降,抵御灾害的能力较差。另外,在春

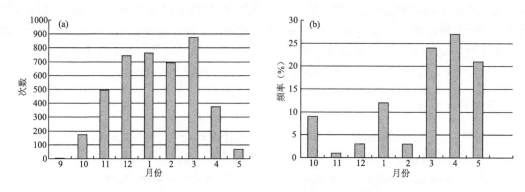

图 3　内蒙古暴风雪发生站次(a)灾害次数(b)的各月频率变化

季的 4—5 月开始回暖,暴风雪发生前气温往往较高,暴风雪发生时初期为湿雪,湿雪将牲畜皮毛打湿使其基本失去御寒能力,随后的强降温会造成大量牲畜死亡。以致同样强度的暴风雪,发生在春季造成的损失比发生在冬季大得多。

### 1.4　暴风雪的日变化

　　内蒙古暴风雪存在明显的日变化(图 4),白天发生的频率高,夜间发生的频率低。从上午 08 时以后发生频率明显增高,中午 12—15 时发生频率达到最高,随后开始下降,22 时后至次日 02 时发生频率降到最低。这一日变化规律可能与太阳辐射的日变化使近地层的大气层结发生变化引起地面大风日变化有关。

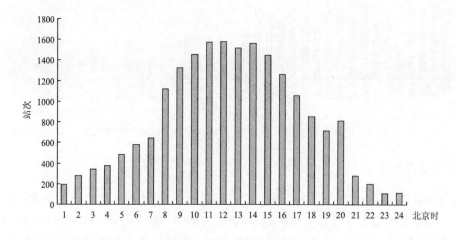

图 4　逐小时暴风雪的发生站次分布图

## 2　暴风雪天气分型

### 2.1　蒙古冷涡

　　在分析的近 38 a 22 次内蒙古致灾暴风雪天气过程中,暴风雪天气的发生与蒙古冷涡活动密切相关,暴风雪天气过程都伴随有蒙古冷涡的形成和强烈发展。但并非所有蒙古冷涡活动都会发生暴风雪天气,只有少数可以发生暴风雪天气。通过对蒙古冷涡活动特征的分析统计表明:通常蒙古冷涡达到以下条件才会发生致灾暴风雪天气。

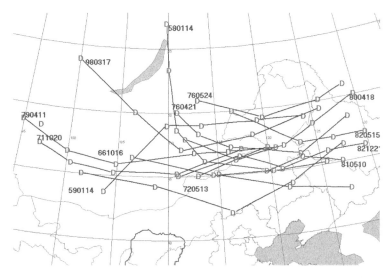

图 5 700 hPa 蒙古冷涡移动路径图

(1)500 hPa 或 700 hPa 有闭合的蒙古冷涡生成,并且强烈发展加深,24 h 冷涡中心降低 2~3 条等高线(位势高度降低 8~12 dagpm)。

(2)蒙古冷涡形成后南压,位置较为偏南(一般要达到 45°~50°N)。绝大多数的蒙古冷涡和东北冷涡都在 50°N 以北活动,只有约 10% 的冷涡可以达到这一位置。

(3)蒙古冷涡的移动有一定的规律性,强烈发展时东移南压,开始减弱后向东北移去。因此其运动轨迹一般呈现"U"字型。

从致灾暴风雪天气的蒙古冷涡移动路径(图 5)分析可见:发生暴风雪天气的冷涡路径比较偏南,往往要经过一个关键区(105°~115°E;45°~50°N),只有冷涡进入关键区并强烈发展才能出现致灾暴风雪天气。多数冷涡(东北冷涡)都达不到这个纬度。因此,多数冷空气活动并未形成暴风雪灾害。

## 2.2　天气分型

暴风雪天气发生频率较低,天气学环流形势与蒙古冷涡发展演变密切相关,通过对历史上 22 次暴风雪天气过程的分析,根据形成蒙古冷涡的西来系统的不同,将暴风雪天气形势分为:小槽发展型、低槽东移型、横槽转竖型三种类型。

### 2.2.1　小槽发展型

在 1971—2008 年的 22 次暴风雪天气中小槽发展型 12 次(占 54.5%)。

小槽发展型的演变特征是:欧亚大陆为一槽二脊型,西高东低,西北气流控制(图 6a)。初期,位于萨彦岭有一斜压小槽,小槽上有冷平流,槽前等高线稍有疏散,即小槽上有正涡度平流,有利于小槽发展。其上游的小脊也是暖舌落后于脊,脊线上有暖平流和负涡度平流有利于脊发展,从而使小槽后的偏北风加大,冷平流加强,进一步促进小槽发展。小槽向南发展加深,小脊向北发展加强,24 h后高压脊已经到达巴尔喀什湖、萨彦岭地区,小槽已经发展为贝加尔湖东南方的斜压大槽(图6b),高压脊发展很强盛,脊前偏北气流加强,冷平流也大大加强。斜压槽继续发展南压,形成斜压冷涡,涡前暖平流涡后冷平流旺盛,使得冷涡爆发性发展加深南压达到最强(图6c),这一阶段伴随着暴风雪天气的发生。之后,冷中心与低涡中心重叠,演变为正压冷涡,开始减弱向东北方向移出,暴风雪过程结束(图6d)。

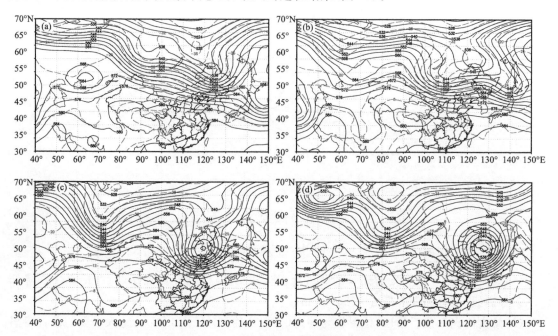

图 6　(a)1981 年 5 月 8 日 20 时 500 hPa 形势场;(b)1981 年 5 月 9 日 20 时 500 hPa 形势场;
(c)1981 年 5 月 10 日 20 时 500 hPa 形势场;(d)1981 年 5 月 11 日 20 时 500 hPa 形势场

### 2.2.2　低槽东移型

在 1971—2008 年的 22 次暴风雪天气中低槽东移型 6 次(占 27.3%)。

低槽东移型的演变特征是:欧亚大陆为一槽二脊型,西部的高压脊较东部高压脊更为强盛(图7a)。初期,在巴尔喀什湖地区存在西风槽,槽脊振幅较大,具有弱的斜压性,槽前略有疏散,有利于西风槽发展加深,西部高压脊暖平流和负涡度平流明显,有利于其发展。在纬向基本气流中槽、脊向东移动,24 h后西部高压脊发展旺盛,脊线已经移至巴尔喀什湖以东萨彦岭地区,脊前的偏北气流加强,冷平流也加强,冷空气灌入低槽,低槽加深并南压,下游高脊稳定少动,在两脊的挤压下,低槽向南加深,南部位于蒙古国中部切出冷涡(图7b)。冷涡有明显的斜压性,涡前为暖平流,涡后为冷平流,使得冷涡强烈发展加深并向南压,发展达到最强(图7c),这一过程伴随着暴风雪天气的发生。之后,冷中心与低涡中心重叠,演变为正压冷涡,开始减弱向东北方向移出,暴风雪过程结束(图7d)。

### 2.2.3　横槽转竖型

在 1971—2008 年的 22 次暴风雪天气中小槽发展型 4 次(占 18.2%)。

横槽转竖型的演变特征是:欧亚大陆为一槽一脊型,西高东低,西部的高压脊异常强盛(图8a)。初期,亚洲东部为一横槽,乌拉尔山及萨彦岭地区为东北-西南向的长波脊,当脊后有暖

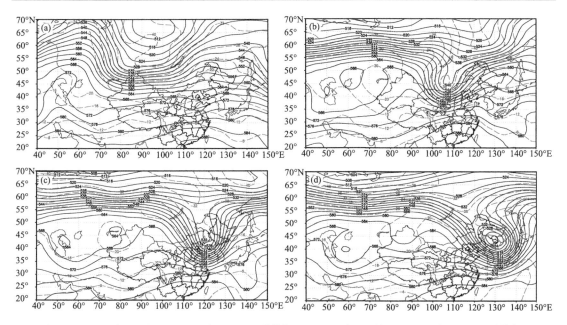

图 7 (a)1966 年 10 月 24 日 20 时 500 hPa 形势场;(b)1966 年 10 月 26 日 20 时 500 hPa 形势场;
(c)1966 年 10 月 27 日 20 时 500 hPa 形势场;(d)1966 年 10 月 28 日 20 时 500 hPa 形势场

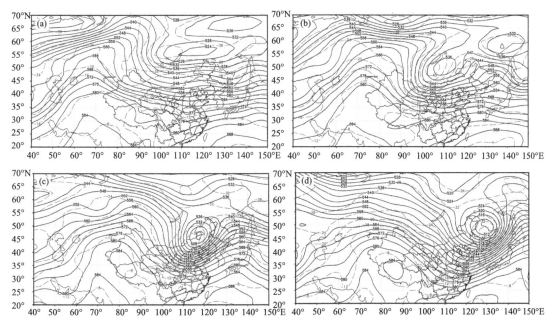

图 8 (a)1976 年 4 月 20 日 20 时 500 hPa 形势场;(b)1976 年 4 月 21 日 20 时 500 hPa 形势场;
(c)1976 年 4 月 22 日 20 时 500 hPa 形势场;(d)1976 年 4 月 23 日 20 时 500 hPa 形势场

平流北上时,暖平流促使高压脊继续加强或阻塞稳定维持,脊前的偏北也随之加强,不断引导冷空气在横槽内聚积,汇成一股极寒冷的冷空气。当长波脊的后部转变为冷平流与正涡度平流时,长波脊开始减弱,阻塞高压后部有一冷舌,弱的暖平流区移到脊前,横槽后部出现暖平流,贝加尔湖南部出现冷平流,说明冷空气已经开始向南移动,下游高压脊有所发展,出现等高线疏散结构(图 8b),槽已南压到蒙古国境内,槽前等高线疏散,冷平流及气旋式曲率的疏散等高线结构的正涡度平流使横槽东南方产生负生负变高,横槽后部又是暖平流正变高,使得横槽转竖并向南加深形成斜压性冷涡,冷涡强烈发展加深达到最强(图 8c),这一过程伴随着暴风雪天气的发生。之后,斜压冷涡演变为正压冷涡,开始减弱向东北方向移出,暴风雪过程结束(图 8d)。

# 3　暴风雪的成因分析

## 3.1　温度平流的作用

　　暴风雪发生前 24 h,在 500 hPa 上,由于上游高压脊的发展,脊前的偏北气流加强,引导北方冷空气南下进入槽后,冷平流加强,使得槽进一步发展加深并切断出蒙古冷涡。可见,高空强冷空气南下使得高空冷平流的加强是暴风雪过程发生的最初动力因子。蒙古冷涡形成后,斜压性明显,蒙古冷涡后部为冷平流,前部为暖平流。1980 年 4 月 19 日 08 时内蒙古锡林郭勒盟暴风雪天气过程中,配合蒙古冷涡发展,850 hPa 温度平流呈现出冷、暖平流中心对偶形式,冷、暖平流势力相当(图 9)。这样的配置有利于冷暖气流交汇,使蒙古冷涡强烈发展加深,蒙古冷涡周边的气流加强,使冷、暖平流进一步加强,形成正反馈。另一方面,冷平流对应有下沉运动,暖平流对应有上升运动,可见在该蒙古冷涡系统中冷空气下沉运动与暖冷空气上升运动势力相当(多数冷涡系统中冷平流较暖平流要强得多)。在对流层中低层(850~500 hPa)较强的上升运动对降雪的产生非常有利。再有,这样的冷、暖平流配置,使冷涡前部上升运动后部下沉运动,形成了一个逆时针的次级环流,有利于高空动量下传,环流本身也使低层地面风速加大。这样降雪配合地面的大风降温形成了暴风雪天气。因此,对流层高层存在强冷平流,对流层中低层冷、暖平流对偶结构对内蒙古暴风雪天气的形成有重要作用。

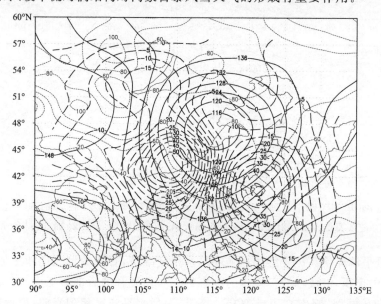

图 9　1980 年 4 月 19 日 08 时内蒙古暴风雪天气过程的 850 hPa 温度平流图

## 3.2　涡度平流的作用

在高空冷平流作用下蒙古冷涡形成并发展加强,在蒙古冷涡东南方向产生较强的正涡度平流区,随着蒙古冷涡加强,涡度平流也加强。在涡度平流的强迫下(涡度平流随高度增加)产生上升运动,地面减压蒙古气旋迅速形成并强烈发展。一般情况下,蒙古冷涡与蒙古气旋常相伴生成发展。暴风雪天气主要发生在它们强烈发展的时段,从 1980 年 4 月 18 日 20 时和 19 日 20 时 850 hPa 涡度场、流场(图 10a、图 10b)来看,正涡度中心较低压中心偏西、偏南。从 18 日 20 时到 19 日 20 时,正涡度中心值由 $60 \times 10^{-6} \cdot s^{-1}$ 增长到 $95 \times 10^{-6} \cdot s^{-1}$,蒙古冷涡迅速发展,使得锡林郭勒盟、呼伦贝尔盟西部出现了暴风雪天气。当高空蒙古冷涡强烈发展,位置偏南达到蒙古国与我国边界地区时,在内蒙古锡林郭勒盟地区有较强的正涡度平流区,在其强迫作用下,低层地面蒙古气旋强烈发展,周边风速加大,尤其是冷锋及其后部的西北大风,同时,在上升运动区产生降雪卷入大风中是形成暴风雪天气的有利条件。

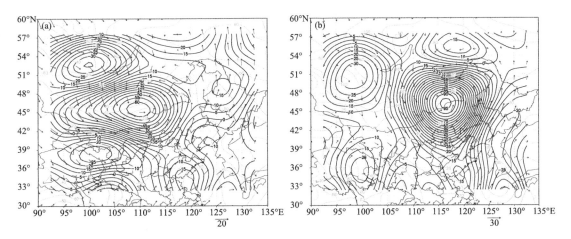

图 10　(a)1980 年 4 月 18 日 20 时 850 hPa 涡度场、流场;(b)1980 年 4 月 19 日 20 时 850 hPa 涡度场、流场

## 3.3　水汽条件的分析

暴风雪天气中,较强降雪形成的一个重要条件是好的水汽和输送条件[9],分析 1980 年 4 月 19 日 08 时地面可降水量和 850 hPa 风场分布(图 11),可见水汽输送和辐合情况。高空蒙古冷涡形成发展南压的同时其下游的高压脊稳定维持,在冷涡与高压脊之间的等高线加密,低层(850 hPa)更为明显,形成一支西南急流,水汽输送带一直伸展到长江以南,在冷涡系统中心和暖区一侧形成较好的水汽输送和辐合条件,在这一区域有利于降雪的发生。水汽输送条件对暴风雪的发生很关键,在暴风雪发生时常常伴有偏南低空急流的加强过程。对于发展旺盛的冷涡系统而言,在没有水汽输送条件和较干燥的环境中,冷涡系统往往只形成大风沙尘暴天气而不会形成暴风雪天气。内蒙古暴风雪多发生在冬、春季节,北方正是干旱时节,长距离的水汽输送条件对暴风雪天气的形成就显得尤为关键了。内蒙古暴风雪的水汽通道主要是南路和西南路两支。

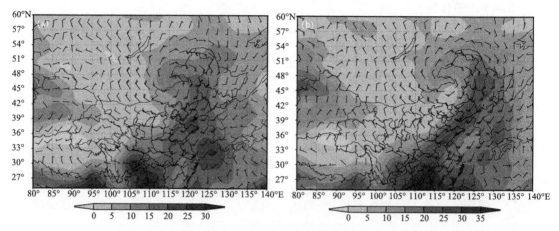

图 11　(a)1980 年 4 月 19 日 08 时;(b)1980 年 4 月 19 日 20 时

850 hPa 风场、地面可降水量(kg·m⁻²)

### 3.4　高空锋区与次级环流动力特征

　　高空蒙古冷涡与地面蒙古气旋的高低层配置,其特有的次级环流结构是暴风雪天气形成的重要条件。为了更清楚地分析高空锋区与次级环流结构,给出了 2001 年 1 月 1 日 08 时沿 44N° 850 hPa 低涡南边低空西风急流轴线(强暴风雪发生区域)的东-西剖面图(图 12)。图中风矢量场做了去掉平均西风和垂直放大了 100 倍的处理。强冷空气南下时产生的温度、高度密集区("锋区")有高空急流相配合,高空急流强度较强(中心风速达到 52 m·s⁻¹),范围大,高空急流锋区前方为倾斜分布的垂直运动上升区,后下方具有倾斜分布的较强垂直运动下沉

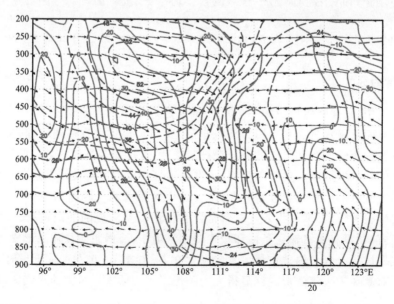

图 12　2001 年 1 月 1 日 08 时沿 44N°的东-西剖面图(风矢量场去掉了平均西风,

W 放大了 20 倍;虚线为全风速 m·s⁻¹;实线为垂直速度 10⁻² m·Pa⁻¹)

区。高空急流下沉支将动量从对流层高层向对流层中低层输送,这与蒙古气旋的爆发性发展相对应。深厚的混合层的形成使得这一动量能够继续下传达到地面[10-15]。

低层(700 hPa、850 hPa)蒙古冷涡的强烈发展及其锋面次级环流的动量下传作用是引发内蒙古地面大风的重要原因。在 108°~118°E,850~400 hPa 存在一逆时针的锋面次级环流(图12)。其下沉支流对应着冷空气和高空急流区域,在其作用下动量下传效果非常明显,在暴风雪发生区域中(108°~118°E)24 m·s⁻¹全风速线已经到达 850 hPa 以下。其上升支流对应着暖湿空气,上升支流最高达到 450 hPa,强中心在对流层中低层 750~550 hPa,达到—20×10⁻² ·Pa·s⁻¹,正是这支抬升气流与下沉的冷空气交汇产生了强降雪,同时,在其下方 800~850 hPa 是强劲的西风急流,在这种高低层配置下,降雪卷入到西风急流中形成了暴风雪天气。

### 3.5　高低空急流的耦合作用

内蒙古暴风雪天气的发生是强冷空气的爆发南下是造成的,在分析中,所有暴风雪天气过程都有高空急流配合,高空急流位置较为偏南,一般达到 40°N 附近,中心风速达到 40 m·s⁻¹以上(图略)。强盛的高空急流主要作用是,一方面,为大风的形成提供了动力条件,通过动量下传到达地面,形成地面大风,另一方面,高空急流出口区左侧的辐散强迫对冷涡的形成和发展有积极作用。

同样,暴风雪天气过程也有低空急流配合,图 13 给出了 2000 年 12 月 31 日 20 时、2001 年 1 月 1 日 08 时 850 hPa 涡度场和全风速场,可以看出:低空西风急流中心由 24 m·s⁻¹增大到 28 m·s⁻¹。另外,1 日 08 时,在 113°E,35°N 到 118°E,42°N 出现一支偏南低空急流,急流中心达到 28 m·s⁻¹,与低空西风急流交汇,锡林郭勒盟大部地区出现了暴风雪天气。低空急流主要作用是,一方面,为降雪的形成提供水汽输送,建立水汽通道,另一方面,低空急流的加强对低层的辐合上升运动有积极作用。

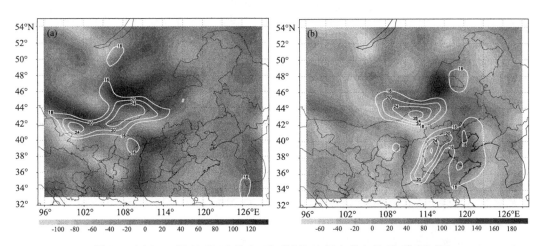

图 13　(a)2000 年 12 月 31 日 20 时;(b)2001 年 1 月 1 日 08 时 850 hPa
涡度场(阴影)和全风速场

值得注意的是高空急流与低空偏南风急流的位置,在蒙古冷涡南压发展的同时,高空急流正处于低空偏南风急流的上方,高低空急流相交分布,使得高空急流出口区左侧次级环流上升支与地面锋垂直环流上升支流重叠,有利于地面蒙古气旋中心及冷锋前形成深厚的上升运动,产生强烈而深厚对流,对较强的降雪非常有利。因此高低空急流的位置及其耦合作用对暴风雪的形成非常重要。

# 4　小结

(1)内蒙古暴风雪天气的发生频率远少于寒潮、沙尘暴等灾害性天气(大约 3 a 有 1 a,属于一般性暴风雪年;在约 10 a 中才出现 1 a 影响范围广、强度大、受灾严重的严重暴风雪年)。但暴风雪天气灾害影响确实非常严重。暴风雪灾害多发生在春季,4,5 月发生的暴风雪灾害占到总数的 60% 以上。

(2)蒙古冷涡是内蒙古暴风雪天气最主要的影响系统。当蒙古冷涡强烈发展加深,24h 冷涡中心降低 2~3 条等高线;蒙古冷涡位置较为偏南(一般要达到 45°~50°N);蒙古冷涡运动轨迹一般呈现"U"字型,内蒙古才会发生暴风雪天气。暴风雪天气分型为:小槽发展型、低槽东移型、横槽转竖型三种类型。

(3)高空冷平流的加强,使槽区加深南压形成蒙古冷涡并发展加深,蒙古冷涡前部及偏南方的正涡度平流使地面减压,蒙古气旋发展。蒙古冷涡与蒙古气旋强烈发展并随高度后倾的结构是暴风雪发生的有利条件。

(4)暴风雪天气中较强降雪形成的一个重要条件是好的水汽和输送条件,长距离的水汽输送对内蒙古冬、春干旱时节形成暴风雪天气非常重要,在暴风雪发生时常常伴有偏南低空急流的加强过程。在没有水汽输送条件和较干燥的环境中,冷涡系统往往只形成大风沙尘暴天气。

(5)在暴风雪天气发生时,高空急流正处于低空偏南风急流的上方,高低空急流相交分布,使得高空急流出口区左侧次级环流上升支与地面锋垂直环流上升支重叠,有利于地面蒙古气旋中心及冷锋前形成深厚的上升运动,产生强烈而深厚对流,对较强的降雪非常有利。因此高低空急流的位置及其耦合作用对暴风雪的形成非常重要。

## 参考文献

[1]　鲁安新,冯学智,曾群柱,等.西藏那曲牧区雪灾因子主成分分析[J].冰川冻土,1997,19(2):180-185.

[2]　郝璐,王静爱,等.中国雪灾时空变化及畜牧业脆弱性分析[J].自然灾害学报,2002,11(4):42-48.

[3]　吴鸿宾等.内蒙古自治区主要气象灾害分析(1947—1987)[M].北京:气象出版社,1990.

[4]　王文辉,徐祥德.锡盟大雪和"77110"暴雪分析[J].气象学报,1979,37(3):82-88.

[5]　姜学恭,李彰俊,康玲,等.北方一次强降雪过程的中尺度数值模拟[J].高原气象,2006,25(3):476-483.

[6]　江毅,钱维宏.内蒙古大(暴)雪的区域特征[J].地理学报,2003,58(s1):38-48.

[7]　宫德吉,李彰俊.内蒙古的暴风雪灾害及其形成过程[J].气象,2001,20(8):19-24.

[8]　宫德吉,李彰俊.内蒙古大(暴)雪与白灾的气候学特征[J].气象,2007,26(12):24-28.

[9]　宫德吉,李彰俊.低空急流与内蒙古的大(暴)雪[J].气象,2001,20(12):4-8.

[10]　张小玲,程麟生."96.1"暴雪期中尺度切变线发生发展的动力诊断.I 涡度和涡度变率诊断[J].高原气象,2000,19(3):285-294.

[11]　张小玲,程麟生."96.1"暴雪期中尺度切变线发生发展的动力诊断.II 散度和散度变率诊断[J].高原气象,2000,19(4):459-466.

[12]　王建中,丁一汇.一次华北强降雪过程的湿对称不稳定性研究[J].气象学报,1995,53(4):451-460.

［13］刘洪鹄,林燕.中国风雪流的变化趋势和时空分布规律[J].干旱区研究,2005,22(1):125-129.

［14］韩经纬,李彰俊,石少宏等.内蒙古大(暴)雪天气的卫星云图特征[J].自然灾害学报,2005,14(3):250-259.

［15］胡中明,周伟灿.我国东北地区暴雪形成机理的个例研究[J].南京气象学院学报,2005,28(5):679-684.

# 内蒙古中北部大(暴)雪的分布及其与东亚冬季风关系*

王学强[1]　　孟雪峰[2]　　王澄海[3]

(1. 锡林郭勒盟气象局,锡林浩特 026000;2. 内蒙古自治区气象局,呼和浩特 010051;

3. 兰州大学大气科学学院/甘肃省干旱气候变化与减灾重点实验室,兰州 730000)

**摘要:**利用 1970—2012 年内蒙古锡林郭勒盟 15 个地面气象观测站基本资料和常规观测资料,综合分析了锡林郭勒盟地区大(暴)雪时空分布特征,并对比分析了东亚冬季风对锡林郭勒盟地区大(暴)雪及积雪的影响。结果表明:近 40 a 大(暴)雪日数由东南向西北逐渐减少。大雪的日数由 20 世纪 70,80 年代的较平稳变化过渡到近 20 a 的具有明显波动的状态,而暴雪日数波动较小,除了个别年份出现极值和没有出现暴雪的年份以外。大(暴)雪出现在 9 月至次年 5 月,3 月最多,全年在 3 月和 11 月存在两个峰值。在 1970—2012 年期间,东亚冬季风呈明显的线性减弱趋势,冬季风自 20 世纪 80 年代中期开始减弱,内蒙古大雪和积雪日数与东亚冬季风指数存在着明显的反相关关系,而与暴雪日数相关关系不显著,这表明,东亚冬季风减弱是内蒙古中北部地区大雪、积雪增加的原因之一,而与极端降雪事件的关系并不明显。

**关键词:**大雪;暴雪;时空变化;相关分析;东亚东季风

## 1 引言

　　锡林郭勒盟位于内蒙古自治区中北部,东西长约 600 km,南北宽约 460 km 总面积约为 20.3 万 km²。南邻河北省张家口、承德地区,北与蒙古国接壤。全盟以草原植被为基本植被类型,畜牧业经济为主体,是我国四大草原之一,草地面积占全盟总面积的 97.2%[1]。锡林郭勒盟地处中高纬西风环流带,冷空气活动频繁,冬季寒冷、漫长,降水的主要形式是降雪,而积雪的变化在气候系统中有着重要作用,对于农业生产、生态环境有着重要的影响[2-7]。放牧牲畜是锡林郭勒盟地区主要的牧业生产方式,受白灾的威胁最大,频繁发生的雪灾造成大面积草场被掩埋和牲畜走失,导致大量的牲畜死亡,是制约经济建设和牧业发展的重要因素之一。王澄海等[8]对东亚冬季风变化与青藏高原冬季降雪减少的大气环流异常特征进行了分析研究;杨凯,王澄海[9]对青藏高原南、北积雪异常与中国东部夏季降水关系进行了研究,目前关于冬季风指数和冬季降水关系的研究工作,主要集中在冬季降(雪)水对冬季风初步响应的研究,本

　　* 本文发表于《气候变化研究快报》,2019,8(3):296-301。

文试图探讨东亚冬季风和内蒙古中北部地区冬季大雪、暴雪的相关特征,这对内蒙古中北部地区大雪、暴雪的预测具有重要意义。因此,通过对历史资料的统计分析,总结大雪、暴雪天气的时空分布特点以及发生规律,对提高此类天气的预报准确率及做好相关的防灾、减灾工作具有重要意义。

## 2　资料

利用锡林郭勒地区的锡林浩特市、东乌珠穆沁旗、西乌珠穆沁旗、乌拉盖、阿巴嘎旗、那仁宝力格、苏尼特左旗、苏尼特右旗、朱日和、二连浩特市、镶黄旗、正镶白旗、太仆寺旗、正蓝旗、多伦县 15 个气象观测站 43 a(1970—2012 年)的大雪、暴雪及积雪(积雪深度≥5 cm)年发生的日数为资料。对本地区的大雪、暴雪资料进行分析统计时,均采用地面气象观测中的 24 h (20—20 时)降雪资料。日降雪量≥5 mm 记为单站大雪日,日降雪量≥10 mm 记为单站暴雪日(不计其中含雨夹雪的日数)。

东亚冬季风强度指数是定量研究东亚冬季风活动的重要表征量.研究冬季风建立的东亚冬季风指数较多,文中采用王会军等[10]提出的东亚冬季风指数(EAWMI),定义为 25°～45°N,110°～145°E 范围内 500 hPa 高度场的平均值,所用资料是美国国家环境预测中心的1948—2012 年 2.5°×2.5°空间分辨率的月平均大气再分析资料。

## 3　大雪、暴雪时空分布特征

### 3.1　空间分布特点

从全盟年平均大雪、暴雪日数分布来看(图 1a、1b),锡林郭勒盟的中东部和南部地区均是大雪、暴雪的多发区,这与南部的阴山山脉和东北部的大小兴安岭的地形屏障作用影响,偏南和东南暖湿气流受此地形强迫抬升使雪量增大[11]。锡林郭勒盟大雪日数最多的中心在西乌珠穆沁旗(34 d)、太仆寺旗(33 d),大值区都超过了 30 d,二连浩特为小值区,小值区为 8 d,其余地区由东南向西北逐渐减少。暴雪的分布特点基本和大雪相同,暴雪日数最多的中心为太仆寺旗、锡林浩特和西乌珠穆沁旗,大值区均为 6 d。西北部地区为最小值,小值区为 1 d。总的来看,大雪、暴雪日数的分布均是自东南向西北递减的。

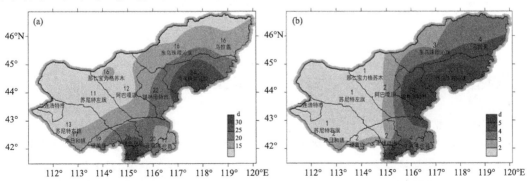

图 1　锡林郭勒盟地区 1970—2012 年大雪日数(a)和暴雪日数(b)分布图

### 3.2　时间分布特点

从锡林郭勒盟地区的大雪、暴雪月际变化图来看（图 2），大雪日数自 9 月至次年的 5 月都有发生，各月之间差异较大，主要发生在 3，4 月和 10，11 月。3 月和 11 月发生的大雪日数最多，分别为 35 d 和 32 d，4 月和 10 月次之，分别为 30 d 和 26 d。暴雪发生的月份较大雪少，分别在 3，4，5 月和 10，11 月，主要发生的月份与大雪基本一致。大雪和暴雪的发生日数在 3，4月和 10，11 月存在两个峰值，原因主要是由于季节交替，冷暖空气的交汇频繁，从而有利于产生强降水天气。

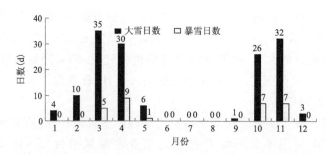

图 2　锡林郭勒盟地区 1970—2012 年大（暴）雪月际变化

从锡林郭勒盟地区大雪、暴雪日的年际变化曲线来看（图 3），大雪、暴雪在 20 世纪 70 年代和 90 年代至 21 世纪初发生的日数较多，80 年代最少，其中在 1992 年和 2003 年出现了大雪日数极大值，极大值均为 9 日。暴雪日数的极大值则出现在 1977 年，对应极大值为 5 日。总的来看，大雪的日数由七八十年代的较平稳变化过渡到近 20 a 的具有明显波动的状态，而暴雪日数波动较小，除了个别年份出现极值和没有出现暴雪的年份以外。

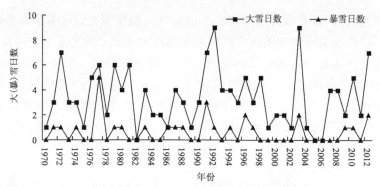

图 3　锡林郭勒盟地区大雪、暴雪日数年际变化曲线

## 4　锡林郭勒盟地区冬季大雪、暴雪与东亚冬季风的相关特征

本文中的东亚冬季风指数（EAWMI）定义为 $25°\sim45°N$，$110°\sim145°E$ 范围内 500 hPa 高度场的平均值，EAWMI＞0 表示冬季风偏强。EAWMI＜0 表示冬季风偏弱。从图 4 可以看到，东亚冬季风有明显的年际和年代际变化特征。冬季风年际变化幅度较大，冬季风指数 1983 年最大，2006 年最小。为了分辨季风强弱年，以正（负）指数绝对值大于 1 个标准差代表

强(弱)冬季风,在 1970—2012 年时段内有 5 个强冬季风年和 9 个弱冬季风年,强冬季风年分别为 1973,1976,1980,1983,1985;弱冬季风年分别为 1972,1978,1986,1988,1989,1997,2001,2006,2008。强冬季风年均出现在 20 世纪 80 年代中期以前,而弱冬季风主要集中在 80 年代中期以后。东亚冬季风存在明显的年代际变化,东亚冬季风存在偏强期和偏弱期交替出现。EAWMI 的趋势表明,1970—2012 年东亚冬季风强度呈减弱趋势。图 2 表明,1970—2012 年锡林郭勒盟地区大雪日数有着明显的年际变化,偏多期和偏少期交替出现。大雪的日数由七八十年代的较平稳变化过渡到近 20 a 的具有明显波动的状态,从大雪日数线性趋势来看,1970—2012 年锡林郭勒盟地区平均有增加的趋势,东亚冬季风与大雪日数之间存在着一定的反位相配置。这表明强冬季风年,大雪日数相对减少;弱冬季风年,大雪日数相对增加。同时大雪日数的趋势表明锡林郭勒盟地区冬季极端降水天气是增加。总的来看,东亚冬季风减弱与内蒙古中北部地区冬季极端降水天气和干旱天气有着密切联系。

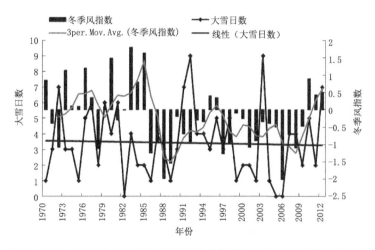

图 4　1970—2012 东亚冬季风指数和锡林郭勒盟地区大雪日数年际变化

　　为进一步分析东亚冬季风与冬季大雪、暴雪、积雪日数作用的内在联系。从表 1 中可以看出,大雪日数、暴雪日数和积雪日数相关系数依次为 −0.14,0.012,−0.129。大雪日数和积雪日数与东亚冬季风指数的相关系数都小于 0,存在着明显的反相关关系,而与暴雪日数相关关系不明显,这表明,东亚冬季风减弱是内蒙古中北部地区大雪、积雪增加的原因之一,而与暴雪关系并不明显。

表 1　冬季风指数与大雪、暴雪、积雪日数的 Spearman 相关性检验结果

| | 因子 | 大雪日数 | 暴雪日数 | 平均积雪日数 |
|---|---|---|---|---|
| 冬季风指数 | 相关系数 | −0.140 | 0.012 | −0.129 |
| | Sig. (1-tailed) | 0.184 | 0.470 | 0.204 |
| | N | 43 | 43 | 43 |

# 5　结论

(1)内蒙古中北部的大(暴)雪具有明显的空间变化特点,即大(暴)雪日数由东南向西北逐

渐减少。大雪的日数近 20 年年际变率增大,表明大雪日数增多,这和全球极端事件的增加相一致。

(2)内蒙东部地区大(暴)雪出现在 9 月至次年 5 月,其中春初的 3 月最多;全年在 3 月和 11 月存在两个峰值,也即这两个时段是主要的大(暴)雪发生期,而冬季反而少于秋末和春初,很显然,这和冬季风的活动有关。

(3)在 1970—2012 年期间,冬季风和大雪、暴雪及积雪的相关分析表明,大雪日数和积雪日数与东亚冬季风指数存在着明显的反相关关系,而与暴雪日数相关关系不明显,这表明,东亚冬季风减弱是内蒙古中北部地区大雪、积雪增加的原因之一,而与暴雪关系并不明显。

## 参考文献

[1] 刘志刚,王英舜等.内蒙古锡林郭勒盟牧业气候区划[M].北京:气象出版社,2006.

[2] 李小兰,张飞民,王澄海.中国地区地面观测积雪深度和遥感雪深资料的对比分析[J].冰川冻土,2012,34(4):755-764.

[3] 王澄海,王芝兰,崔洋.40 余年来中国地区季节性积雪的空间分布及年际变化特征[J].冰川冻土,2009,31(2):301-310.

[4] 王澄海,董安祥,王式功,等.青藏高原积雪与西北春季降水的相关特征[J].冰川冻土,2000,22(4):340-346.

[5] 李红梅,李林,高歌,等.青海高原雪灾风险区划及对策建议[J].冰川冻土,2013,35(3):656-661.

[6] 王芝兰,王澄海.IPCCAR4 多模式对中国地区未来 40 a 雪水当量的预估[J].冰川冻土,2012,34(6):1273-1283.

[7] 胡列群,李帅,梁凤超.新疆区域近 50 a 积雪变化特征分析[J].冰川冻土,2013,35(4):793-800.

[8] 王澄海,李燕,王艺.东亚冬季风变化与青藏高原冬季降雪减少的大气环流异常特征,[J].气候与环境,20(4):421-432.

[9] 杨凯,王澄海.青藏高原南、北积雪异常与中国东部夏季降水关系的数值试验研究[J].大气科学,doi:10.3878/j.issn.1006-9895.1604.16119.

[10] 王会军,贺圣平.ENSO 和东亚冬季风之关系在 20 世纪 70 年代中期之后的减弱[J].科学通报,2012,57(19):1713-1718.

[11] 孟雪峰,孙永刚,云静波,等.内蒙古大雪的时空分布特征[J].内蒙古气象,2011(1):4.

# 1960—2012 年呼伦贝尔市积雪时空分布特征研究[*]

王洪丽　　曲学斌　　张平安　　阴秀霞　　李耀东

（呼伦贝尔市气象局，呼伦贝尔 021008）

**摘要**：利用呼伦贝尔市 1960—2012 年 16 个气象台站逐日积雪观测资料，分析了呼伦贝尔市积雪时空分布特征，结果表明：近 53 a 来呼伦贝尔市积雪初（终）日南北差异近 1 个月，平均初日 10 月 15 日，平均终日 4 月 11 日，积雪初（终）日随时间呈现为初日推迟、终日提前的趋势，且终日提前的斜率大于初日；近 53 a 呼伦贝尔市平均积雪日数呈现高纬多，低纬度少，山地多，平原少的特点，全市平均 133 d，北部平均 160 d，中部及东部偏北地区 130～155 d，西部及东南部 80～120 d，且积雪日数随时间是减少的，低纬度地区不显著，各站主要周期为准 10 a 周期和准 20 a 周期，平均积雪日数分布峰值 12—2 月；近 53 a 呼伦贝尔市最大积雪深度随时间是增大的，尤其是海拉尔 2000 年以后最大积雪深度始终高位波动，平均最大积雪深度除东南部小于 10 cm，其他地区都在 20 cm 以上，平均积雪深度月分布峰值 1—2 月，积雪深度周期各站有所不同。

**关键词**：呼伦贝尔市；积雪初日；积雪终日；积雪日数；最大积雪深度

积雪是冰冻圈的重要组成部分，是气候变化的一个重要因子。我国稳定积雪区面积多达 420 多万平方千米。积雪和冻土变化，已引起了与之相关的融雪性洪水、泥石流、雪崩以及冻土热融等各类冰冻圈灾害发生频率、强度、范围增加，严重影响交通、建筑、生命财产安全等。国内很多学者在积雪方面做了大量的研究探讨，并取得了很有意义的成果。陈光宇等利用东北 123 个测站逐日积雪资料和气象资料分析发现，近 50 a 来该地区累积积雪呈缓慢增加趋势，积雪深度变化存在准 7 年的周期，且随着全球气候变化周期有变短的趋势[1]。崔彩霞等对新疆平均温度、>0 cm 的积雪日数、积雪深度等要素的研究发现，新疆积雪呈轻度增长趋势，积雪日数和厚度与冬季降水量呈正相关[2]。蕙英等通过对河套地区积雪日数资料的分析，发现该地区近 50 a 来积雪日数呈减少趋势，高纬度高海拔减少更明显，且积雪日数存在准 18 年的周期变化[3]。李栋梁等通过对黑龙江省 1951—2006 年积雪初终日资料分析发现，黑龙江省多年平均有 5.5 个月的可积雪期，南北相差 1 个月[4]。

　* 本文发表于《内蒙古气象》，2016，(3)：16-22。

# 1　资料与方法

以 7 月为界跨年统计呼伦贝尔市 16 个气象站 53 a(1960—2012 年)逐日的积雪资料,缺测资料采用差值订正法进行了插补[5],缺测资料少于 0.8%。

采用 K-均值聚类分析,将台站按积雪日数划分为四类,取中部的海拉尔(119.75°E、49.22°N,650 m)、北部的根河(121.52°E、50.78°N,718 m)、东南部的阿荣旗(123.48°E、48.13°N,237 m)、东部的小二沟(123.72°E、49.20°N,287 m)为代表站。

**表 1　积雪日数 K-均值聚类分析表**

| 分区 | 台站 | 名称 |
|---|---|---|
| 1 | 额尔古纳、根河、图里河 | 北部 |
| 2 | 满洲里、新右旗、新左旗、扎兰屯、阿荣旗、莫旗 | 西部及东南部 |
| 3 | 鄂伦春、小二沟 | 东北部 |
| 4 | 陈旗、海拉尔、鄂温克、牙克石、博克图 | 中部 |

# 2　结果与分析

## 2.1　积雪的初日、终日变化特征

### 2.1.1　积雪初、终日的空间分析

呼伦贝尔市各站平均积雪初、终日与经度 E、纬度 N、海拔高度 h 进行回归得到方程:

$$D_{(初日)} = -2.589 \times E - 2.482 \times N - 0.047 \times h + 504.808, \quad R = 0.946, \quad F = 36.793$$
$$D_{(终日)} = 1.654 \times E + 3.406 \times N + 0.039 \times h - 308.247, \quad R = 0.965, \quad F = 57.846$$

式中积雪日数为实际积雪初日减去 9 月 1 日的差值,终日为减去 2 月 1 日。根据回归方程制作积雪初、终日分布图,如图 1(另见彩图 13)所示。呼伦贝尔市 53 a 平均积雪初日与大兴安岭山脉的走向和位置相关性很大,由岭上分别向东西、向南推迟。在呼伦贝尔西部(120°E 以西)的初日呈经向分布,日期随经度向西推迟;在呼伦贝尔中部及东部(120°E 以东)初日大致呈纬向分布。北部大兴安岭地区积雪初日最早,根河为 10 月 3 日,大兴安岭东南部的扎兰屯、莫旗、阿荣旗平均积雪初日较晚,平均为 10 月 25 日前后,西部的新巴尔虎右旗积雪初日最晚,为 11 月 3 日,全市平均为 10 月 15 日。

积雪终日的分布与积雪初日的分布基本一致。顺序与初日相反,北部根河最晚为 5 月 4 日,东南部最早,平均积雪终日为 4 月 11 日,全市平均积雪终日为 4 月 21 日。全市积雪日期初、终日南北相差近 1 个月,气候平均态的空间差异比较大。

### 2.1.2　积雪初、终日的年际变化

4 个代表站积雪初日异常年(大于均值加两倍标准差或小于均值减两倍标准差)分析显示:小二沟异常年份为 1968 年、1969 年,初日偏晚;阿荣旗异常年份为 1992 年、2001 年、2005 年,初日亦偏晚;根河异常年份为 1967 年、1982 年,初日偏早;海拉尔异常年份为 1982 年,初

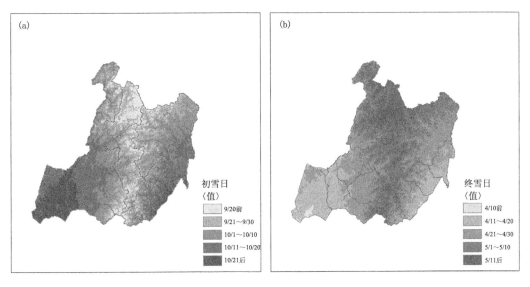

图 1　呼伦贝尔市平均积雪初日(a)、终日(b)空间分布

日也是偏早。积雪初日异常规律呈现为东部地区偏晚,西部偏早。从各站的变化曲线来看(见图2),53 a 来积雪初日总体有推迟趋势,其中阿荣旗的倾向率大,为 2.26 d·(10 a)$^{-1}$,推迟明显,也只有该站通过 0.10 的显著性检验[6]。其他各站倾向率较小,表明从 53 a 的时间演变来看,积雪初日的推迟并不明显。对各站采用 S/N 检验(10 a 滑动)方法进行突变检验,均没有发生突变。

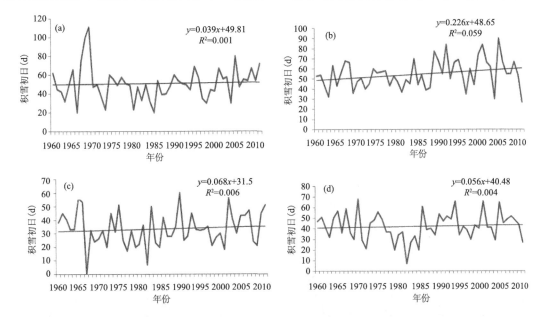

图 2　小二沟(a)、阿荣旗(b)、根河(c)、海拉尔(d)积雪初日的年际变化

　　4 个代表站积雪终日异常年分析显示:小二沟异常年份为 1967 年,终日偏早;阿荣旗异常年份 1969 年终日偏早、1971 年终日偏晚、2002 年终日偏早;根河异常年份为 1966 年终日偏晚、2008 年终日偏早;海拉尔异常年份为 1967 年终日偏早,1990 年终日偏早、1991 年终日偏

晚。从各站时间变化来看(图 3)：53 a 来积雪终日总体有提前趋势,除了阿荣旗外,其余三站线性斜率均比积雪初日大许多,根河倾向率最大,为 $-4.45$ d·(10a)$^{-1}$,且通过 0.01 显著性检验,小二沟通过 0.05 显著性检验,海拉尔通过 0.10 显著性检验。对各站采用 S/N 检验(10 a 滑动)方法进行突变检验,没有发生突变。

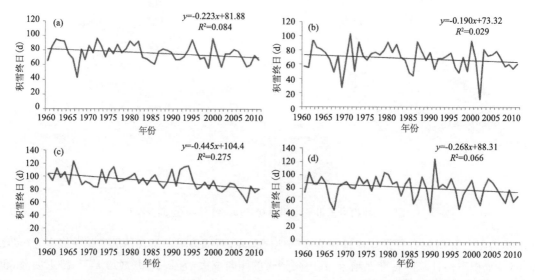

图 3　小二沟(a)、阿荣旗(b)、根河(c)、海拉尔(d)积雪终日的年际变化

呼伦贝尔市积雪初、终日的时间变化特征,总的说来呈现初日推迟、终日提前的趋势,且表现为终日的线性斜率大于初日,纬度高的地区终日更为提前。这一结论与全球变暖且纬度越高越明显的结论是一致的[7]。

## 2.2　积雪日数的变化特征

### 2.2.1　积雪日数的空间分布

呼伦贝尔市 53 a 全市年平均积雪日数为 133 d,积雪日数最多出现在 1984 年的图里河,为 191 d。由图 4a 可见,北部积雪日最多,年均 160 d,其中图里河年均积雪日最多,为 167 d,中部及东部偏北地区 130~155 d,西部及东南部 80~120 d,扎兰屯年均积雪日最少,为 87 d。年积雪日数总体呈现高纬多,低纬度少,山地多,平原少的特点。

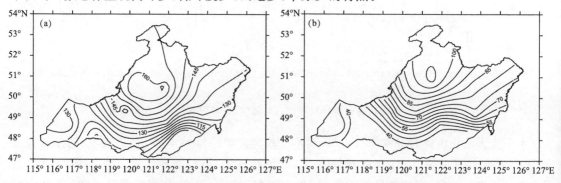

图 4　呼伦贝尔市年均积雪日数分布(a)和呼伦贝尔市年均累积积雪深度分布(b)

2.2.2　积雪日数的年际变化

　　呼伦贝尔市 4 个代表站积雪日数的年际变化显示(见图 5)：只有阿荣旗积雪日数的线性斜率较小，其他 3 站积雪日数均呈减少趋势，线性斜率都在 $-2.0 \mathrm{~d} \cdot (10 \mathrm{~a})^{-1}$ 以下。4 站中只有根河积雪日数通过了 0.05 显著性检验。对各站采用 S/N 检验(10 a 滑动)方法进行突变检验，没有发生突变。

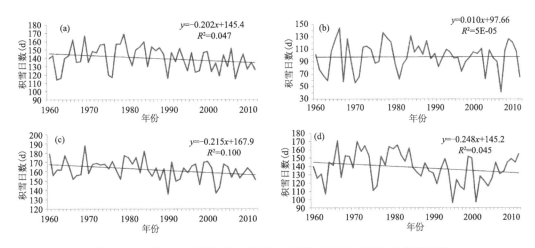

图 5　小二沟(a)、阿荣旗(b)、根河(c)、海拉尔(d)积雪日数的年际变化

　　从各站积雪日数年际变化振幅来看，根河较平稳，年变率小，小二沟次之，而阿荣旗和海拉尔振幅大，年变率较大。总的说来，1966—1969 年为第一个峰值，1982 年为第二个峰值(阿荣旗为 1977 年)，2002 前后为第三个峰值。近 10 a 来，海拉尔的积雪日数在波动中呈递增态势，且出现了第四个峰值，根河和小二沟变化较为平缓，阿荣旗的年变率明显增大，呈现多峰多谷分布。

　　通过小波分析，绘制积雪日数的小波实部图，如图 6，结合小波方差分析结果可知，影响小二沟的主要周期为 7～11 a 周期和 22～25 a 周期，22～25 a 周期经历过 3 次振荡，有减弱趋势；影响阿荣旗的主要是 7～11 a 周期和 11～19 a 周期，11～19 a 周期逐渐减弱；根河的主要周期为 6～8 a 周期和 17～20 a 周期变化，周期相对稳定；海拉尔的主要周期 8～10 a 周期和 21～25 a 周期，周期相对稳定。

2.2.3　积雪日数的月际分布

　　呼伦贝尔市 4 个代表站及全市平均的各月积雪日数显示：每年 9 月至翌年 5 月都有积雪，极特殊年份如 1992 年 6 月的图里河、海拉尔、陈旗、博克图、新左旗、牙克石共 6 个站有积雪日。从表 2 中数据可看出，积雪日数峰值为 12—2 月，在该时段多数地区积雪基本不融化，但东南部的阿荣旗 2 月积雪日数明显减少，原因是气温回暖快，积雪融化早。11 月积雪迅速增长，3 月积雪开始融化，阿荣旗积雪日数减少更为明显，但北部根河积雪融化晚。4 月气温回暖迅速，全市各地积雪日数减少均很多。另外，根河各月的积雪日数都多于全市均值，小二沟和海拉尔各月积雪日数与全市均值相当，阿荣旗各月积雪日数明显少于全市均值，主要是大兴安岭东南部气温比岭北高，可见全市气候南北差异显著。

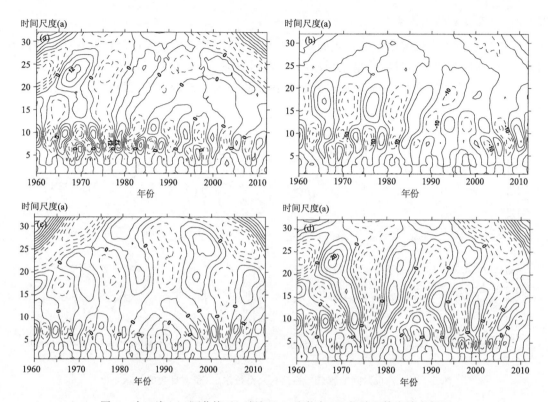

图 6　小二沟(a)、阿荣旗(b)、根河(c)、海拉尔(d)积雪日数小波实部图

表 2　呼伦贝尔市 4 个代表站及全市月平均积雪日数分布　　　　　　　　　　单位：d

| 月份<br>台站 | 9 | 10 | 11 | 12 | 1 | 2 | 3 | 4 | 5 |
|---|---|---|---|---|---|---|---|---|---|
| 小二沟 | 0.1 | 3.9 | 19.0 | 28.9 | 29.1 | 26.4 | 19.7 | 4.1 | 0.3 |
| 阿荣旗 | 0 | 2.4 | 13.2 | 25.4 | 26.8 | 19.4 | 8.3 | 2.2 | 0.2 |
| 根河 | 0.7 | 8.4 | 26.5 | 29.3 | 29.2 | 26.7 | 24.4 | 8.8 | 1.5 |
| 海拉尔 | 0.2 | 4.4 | 19.1 | 28.7 | 29.5 | 26 | 18.2 | 4.5 | 0.5 |
| 全市平均 | 0.3 | 4.7 | 19.3 | 28.4 | 29.1 | 25.1 | 19.7 | 5.9 | 0.6 |

## 2.3　积雪深度的变化特征

### 2.3.1　累积积雪深度的空间分布

根据各台站积雪深度进行空间插值,图 4b 为呼伦贝尔市年均累积积雪深度分布图。年均累积积雪深度,即把多年的月平均积雪深度累加,依据该数据来说明积雪深度的空间分布特点。累加积雪深度的分布也是呈现北部大、西部和东南部小的特点。这与年均积雪日数的分布图 4a 基本一致。

### 2.3.2　年最大积雪深度的年际变化

呼伦贝尔市 4 个代表站年最大积雪深度的年际变化(图 7),可以看出 4 站的线性斜率均为正值,表明最大积雪深度随时间是增大的。各站的异常年份分析结果为:小二沟1983年异常偏大,阿荣旗1986年、2012年异常偏大,根河1960年、2004年异常偏大,海拉尔2004年、2006年异常偏大,并且该站线性斜率为2.7 d·(10 a)$^{-1}$,尤其2000年以后,最大积雪深度始终在高位波动。阿荣旗、根河、海拉尔三站通过0.01显著性检验。

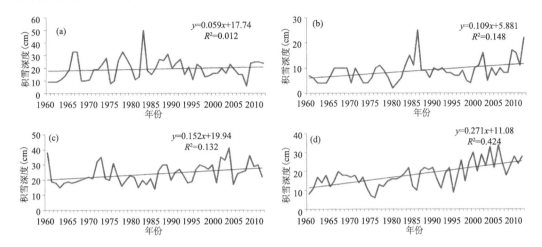

图7　小二沟(a)、阿荣旗(b)、根河(c)、海拉尔(d)年最大积雪深度的年际变化

从4站最大积雪深度的变率来看(表3),阿荣旗的年均变率及最高变率都远远大于其他三站。原因一是阿荣旗气温高于其他地区,积雪易融化;二是阿荣旗降雪日及降雪强度要少于其他地区,并且降雪事件的离散性更大些。从最大积雪深度来看(表3),年均最大积雪深度北部根河24 cm,阿荣旗只有8.8 cm,可见南北差异之大。近53 a最大积雪深度小二沟为50 cm,亦为全市极值。

表3　呼伦贝尔市4个代表站年最大积雪深度的变率及最大积雪深度

| 台站 | 平均变率（%） | 最高变率（%） | 最大积雪深度(cm) | 年均最大积雪深度(cm) |
|---|---|---|---|---|
| 小二沟 | 8.5 | 20.2 | 50 | 19.5 |
| 阿荣旗 | 18.5 | 58.1 | 25 | 8.8 |
| 根河 | 4.9 | 16.3 | 41 | 24.1 |
| 海拉尔 | 10.6 | 30.4 | 34 | 18.4 |

通过小波分析,绘制积雪深度的小波实部图,如图8,结合小波方差分析结果可知,影响小二沟的主要周期为7~11 a周期和17~21 a周期,17~21 a周期有下降趋势;影响阿荣旗的主要是11~15 a周期,周期较为稳定;根河的主要周期为20~25 a周期,周期有下降趋势;海拉尔的主要周期为24~28 a周期,周期相对稳定。

### 2.3.3　积雪深度的月际分布

表4为呼伦贝尔市4个代表站及全市月平均积雪深度。每年9月至翌年5月都有积雪,个别台站特殊年份的6月有积雪日。从表中数据可看出,积雪深度峰值为1—2月,3月的积雪深度略大于12月(除阿荣旗外),4月积雪深度迅速减小。从各站月分布来看,根河各月积雪深度最大;阿荣旗最低;海拉尔与小二沟各月积雪深度与全市均值基本相当。积雪深度与积

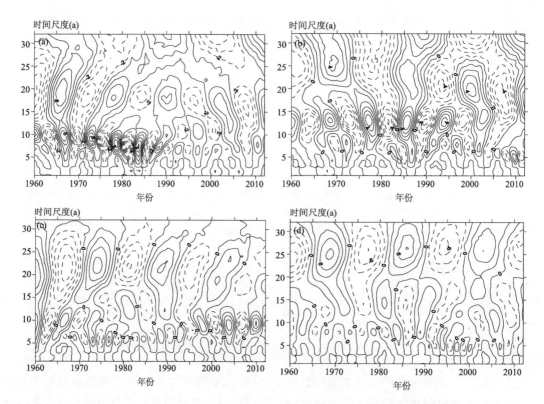

图 8　小二沟(a)、阿荣旗(b)、根河(c)、海拉尔(d)积雪深度小波实部图

雪日数的月分布规律大体一致。

表 4　呼伦贝尔市 4 个代表站及全市月平均积雪深度分布　　　　　　　　　单位:cm

| 月份<br>台站 | 9 | 10 | 11 | 12 | 1 | 2 | 3 | 4 | 5 |
|---|---|---|---|---|---|---|---|---|---|
| 小二沟 | 0.1 | 4.5 | 7.4 | 11.6 | 12.9 | 15.1 | 13.8 | 7.1 | 0.7 |
| 阿荣旗 | 0 | 2.3 | 4.5 | 5.2 | 5.3 | 4.7 | 4.5 | 3.3 | 0.2 |
| 根河 | 1.2 | 7.1 | 11.6 | 16.1 | 20.3 | 21.0 | 18.3 | 8.6 | 2.1 |
| 海拉尔 | 0.1 | 4.6 | 6.7 | 11.2 | 14.5 | 14.2 | 11.9 | 4.6 | 0.9 |
| 全市平均 | 0.4 | 4.1 | 6.8 | 9.8 | 11.4 | 12.2 | 10.8 | 5.2 | 0.9 |

# 3　结论与讨论

　　本文通过对 1960—2012 年呼伦贝尔市 53 a 积雪时空分布特征分析得出以下几点结论:

　　(1)近 53 a 呼伦贝尔市积雪初日北部为 10 月初、西部和东南部为 10 月末、全市平均为 10 月 15 日;积雪终日北部为 5 月初、东南部和西部为 4 月下旬、全市平均为 4 月 11 日。南北区域初(终)日受纬度和海拔的共同影响相差近 1 个月。

　　(2)积雪初(终)日的年际变化特征总体呈现为初日推迟、终日提前,且终日变化斜率要明显大于初日,表明春季回暖明显,高纬地区更显著。

(3)年均积雪日数 133 d、北部 160 d、中部及东部偏北地区 130～155 d、西部及东南部 80～120 d；年积雪日数总体呈现高纬多，低纬度少，山地多，平原少的特点。

(4)积雪日数总体是随时间减少的，其中东南部减少的少，其他地区线性斜率都在—2.0 d・(10 a)$^{-1}$以下，表明高纬地区升温明显，积雪消融早；积雪日数的年变率北部小，东南部变率大。

(5)积雪日数的小波分析，各站主要周期为准 10 a 周期和准 20 a 周期。

(6)9 月至翌年 5 月是积雪期，积雪日数的月分布峰值 12—2 月，3 月开始减少，以东南部减少明显，4 月全市整体积雪融化；北部各月积雪日数明显多于其他地区。

(7)累积积雪深度的分布同样呈现北部大、西部和东南部小的特点。

(8)积雪深度月分布峰值为 1—2 月，3 月的积雪深度略大于 12 月，4 月积雪深度迅速减小；根河各月积雪深度居于榜首，远大于全市均值。

(9)年最大积雪深度随时间是增大的，尤其是海拉尔 2000 年以后最大积雪深度始终高位波动；东南部最大积雪深度的年变率最大，最大平均积雪深度除东南部小于 10 m，其他地区都在近 20 cm 或以上。

(10)积雪深度的小波分析发现各站周期有所不同。

## 参考文献

[1] 陈光宇,李栋梁.东北及邻近地区累积积雪深度的时空变化规律[J].气象,2011,37(5):513-521.

[2] 崔彩霞,杨青,王胜利.1960—2003 年新疆山区与平原积雪长期变化的对比分析[J].冰川冻土,2005,27(4):486-490.

[3] 蕙英,李栋梁,王文.河套及其邻近不稳定积雪区积雪日数时空变化规律研究[J].冰川冻土,2009,31(3):446-456.

[4] 李栋梁,刘玉莲,于宏敏,等.1951—2006 年黑龙江省积雪初终日期变化特征分析[J].冰川冻土,2009,31(6):446-456.

[5] 王树廷,王伯民.气象资料的整理和设计方法[M].北京:气象出版社,1984.

[6] 魏风英.现代气候统计诊断与预测技术[M].北京:气象出版社,1999.

[7] 秦大河,丁一汇,苏纪兰,等.气候与环境的演变及预测[M].北京:科学出版社,2005.

# 通辽市大到暴雪过程的雷达回波特征分析[*]

祁雁文

（通辽市气象局，通辽 028000）

**摘要：**通过对 2007—2013 年通辽地区的大到暴雪个例分析，得出各种雷达回波产品在强降水发生前不同时间段的表现特征，例如雷达反射率因子产品可以确定回波的强度，确定强降雨（雪）带，同时配合使用一些其他雷达产品，如速度产品、回波顶高、垂直风廓线等等，可以判断高低层大气的不稳定度、环境风场结构、冷暖性质等，更有助于确定系统的移动以及未来的发展趋势。在距离降雪发生时间越近，各种回波的特征就越明显。由这些特征总结出降雪短时、临近预报的经验、方法和预报指标，希望在今后的大到暴雪天气的预报中发挥重要的作用。

**关键词：**"牛眼"；逆风区；低空急流；高空急流；垂直风廓线

## 1　引言

雷达资料在分析暴雨、冰雹、雷雨大风等夏季灾害性天气方面发挥了重要作用，国内外气象学者应用多普勒雷达产品对产生暴雨、冰雹等灾害性天气的中小尺度系统特征进行了大量的分析研究[1-2]，形成了大量预报指标和概念模型，为预报员提供了丰富的理论指导。雪灾危害的严重性引起了许多学者的关注，因此对我国北方大雪、暴雪开展了广泛深入的研究[3]。虽然近些年来随着多普勒天气雷达在我国中高纬地区的安装使用，一些气象工作者应用雷达资料对降雪过程进行了分析研究[4-5]。但是用多普勒雷达资料分析降雪过程的研究尤其是应用多普勒雷达资料进行降雪短时、临近预报的研究仍比较少，因此加强雷达资料在降雪过程中的应用研究将有重要意义。本文通过对 2007—2013 年通辽地区的大到暴雪个例分析，得出各种雷达回波产品在强降水发生前不同时间段的表现特征，希望通过本研究为降雪的短时、临近预报提供一些有益的启示。

---

　*　本文发表于《畜牧与饲料科学》，2015，36（10）：74-76。

# 2 各种雷达回波产品在强降水发生前不同时间段的表现特征

## 2.1 雷达反射率因子产品

### 2.1.1 降雪发生前 0~2 h

回波范围较大,最远范围可达 260 km,回波连续性较好,呈均匀的片状分布,属层状云回波,结构比较密实。对于纯雪且一般强度(降雪量≤10 mm)的降雪过程而言,回波最大强度≤35 dBZ;对于雨雪混合性的降雪且降水强度较大(降雪量>10 mm)的过程,回波最大强度≥40 dBZ,最大可达 55(58)dBZ(图 1,另见彩图 14)。

### 2.1.2 降雪发生前 2~4 h

回波范围较大,最远范围可达 170~200 km 以上,最大值可达 250 km,回波连续性较好,呈均匀的片状分布,属层状云回波,结构比较密实。对于纯雪且一般强度(降雪量≤10 mm)的降雪过程而言,回波最大强度在 20(23)~35(38)dBZ;对于雨雪混合性的降雪且降水强度较大(降雪量>10 mm)的过程,回波最大强度在 35(38)~45(48)dBZ。

### 2.1.3 降雪发生前 4~6 h

回波范围仍较大,最远范围均在 200 km 以内,回波连续性较差,呈片状或分散性絮状分布,结构不密实。对于纯雪且一般强度(降雪量≤10 mm)的降雪过程而言,回波最大强度在 20(23)~30(33)dBZ;对于雨雪混合性的降雪且降水强度较大(降雪量>10 mm)的过程,回波最大强度在 30(33)~45(48)dBZ。

### 2.1.4 降雪发生前 6~12 h

回波范围较小,且不连续,结构比较分散,多呈片状分布。对于纯雪且一般强度(降雪量≤10 mm)的降雪过程而言,无明显回波特征,个别会有 20(23)~25(28)dBZ 的弱回波;对于雨雪混合性的降雪且降水强度较大(降雪量>10 mm)的过程,回波最大强度仍较大,在 30(33)dBZ 以上,最大达到 45(48)dBZ。

## 2.2 基本速度产品

### 2.2.1 降雪发生前 0~2 h

回波范围较大,最远范围可达 100~200 km,在低层(从雷达中心至距离雷达 25~100 km 以内)零等速线均会呈现明显的"S"型,表明风由低层随高度顺时针旋转,有暖平流;部分个例在"S"型零等速线外围距离雷达中心 25~100 km 以上到 200 km 之间存在反"S"型,表明中、高层风随高度逆时针旋转,有冷平流,这种形势有利于大型降水的发生。大部分个例在速度图上表现为:负速度区域的面积>正速度区域的面积,表明具有风向的辐合;负速度区域中负速度中心值>正速度区域中正速度中心值,表明具有风速的辐合。当同时出现暖平流、风速的辐合、风向的辐合时,有利于大型降雪的维持。个别的个例中还有"牛眼"结构的存在,表明最大风速出现在低层。所有的个例都在低层 0.6~3.6 km 存在低空急流。仅有一次个例出现"逆风区"(图 2,另见彩图 15),本次过程属雨和雪混合的降水,最大降水量达到 26.2 mm,所以当有"逆风区"出现的时候,预示着至少 2 h 内会出现强降雪。

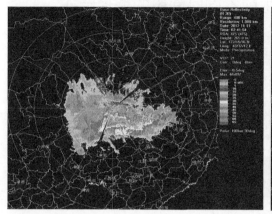

图 1　2012 年 11 月 11 日 02:41 反射率因子　　　图 2　2010 年 11 月 11 日 04:19 基本速度

#### 2.2.2　降雪发生前 2～4 h

回波最远范围可达 100～200 km,在低层(从雷达中心至距离雷达 10～100 km 以内)零等速线均会呈现明显的"S"型;一部分个例在"S"型零等速线外围距离雷达中心 20～100 km 以上到 200 km 之间存在反"S"型。大部分个例在速度图上表现为:具有风向的辐合;和风速的辐合。个别的个例有"牛眼"结构的存在,表明最大风速出现在低层。所有的个例都在低层存在低空急流。均无"逆风区"出现。

#### 2.2.3　降雪发生前 4～6 h

除了和降雪发生前 2～4 h 回波特征相同之外,只有少数的个例在低层存在低空急流。均无"逆风区"出现。

#### 2.2.4　降雪发生前 6～12 h

回波范围缩小,且变得不连续,最远范围约 100 km。只有少数个例具有回波特征,在低层零等速线会呈现明显的"S"型,在中高层存在反"S"型。仅有 2 个个例在速度图上具有风向、风速的辐合。均无低空急流和"逆风区"出现。

### 2.3　回波顶高

#### 2.3.1　降雪发生前 0～2 h

对于纯雪且一般强度(降雪量≤10 mm)的降雪过程而言,回波最高顶高可达 3(4)～6(7) km;对于雨雪混合性的降雪且降水强度较大(降雪量＞10 mm)的过程,回波最高顶高可达 5 (5)～8(8) km(图 3,另见彩图 16)。

#### 2.3.2　降雪发生前 2～4 h

特征与降雪发生前 0～2 h 相同。

#### 2.3.3　降雪发生前 4～6 h

对于纯雪且一般强度(降雪量≤10 mm)的降雪过程而言,回波最高顶高可达 2(2)～6(7)

km;对于雨雪混合性的降雪且降水强度较大(降雪量＞10mm)的过程,回波最高顶高可达 5
(5)～6(7) km。

### 2.3.4  降雪发生前 6～12 h

对于纯雪且一般强度(降雪量≤10 mm)的降雪过程而言,回波最高顶高比较小,约 2(2)
～5(5) km;对于雨雪混合性的降雪且降水强度较大(降雪量＞10 mm)的过程,回波最高顶高
仍可达可达 5(5)～6(7) km。

## 2.4  VAD 垂直风廓线产品

### 2.4.1  降雪发生前 0～2 h

湿层最高高度伸展至高空 5.5～9.1 km。在低层均有风随高度的顺时针旋转,表明低层
有暖平流,暖平流将水汽输送到降水区形成湿中心,为降水提供了有利的条件。绝大多数个例
在 0.6～3.4 km 高度上开始存在低空急流(图4,另见彩图 17)。并且风速随高度逐渐增大。
有半数的个例中在 5.2～6.7 km 高度上开始存在高空急流(≥30 m·s⁻¹),高空的辐散抽吸
作用,促使低层的辐合加强,有利于强降雪的发生和维持。

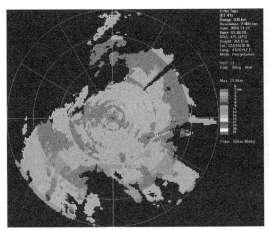
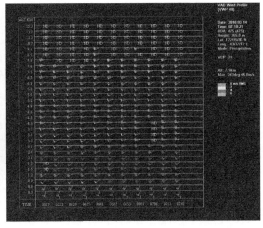

图 3   2010 年 11 月 11 日 03:16 回波顶高          图 4   2010 年 3 月 14 日 07:18 垂直风廓线

### 2.4.2  降雪发生前 2～4 h

湿层最高高度伸展至高空 4.9～7.9 km。低层有暖平流,但有 2 个个例低层无风场资料,
表明低层干燥,湿度条件很差。绝大多数个例在 0.6～2.4 km 高度上开始存在低空急流。并
且风速随高度逐渐增大。有半数的个例中在 4.9～6.7 km 高度上开始存在高空急流(≥30
m·s⁻¹)。

### 2.4.3  降雪发生前 4～6 h

湿层最高高度伸展至高空 4.3～8.5 km。绝大多数个例在低层有暖平流。但有 3 个个例
低层无风场资料,表明低层干燥,湿度条件很差。绝大多数个例在 0.9～3.7 km 高度上开始
存在低空急流,并且风速随高度逐渐增大。仅有一少半的个例中在 4.9～7.3 km 高度上开始
存在高空急流(≥30 m·s⁻¹)。

2.4.4　降雪发生前 6～12 h

　　湿层最高高度伸展至高空 3.7～7.9 km。仅有一半的个例在低层有暖平流。仅有一半的个例在 0.9～2.7 km 高度上开始存在低空急流,并且风速随高度逐渐增大。仅有 2 个个例存在高空急流($\geqslant$30 m·s$^{-1}$)。

# 3　小结

　　(1)基本反射率的性质不同,所带来的降水性质和强度亦不同。与夏、秋季节造成雷电大风的对流性和短时暴雨的混合性回波有较大区别的是,造成暴雪天气的回波主要是大范围、稳定,但强度较弱。距离强降雪发生时间越近,回波范围越大,最远范围可达 260 km,回波连续性也就越好,呈均匀的片状分布,结构比较密实,且强度也会越强。对于纯雪且一般强度(降雪量$\leqslant$10 mm)的降雪过程而言,回波最大强度$\leqslant$35 dBZ;对于雨雪混合性的降雪且降水强度较大(降雪量>10 mm)的过程,回波最大强度$\geqslant$30 dBZ,最大可达 55(58)dBZ。

　　(2)基本速度图上,距离强降雪发生时间越近,回波范围就越远,最远范围可达 100～200 km,且强度也会越强。在低层(从雷达中心至距离雷达 25 km 至 100 km 以内)零等速线均会呈现明显的"S"型,表明风由低层随高度顺时针旋转,有暖平流;部分个例在"S"型零等速线外围距离雷达中心 25～100 km 以上到 200 km 之间存在反"S"型,表明中、高层风随高度逆时针旋转,有冷平流,这种形势有利于大型降水的发生,距离强降雪发生时间越近,这些特征就越明显。大部分个例在速度图上表现为:具有风向的辐合和风速的辐合,在单一径向速度辐合型中,同距离圈上入流一侧较出流一侧的速度差越大,辐合上升运动就越强,进而促使回波发展,造成较强降雪。当同时出现暖平流、风速的辐合、风向的辐合时,有利于大型降雪的维持。这种低层暖平流、高层冷平流与辐合风场相叠加的形势距离强降雪发生时间越近,特征就越明显。冷平流与辐散风场相叠加预示着降雪将减弱结束。个别的个例中还有"牛眼"结构的存在,表明最大风速出现在低层。所有的个例都在低层 0.6～3.6 km 存在低空急流,并随着时间的临近向低层扩展,风场辐合明显加强,辐合层加厚,从而为强降雪的出现和维持提供了有利条件,且低空急流存在的时间与强降雪出现及维持的时间有很好的对应。当有"逆风区"出现的时候,预示着至少 2 h 内会出现强降雪。

　　(3)回波顶高产品上,对于纯雪且一般强度(降雪量$\leqslant$10 mm)的降雪过程而言,回波最高顶高可达 3(4)～6(7) km,对于雨雪混合性的降雪且降水强度较大(降雪量>10 mm)的过程,回波最高顶高可达 5(5)～8(8) km,且距离强降雪发生时间越近,回波顶的高度就越高。

　　(4)垂直风廓线产品可以清楚地表明强降雪风场的垂直结构及其变化,直观地反映出降水过程中的风场变化特征。湿层最高高度伸展至高空 5.5～9.1 km,距离强降雪发生时间越近,湿层最高高度就越高。在低层均有风随高度的顺时针旋转,表明低层有暖平流,暖平流将水汽输送到降水区形成湿中心,为降水提供了有利的条件。在强降雪发生的临近时段绝大多数个例在 0.6～3.4 km 高度上开始存在低空急流,并且风速随高度逐渐增大。有半数的个例在 5.2～6.7 km 高度上开始存在高空急流($\geqslant$30 m·s$^{-1}$),高空的辐散抽吸作用,促使低层的辐合加强,有利于强降雪的发生和维持。在距离强降雪发生的时段越远这种特征越来越不明显。

# 参考文献

［1］ 伍志方,叶爱芬,胡胜,等.中小尺度天气系统的多普勒统计特征［J］.热带气象学报,2004,20(4):391-400.

［2］ 俞小鼎,张爱民,郑媛媛,等.一次系列下击暴流事件的多普勒天气雷达分析［J］.应用气象学报,2006,17(4):385-393.

［3］ 孟雪峰,孙永刚,云静波,等.内蒙古大雪的时空分布特征［J］.内蒙古气象,2011(1):3-6.

［4］ 安新宇,李毅,史玉严,等.一次强降雪的雷达PPI速度图像分析［J］.内蒙古气象,2004(4):15-16.

［5］ 张晰莹,张礼宝,袁美英.一次降雪过程的多普勒雷达探测分析［J］.气象科技,2003,31(2):179-182.

# 内蒙古大雪发生的规律及环流特征分析<sup>*</sup>

孟雪峰[1]　　孙永刚[2]　　王式功[3]　　云静波[1]

(1. 内蒙古自治区气象台,呼和浩特 010051;2. 内蒙古自治区气象局,呼和浩特 010051;

3. 兰州大学大气科学学院,兰州 730000)

**摘要**:本文应用内蒙古 117 个观测站 1971—2008 年 38 a 的历史资料,对内蒙古大雪暴雪天气的时空分布特征进行了统计分析,并将其环流特征归纳分类。结果表明:内蒙古地区年降雪量具有东强西弱、山区强平原弱的地域分布特征;内蒙古大雪过程主要发生在 3,4,10 月,纯雪主要出现在 10 月至翌年 4 月,较雨夹雪发生日数明显偏少;近 38 a 内蒙古大雪日数总体呈略有下降的趋势;内蒙古大雪、暴雪天气过程环流形势可划分为两类六型,对于弱冷空气类,其共同特征为低值系统较为深厚,低层暖平流强盛,而强冷空气类,冷涡与低压槽结构明显不同。

**关键词**:大雪;时空分布;统计特征;环流分型;内蒙古

## 1　引言

内蒙古自治区地处我国北方,属干旱和半干旱气候,尤其是冬春季降水非常少。但在一定的天气背景下,会发生不同程度的雪灾。锡林郭勒盟东乌珠穆沁旗、西乌珠穆沁旗、西苏旗、阿巴嘎等地区是全国 3 个雪灾高频中心之一[1-3]。

多年来,学者们对内蒙古的大雪及其形成的雪灾极为关注,开展了多方面的研究[4-16]。沈建国[17]的研究表明:雪灾发生的地区与降雪量的分布有密切关系,内蒙古牧区雪灾主要发生在中部的巴彦淖尔市、乌兰察布市、锡林郭勒盟及赤峰市和通辽市的北部一带,发生频率在 30% 以上,西部地区的阿拉善盟因冬季异常干燥,几乎没有雪灾发生。王娴[18]和康玲[19]对内蒙古大雪发生的基本规律、降雪特征、影响系统进行了分析总结。但在全球气候变暖的背景下,尤其是近几年,雪灾极端事件频发,危害严重,但大雪暴雪较之暴雨,其预报难度更大,给雪灾的预报服务带来很大压力。因此,增加最新资料对内蒙古大雪发生的时空分布特征及大尺度的天气环流背景进行详细分析,并应用物理量诊断分析方法,对其结构特征进行深入研究,是非常必要的。

---

　* 本文发表于《兰州大学学报》,2012,48(5):61-78。

## 2　资料来源及统计

使用资料:应用内蒙古自治区 117 个气象观测站 38 a(1971—2008 年)的历史观测资料,内蒙古灾害大典、气候公报、灾情报告及相关文献提供的灾情资料。

大雪日数统计:日降雪量≥5 mm 记为单站大雪日(为了分析上的方便,将地面气象观测中的雪和雨夹雪均视为雪进行统计),统计了内蒙古自治区 117 个气象站 38 a 的大雪日数。

大雪天气过程统计:选取影响范围较大,成片出现大雪天气的(邻近 12 个站以上或两个盟市以上地区出现大雪天气)记为一个大雪天气过程。共计大雪天气过程 98 次。

白灾天气过程统计:应用灾情资料,对历史出现的较严重的白灾进行普查。查找了 38 a 中的内蒙古出现影响范围较大的大雪、暴雪(形成白灾)天气过程 18 次(影响全区 50％地区)。

## 3　大雪天气发生的基本规律

### 3.1　地域分布

#### 3.1.1　日降雪量极值分布特征

从日降雪量极值分布来看(图 1),内蒙古大雪具有东强西弱、南强北弱的特点,另外,纯雪极值较雨夹雪极值小了约一半。雨夹雪极值最强中心在赤峰市南部、乌兰察布市南部,超过了50 mm,喀喇沁旗(54313)达到 72.3 mm。在呼伦贝尔盟、兴安盟存在超过了 40 mm 的次中心,内蒙古西部的鄂尔多斯市、阿拉善盟为小值区,不到 20 mm,尤其是阿拉善盟部分地区不到 10 mm,额济纳(52267)为 6.1 mm。纯雪极值最强中心在赤峰市南部、呼伦贝尔盟东北部,超过了 25 mm,岗子(54214)达到 38.2 mm。内蒙古西部的阿拉善盟为小值区,不到 5 mm,额济纳(52267)、阿右旗(52576)为 4 mm。

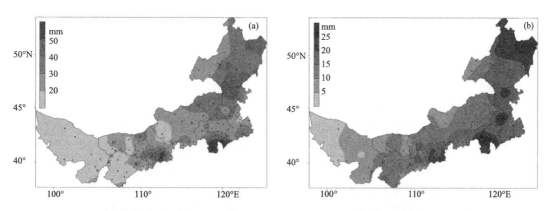

图 1　全区日降雪量(雨夹雪,a)及(纯雪,b)极值分布图(1971—2008 年)

总体来看,在阴山山脉以南和大小兴安岭以东日降雪量极值较大,这与降雪过程中偏南和东南暖湿气流受地形强迫抬升使降雪量增大有关。另外,从影响系统来分析,东北地区的高值区是受极锋锋区影响,雪量较大;偏南地区是受副热带暖湿气流影响,具有较好的水汽条件,雪量较大。

### 3.1.2　年平均降雪量分布特征

从年平均降雪量分布来看(图 2),降雪量分布具有东强西弱、山区强平原弱的特点,另外,年雨夹雪量与纯雪量量级相当,可见内蒙古地区湿雪出现较多,其危害需要引起关注。年平均降雪量最强中心在呼伦贝尔盟、兴安盟的大、小兴安岭地区为大值区,超过了 50 mm,乌兰察布市南部、锡林郭勒盟南部的阴山山脉,存在超过了 40 mm 的次中心,内蒙古西部的阿拉善盟为小值区,不到 10 mm。其原因可能是海拔高的山区气温较低,降水更多的以雪的形式出现所致。

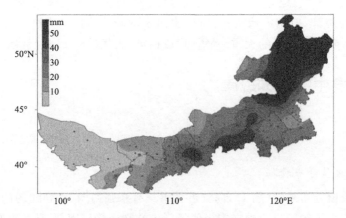

图 2　年平均降雪量分布图(1971—2008 年,单位:mm)

### 3.1.3　年平均大雪日数分布特征

从全区年平均大雪日数分布来看(图略)与年平均降雪量分布类似,具有东多西少、山区多平原少的特点。内蒙古自治区大雪日数最多中心在呼伦贝尔盟、兴安盟的大、小兴安岭地区,大值区超过了 40 日,乌兰察布市南部、锡林郭勒盟南部的阴山山脉,存在超过了 30 日的次中心,内蒙古西部的阿拉善盟为小值区,不到 5 日。

## 3.2　大雪的时间分布特征

### 3.2.1　大雪日数的年际变化

从大雪日逐年全区发生站次变化来看(图 3),1971—2008 年内蒙古大雪日数呈波动变化,存在 3 个偏少期,3 个偏多期,偏少期年数比偏多期年数明显偏多,但偏多期的峰值较偏少期的谷值更大。另外,全区大雪日数年际变化较大,最多年为 331 个站次出现在 1977 年,最少年为 72 个站次出现在 2005 年。多的年份超过 300 个站次,少的年份不到 100 个站次。38 a 来,内蒙古大雪日数总体呈略下降的趋势,其滑动平均值由 20 世纪 70 年代的每年 200 站次下降到本世纪初的每年 140 站次,这可能与全球变暖,气温升高,降水中成雪量减少有关。值得注意的是内蒙古大雪日数中,雨夹雪出现的日数多于纯雪约一倍,说明内蒙古大雪过程具有雨夹雪比重较大、湿雪过程较多的特征。

### 3.2.2　大雪的月际变化

从大雪过程各月发生频率、大雪各月年平均发生站日统计来看(图 4),内蒙古大雪主

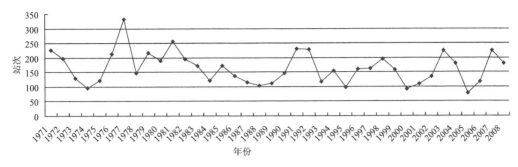

图 3  大雪日逐年全区发生站次变化

要发生在 3,4,10 月,发生频率均超过 70%;5,11 月次之,分别为 7% 和 12%;而隆冬季节的 12 月和 1 月发生的大雪很少,这与隆冬季节内蒙古受大陆冷高压控制,南方水汽很难到达有关。

从纯雪和雨夹雪的比较(图略)可以看出,纯雪主要出现在 10 月至翌年 4 月,发生日数较少。雨夹雪主要出现在转换季节,即春季 3 月中旬至 5 月底和秋季 9 月下旬至 11 月上旬。雨夹雪日出现最多的是 4 月和 10 月,年平均在 30 站日左右,较纯雪日多 4 倍,3 月和 11 月雨夹雪发生日数与纯雪发生日数相当,可见雨夹雪占了较大的比重。在内蒙古春季和秋季的雨雪转换季节中,雪灾经常发生,湿雪和雨夹雪天气是雪灾形成的重要原因。

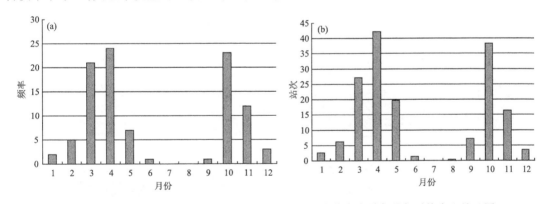

图 4  (a)内蒙古大雪各月天气过程发生频率图;(b)内蒙古大雪各月年平均发生站日图

# 4  大雪环流形势特征

内蒙古大雪、暴雪天气过程较为复杂。从地域来看,内蒙古东西狭长,东、西部的影响系统有所不同;从冷空气活动来看,冷空气强度存在明显差异,有的过程中冷空气活跃,以冷平流为主,有的过程中冷空气较弱,南支暖湿气流更为活跃;从天气现象来看,有以降雪为主的天气过程,也有以风雪寒潮为主的天气过程。本文依据 700 hPa 冷空气活动特征和影响系统来划分大雪、暴雪的天气分型。根据对 98 次大雪天气过程的普查,将内蒙古大雪、暴雪环流型划分为两类六型。即弱冷空气类:槽涡型、切变型、北槽南涡型;强冷空气类:蒙古槽(涡)型、贝加尔湖槽(涡)型、西来斜压槽型。

## 4.1 弱冷空气类

在 98 次大雪天气过程中有 36 次属于弱冷空气类,占 37%。这种类型大多和南支暖湿系统相联系而出现。降雪前 12 h,700 hPa 等压面上,蒙古国及内蒙古中西部地区多为南支槽涡或切变线,槽涡后没有较强的高压脊发展,锋区较弱。低值系统多由南向北移动,遇弱冷空气抬升造成降雪天气。地面多为河套气旋或倒槽相配合。这种类型以降雪天气为主,降雪量较大。

### 4.1.1 槽涡型(18 次,占 18.4%)

槽涡型主要特征:①700 hPa 上(图 5b),在 35°~45°N、100°~110°E 范围内生成或从中亚地区移入该区的低涡或低槽(有时为丁字槽或人字形切变)。低涡在产生降水前 24~48 h 出现在青海湖附近,低涡环流清楚,主要向东或东偏北方向移动。②低涡的下游地区暖空气势力较强,表现为河套西部有南北向的暖舌或暖温脊,与之相配合的高压脊范围在华北地区直至沿海附近,有时在河套形成西北至东南向的钩状脊(地方俗称为"钩鼻子"高压)。③在 700 hPa 图上,亚洲中纬度地区为东高西低形势,地面多为河套气旋或倒槽(图 5d)。④在 25°~40°N,100°~115°E 范围内,有温度露点差 $T-T_d \leqslant 5 \ ℃$ 的湿区。⑤由于在低涡或低槽的后部没有明显的高压脊跟进,冷空气较弱,以西路及西路与西北路共同影响为主。⑥天气特点是降雪量较大,历时短。降雪主要出现在内蒙古西部地区的巴彦淖尔市、鄂尔多斯市、包头市、呼和浩特市、乌兰察布市。

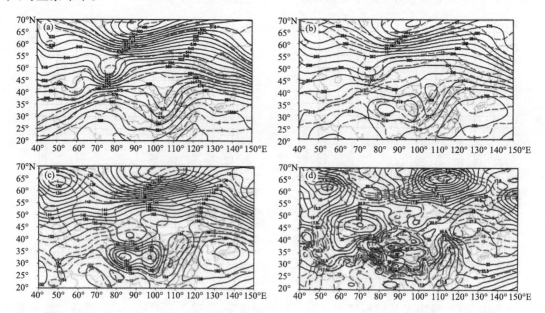

图 5　1977 年 10 月 28 日 08 时 500 hPa(a)、700 hPa(b)、850 hPa(c)高空形势图、地面图(d)

### 4.1.2 切变型(9 次,占 9.2%)

切变型主要特征:①700 hPa 天气形势图上(图 6b),在 35°~40°N、100°~110°E 范围内多为偏南风和东南风的暖湿切变线,有时为人字形切变线,主要由南向北移动。有时还常伴有低涡。切变线大多在降雪前 24 h 出现,有时在临近降水时才出现。②切变线的北部有小高压,南部有高压脊发展,系统的前期征兆与槽涡型相似,其不同点是在切变线的北部有小高压。

③在700 hPa图上,亚洲中纬度地区为东高西低形势,地面图上为静止锋(图6d)。④在25°～40°N,100°～115°E范围内,有$T-T_d \leqslant 5$ ℃的湿区。⑤槽涡型和切变型同属于主体冷槽前分裂扩散的小股弱冷空气所致,以西路、西路与西北路共同影响为主。不同点是:槽涡型属于涡或槽移动时产生的降雪天气,而切变型一般涡少动,仅切变线向北移动产生的降雪天气。其东部多为"钩鼻子"高压。⑥天气特点是降雪主要在中西部地区,特别是巴彦淖尔市、鄂尔多斯市、包头市、呼和浩特市、乌兰察布市,降雪量较大,但多为局地性降雪,范围小。有时在降雪时才产生切变线,雪区很少向东移动。

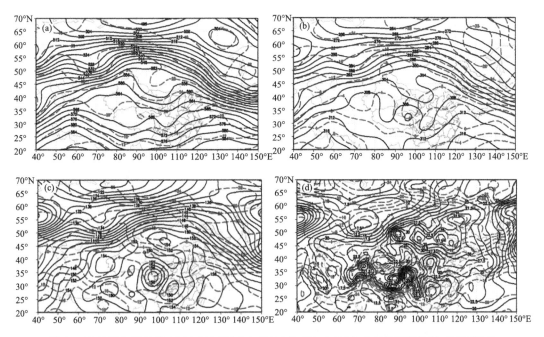

图6　2007年2月7日08时500 hPa(a)、700 hPa(b)、850 hPa(c)高空形势图、地面图(d)

### 4.1.3　北槽南涡型(9次,占9.2%)

北槽南涡型主要特征:①在700 hPa图上(图7b),在100°～110°E范围内有南北两支系统,北边在45°N附近有一斜压槽,槽后有高压脊配合,高空锋区明显,等温线密集;南支有些像槽涡型,但涡(或槽)的位置偏南在35°N附近且强度较弱,锋区不明显。②南北两支系统在河套附近结合,然后东移入海。③在700 hPa上亚洲中纬度为东高西低形势,地面多为河套气旋或倒槽(图7d)。④在25°～40°N,100°～115°E范围内,有$T-T_d \leqslant 5$ ℃的湿区。⑤北支冷空气较强,以西北路为主,与南支暖湿空气(势力相对)共同影响内蒙古。⑥雪区多为自西向东移动,可以到达赤峰市和通辽市,天气特点是降水时间长,降雪量较大。

## 4.2　强冷空气类

在98次大雪天气过程中有62次属于强冷空气类,占63%。这种类型大多和高空长波槽脊相联系而出现,700 hPa图上,多为高空冷槽或横槽,槽后高压脊发展较强,槽前锋区较强。中高纬度的冷槽主体东移,槽前强锋区可造成降雪天气。地面多为冷锋,有时也有气旋相配合。这种类型由于冷空气主体东移,且锋区较强,因此在产生降雪的同时,有大风和降温天气

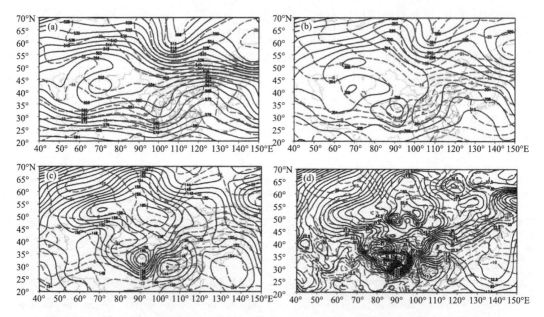

图 7　2007 年 3 月 3 日 08 时 500 hPa(a)、700 hPa(b)、850 hPa(c)高空形势图、地面图(d)

出现,多为风雪寒潮天气过程。

### 4.2.1　蒙古低槽(涡)型:(35 次,占 35.7%)

蒙古低槽(涡)型主要特征:①700 hPa 图上(图 8b)高压脊线在 60°~80°E 附近且比较稳定,冷空气由新地岛沿脊前的西北气流向东南移动进入内蒙古。②在 40°~50°N,90°~115°E 范围内,有从西伯利亚经蒙西山地移入蒙古中东部地区的低槽或低涡(常指从西伯利亚东移的长波槽南北发生断裂而形成),其影响范围从西部到东部(图 8b)。③在低槽前(45°N 以南, 90°~115°E)有一支西南气流锋区。④700 hPa 从西伯利亚经贝加尔湖伸向我国东北平原为一

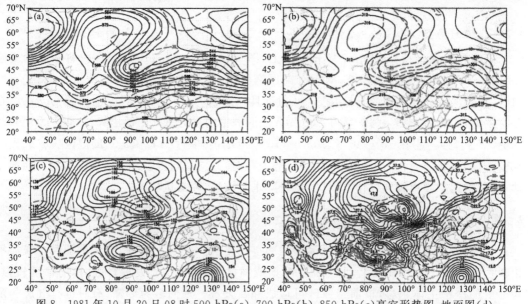

图 8　1981 年 10 月 20 日 08 时 500 hPa(a)、700 hPa(b)、850 hPa(c)高空形势图、地面图(d)

支西北气流。地面蒙古中东部多为气旋或倒槽冷锋(图8d)。⑤冷空气活动以西北路及西北路与北路共同影响为主。降雪多出现在内蒙古中东部地区,可以形成全区性风雪寒潮天气。当冷空气足够强时,可以形成暴风雪灾害。

4.2.2  贝加尔湖低槽(涡)型:(15次,占15.3%)

贝加尔湖低槽(涡)型主要特征:①降雪前1～2 d 700 hPa图上(图9b),在45°N以北,120°E以西,有从西伯利亚移入贝加尔湖和蒙古北部的低槽或低涡(常指从西伯利亚东移的长波槽南北发生断裂而形成)。②在47°N以南,100°～125°E蒙古中东部有一支西南气流。③地面多为贝加尔湖气旋(或冷锋)(图9d)。④冷空气活动以西北路、北路为主,经贝加尔湖进入内蒙古。⑤降雪多出现在内蒙古东北部和东部地区。

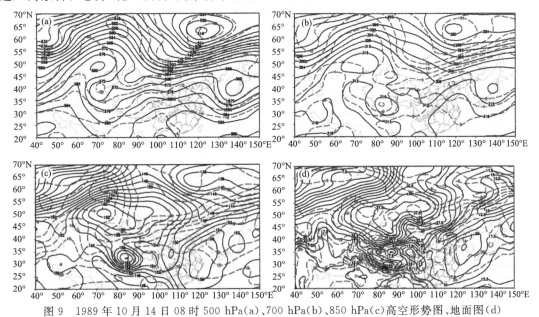

图9  1989年10月14日08时500 hPa(a)、700 hPa(b)、850 hPa(c)高空形势图、地面图(d)

4.2.3  西来斜压槽型(12次,占12.2%)

西来斜压槽型主要特征:①在700 hPa图上(图10b),在35°～45°N、100°～110°E范围内生成或由新疆移入该区的低涡或低槽(斜压性明显)。低涡在产生降水前24～48 h出现在新疆北部,沿西部气流向东南方向移动。②在40°N以南,90°～115°E内蒙古西部有一支西南气流。③地面多为河套气旋(或倒槽)(图10d)。④冷空气活动以西路、西北路为主,经新疆进入内蒙古。⑤降雪多出现在内蒙古西部地区,主要影响巴彦淖尔市、鄂尔多斯市、包头市、呼和浩特市、乌兰察布市。

# 5  各降雪类型的结构特征

## 5.1  弱冷空气类

弱冷空气类具有南支暖湿系统活跃,多为南支槽涡或切变线,高空锋区较弱,低值系统由南向北移动,遇弱冷空气抬升造成降雪天气,降雪量较大等共性特征。该类型主要影响河套及周边地区,东延可以影响到赤峰市和通辽市。由于它们具有这些共性特征,其内部结构也非常类似。

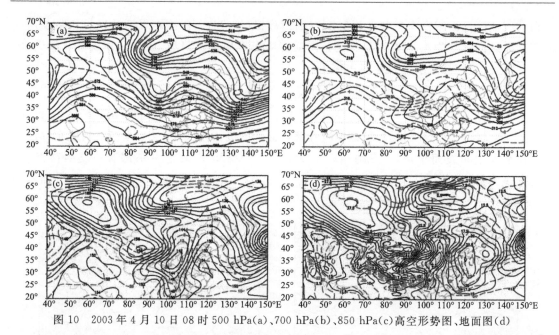

图 10　　2003 年 4 月 10 日 08 时 500 hPa(a)、700 hPa(b)、850 hPa(c)高空形势图、地面图(d)

选取 2007 年 2 月 7 日河套地区暴雪天气过程(切变型),制作了沿 41°N 的垂直剖面图进行分析。强降雪出现前 12h(图 11a、b),已经出现较为深厚低值系统,正涡度区从近地面一直

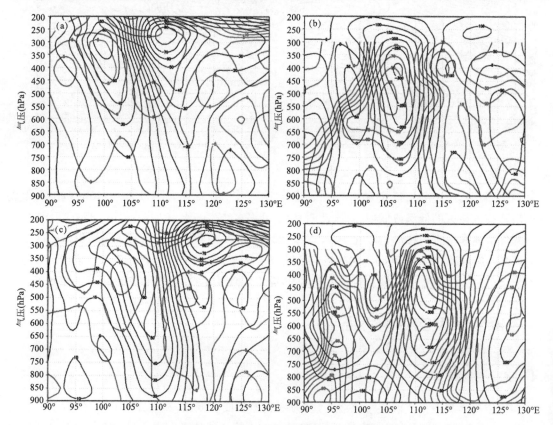

图 11　　2007 年 2 月 6 日 20 时沿 41°N 涡度、温度平流(a)垂直运动、相对湿度(b)垂直剖面图;
2007 年 2 月 7 日 08 时沿 41°N 涡度、温度平流(c)垂直运动、相对湿度(d)垂直剖面图

伸张到 200 hPa,随高度增高略向西倾斜,对流层低层温度平流较弱,上升运动深厚,高湿度中心位于对流层中层,低层较干。强降雪发生时(7 日 08 时)(图 11c、d),正涡度区明显加强并向下扩展,中心 $60\times10^{-6}$ $s^{-1}$ 线由 350 hPa 扩展至 500 hPa,对流层低层由 $10\times10^{-6}$ $s^{-1}$ 增长至 $20\times10^{-6}$ $s^{-1}$,对流层低层 650 hPa 以下暖平流明显增强到 $5\times10^{-3}$℃ · $s^{-1}$,较冷平流强。对流层中高层 550～350 hPa,冷暖平流势力相当,中心强度为 $\pm10\times10^{-3}$℃ · $s^{-1}$。上升运动加强,中心 $-300\times10^{-3}$ Pa · $s^{-1}$ 线由 450 hPa 扩展至 550 hPa,高湿度区延伸至地面。上升运动深厚而旺盛,与暖平流区相配合,下沉运动较弱,尤其是西部。在对流层中高层 750 hPa 以上相对湿度大值区与上升运动区重叠,在对流层低层相对湿度大值区与低值系统中心重叠,系统的暖湿特性明显。

## 5.2　强冷空气类

强冷空气类的共同特性和主要特征是:高空长波槽脊相联系而出现,多为高空冷涡或冷槽,槽涡后高压脊发展较强,锋区较强。中高纬度的斜压槽涡主体东移,槽前强锋区可造成降雪天气。产生降雪的同时,有大风和降温天气出现,多为风雪寒潮天气过程。但冷涡和斜压槽的结构有所不同,我们分别进行分析。

### 5.2.1　冷涡

选取 1981 年 3 月 24 日内蒙古东部地区暴雪天气过程(蒙古槽涡型),制作了沿 41°N 的垂直剖面图进行分析(图 12)。强降雪出现前 12 h,对流层中高层出现冷涡系统,正涡度区从 700 hPa

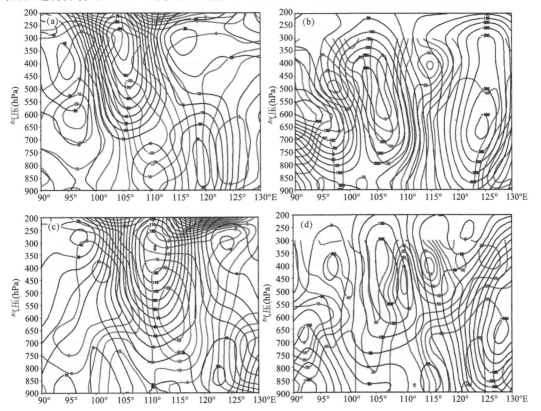

图 12　1981 年 3 月 24 日 08 时沿 41°N 涡度、温度平流(a)垂直运动、相对湿度(b)垂直剖面图;
1981 年 3 月 24 日 20 时沿 41°N 涡度、温度平流(c)垂直运动、相对湿度(d)垂直剖面图

伸展到 200 hPa,对流层中层冷涡中心配合冷平流,下沉干燥,冷涡前部暖平流较弱,上升湿润。强降雪发生时(24 日 20 时)冷涡系统发展延伸至近地层,对流层低层冷涡随高度向西倾斜明显,600 hPa 以上冷涡强盛而垂直,涡度中心值由 $80\times10^{-6}$ $s^{-1}$ 增长至 $120\times10^{-6}$ $s^{-1}$,正涡度区水平范围较大,约 20 个纬度。对流层整层 300 hPa 以下冷平流强,以 700~450 hPa 冷平流势力最强,中心达 $-25\times10^{-3}$ ℃·$s^{-1}$,与涡度中心重叠。冷涡前部暖平流明显加强至 $25\times10^{-3}$ ℃·$s^{-1}$,上升运动深厚,中心值由 $-400\times10^{-3}$ Pa·$s^{-1}$ 加强至 $-550\times10^{-3}$ Pa·$s^{-1}$,与暖平流区相配合,下沉运动中心值由 $300\times10^{-3}$ Pa·$s^{-1}$ 减弱至 $200\times10^{-3}$ Pa·$s^{-1}$ 与冷平流相伴。冷涡主体维持干冷的下沉运动,其前部对流层中低层 500 hPa 以下为湿度大值区,配合暖平流上升运动。

### 5.2.2 冷槽

选取 1982 年 4 月 26 日、27 日内蒙古西部地区暴雪过程(西来斜压槽型),制作了沿 41°N 的垂直剖面图进行分析(图 13)。强降雪出现前 12 h,已经形成深厚冷槽系统,正涡度区从近地面一直达到 200 hPa 以上,对流层高层较为强盛,整层冷槽随高度增加向西倾斜明显。对流层整层槽区为冷平流,干冷的下沉气流较弱,槽前有弱暖平流,暖湿的上升气流很强,湿度大值区中心在 750 hPa 以上。强降雪发生时(27 日 08 时)深厚冷槽系统发展加强,对流层低层正涡度由 $20\times10^{-6}$ $s^{-1}$ 增长至 $30\times10^{-6}$ $s^{-1}$,冷槽区冷平流略有增长,600 hPa 和 300 hPa 附近有

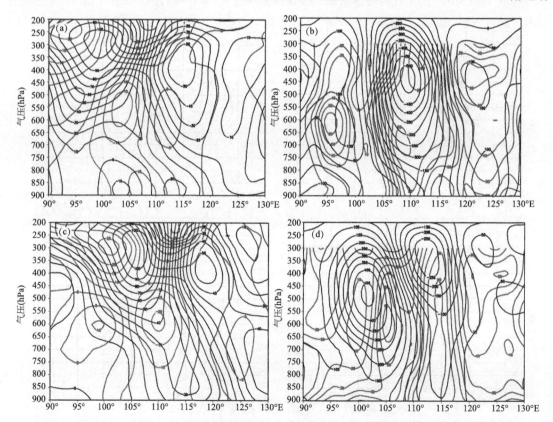

图 13    1982 年 4 月 26 日 20 时沿 41°N 涡度、温度平流(a)垂直运动、相对湿度(b)垂直剖面图;
1982 年 4 月 27 日 08 时沿 41°N 涡度、温度平流(c)垂直运动、相对湿度(d)垂直剖面图

两个冷平流强中心,中心值分别为$-20\times10^{-3}$℃・$s^{-1}$、$-25\times10^{-3}$℃・$s^{-1}$,干冷的下沉气流明显加强,中心值从$100\times10^{-3}$ Pa・$s^{-1}$增长至$450\times10^{-3}$ Pa・$s^{-1}$,槽前弱暖平流维持,暖湿的上升气流有所减弱,中心值从$-500\times10^{-3}$ Pa・$s^{-1}$减弱至$-250\times10^{-3}$ Pa・$s^{-1}$,湿度大值区中心与上升气流重叠,在400 hPa以下至地面。

# 6　大雪的天气学概念模型

## 6.1　天气形势特征

表1　各类型内蒙古大雪的主要天气形势特征

| 分类 | 分型 | 主要天气形势特征 | 降雪区 |
|---|---|---|---|
| 弱冷空气类 | 槽涡型 | ①700 hPa图上出现西北涡和华北高压脊。<br>②500 hPa图上从青藏高原到河套附近是否有偏南气流。<br>③地面图上是否已经出现河套气旋,或未来有可能生成河套气旋。<br>④在700 hPa高度场上出现西北涡,地面图上也有河套气旋生成,但在西北涡的上空500 hPa上不是西南气流控制时,则降水概率很小。<br>⑤在700 hPa出现涡的区域有人字切变线或丁字槽,则降雪量可以考虑加大1～2个量级。 | 天气特点是降雪量较大,历时短。降雪主要出现在内蒙古西部地区 |
| | 切变型 | ①欧亚地区仍维持两槽一脊型,乌拉尔山槽前暖平流势力较强,东亚大槽后部为西北气流,锋区较强。<br>②在700 hPa图上,要注意河西走廊有小高压东移到蒙古南部,华北地区为高压脊,两高之间是否有切变线生成的条件。<br>③500 hPa上,乌拉尔山槽是否有小槽分裂并与南支槽结合,槽前的西南气流控制下。<br>④切变线南侧的风速要大于北侧的风速。 | 天气特点是局地性降雪,范围小。降雪主要在中西部地区 |
| | 北槽南涡型 | ①要注意低压槽南北断裂,移动速度为北快南慢,南段与40°N附近锋区上的小槽结合并加深。<br>②在700 hPa上青藏高原东侧有小高压在40°N以南向东移动,在我国东部建立暖高压,西南地区有西南涡生成。<br>③在500 hPa图上,是否有南支槽活动,并且能否与北支系统结合形成阶梯槽的形势。<br>④北支系统进入蒙古西部山地,南支系统到达河套南部35°N附近,则在24 h后内蒙古可产生降水。 | 天气特点是降水时间长,降雪量较大。雪区多为自西向东移动,可以到达赤峰市和通辽市 |
| 强冷空气类 | 西来斜压槽型 | ①在500 hPa亚洲西风带一槽一脊型(或平直气流低槽型),亚洲地区为一支纬向偏西气流锋区,青藏高原东部为宽西南气流,青藏高原西部有南支槽活动,亚洲中纬度地区为东高西低形势。<br>②在700 hPa亚洲中纬度地区(80°～105°E)有低槽东移。华北地区为高压脊。在35°～48°N,100°～120°E范围内,流场为偏南风转偏西风、偏北风。高压脊向北(或西北)凸起。<br>③西南气流在25°～40°N,100°～110°E地区至少有3个站偏南风(或偏东风)≥10 m・$s^{-1}$。河套西部在35°～42°N,95°～110°E有暖温度脊(或小暖中心,约500 km左右)。在35°N以南有$T-T_d\leqslant5$ ℃的湿区。<br>④地面高压从西伯利亚经巴尔喀什湖移入蒙古,伸向我国华北东部(45°N以北,115°E以东)。新疆东部到河套为倒槽区,在35°～45°N,95°～110°E范围内吹偏东风或偏南风。从新疆有冷锋移入倒槽。 | 天气特点是降水时间长,雪区自西向东移动。降雪多出现在内蒙古西部地区 |

续表

| 分类 | 分型 | 主要天气形势特征 | 降雪区 |
|---|---|---|---|
| 强冷空气类 | 蒙古低槽(涡)型 | ①在500 hPa亚洲西风带一脊一槽型(或槽脊移动型),脊前从西伯利亚经贝加尔湖伸向我国东北平原是西北气流,槽前西南气流锋区北上到45°N附近,在115°~125°E两支气流形成汇合锋生场。<br>②在700 hPa有低槽(或切断低涡)移入蒙古地区(40°~50°N,90°~115°E),槽前有西南气流锋区配合(水平温度差≥12℃),在35°N以南有$T-T_d$≤5℃的湿区。<br>③地面高压从西伯利亚移入萨彦岭、贝加尔湖,高压伸向蒙西山地、我国华北平原,蒙古中部有倒槽气旋(或冷锋),35°~48°N,100°~120°E范围内吹偏东风或偏南风。 | 降雪多出现在内蒙古中东部地区,可以形成全区性风雪寒潮天气。当冷空气足够强时,可以形成暴风雪灾害 |
| | 贝加尔湖低槽(涡)型 | ①在500 hPa亚洲中高纬度两脊一槽型。<br>②在700 hPa图上,45°N以北,120°E以西,从西伯利亚有低槽(或低涡)移入贝加尔湖、蒙古北部。槽前西南气流在47°N以南,100°~125°E,亚洲中纬度为纬向锋区,并有低槽活动。<br>③在贝加尔湖、蒙古东部及42°N以南,有$T-T_d$≤5℃的湿区。<br>④地面高压从西伯利亚移入贝加尔湖以西到蒙古中西部,蒙古东部、贝加尔湖有气旋(或冷锋)。在40°~55°N,105°~125°E范围内吹偏南风或偏东风。 | 降雪多出现在内蒙古东北部和东部地区 |

## 6.2　内蒙古大雪预报指标

### 表2　内蒙古大雪强度、性质定量预报指标

| 定量预报指标 | |
|---|---|
| 大雪强度 | ①在300 hPa高空急流轴风速强度≥40 m·s$^{-1}$;在其入口区右侧、出口区左侧影响区域的散度≥10×10$^{-6}$·s$^{-1}$;<br>②相对辐散(300~850 hPa)≥15×10$^{-6}$ s$^{-1}$;<br>③垂直速度(700 hPa)≤-200 Pa·s$^{-1}$;<br>④涡度(700 hPa)≥20×10$^{-6}$·s$^{-1}$;<br>⑤散度(700 hPa)≤-4×10$^{-6}$·s$^{-1}$;<br>⑥在700 hPa低空急流风速≥8~12 m·s$^{-1}$,配合相当湿度≥85%;<br>⑦水汽通量散度(700 hPa、850 hPa)≤-10×10$^{-6}$ g·cm$^{-2}$·hPa·s$^{-1}$;<br>⑧温度平流(700 hPa)势力相当,弱冷空气类冷平流≤-5×10$^{-5}$℃·s$^{-1}$;强冷空气类暖平流≥5×10$^{-5}$℃·s$^{-1}$。 |
| 降雪性质 | ①雨夹雪:850 hPa气温≤0℃,700 hPa气温≤-4℃,并维持冷平流,会出现雨夹雪天气。<br>②降雪:850 hPa气温≤-4℃,700 hPa气温≤-8℃,并维持冷平流,会出现降雪天气。<br>③在同一降雪过程中,高海拔地区(山区)气温较低,容易出现降雪天气;海拔较低的地区(平原、谷地)气温较高,容易出现雨夹雪天气。 |

## 参考文献

[1]　郝璐,王静爱.中国雪灾时空变化及畜牧业脆弱性分析[J]自然灾害学报,2002,11(4):42-48.

[2]　郝璐,王静爱,史培军.草地畜牧业雪灾脆弱性评价——以内蒙古牧区为例[J].自然灾害学报,2003,

12(2):52-58.

[3]　郝璐,高景民,杨春燕.草地畜牧业雪灾灾害系统及减灾对策研究[J].草业科学,2006,23(6):48-54.

[4]　宫德吉.低空急流与内蒙古的大(暴)雪[J].气象,2001,27(12):4-8.

[5]　宫德吉,沈建国,祁伏裕.内蒙古空中水资源状况[J].内蒙古气象,2000,24(3):7-12.

[6]　韩经纬,李彰俊,石少宏,等.内蒙古大(暴)雪天气的卫星云图特征[J].自然灾害学报,2005,14(3):250-259.

[7]　赵桂香,程麟生,李新生."04.12"华北大到暴雪过程切变线的动力诊断[J].高原气象,2007,26(3):183-191.

[8]　孟雪峰,孙永刚,王式功,等.2010年1月3日致灾暴风雪天气成因分析[J].兰州大学学报(自然科学版),2011,46(6):46-53.

[9]　马高生,黄宁.风雪流临界起动风速的研究[J].兰州大学学报(自然科学版),2006,42(6):135-139.

[10]　胡雪红,陈华凯,杨玉霞.德州两次降雪过程的预报思路对比分析[J].兰州大学学报(自然科学版)2010,46(S1):124-128.

[11]　隆霄,程麟生."95.1"高原暴雪及其中尺度系统发展和演变的非静力模式模拟[J].兰州大学学报(自然科学版)2001,37(2):145-152.

[12]　王文,程麟生."96.1"高原暴雪过程湿对称不稳定的诊断分析[J].兰州大学学报(自然科学版),2001,37(1):114-125.

[13]　江毅,钱维宏.内蒙古大(暴)雪的区域特征[J].地理学报,2003(s):42-52.

[14]　王文辉.锡林郭勒盟大雪和"77.10"暴雪分析[J].气象学报,1979,37:80-86.

[15]　汪厚基."77.10"暴雪的环流背景[J].内蒙古气象,1980,4(1):1214.

[16]　宫德吉,李彰俊.内蒙古大(暴)雪与白灾的气候学特征[J].气象,2000,26(12):24-28.

[17]　沈建国.中国气象灾害大典(内蒙古卷)[M].北京:气象出版社,2007.

[18]　王娴.内蒙古自治区天气预报手册 上册[M].北京:气象出版社,1987.

[19]　康玲.内蒙古大一暴雪环流类型及物理量场特征[J].内蒙古气象,2000,24(3):13-18.

# 1960—2012 年呼伦贝尔市大雪、暴雪时空分布特征[*]

王洪丽[1]　付亚男[1]　谢晓丽[1]　孟雪峰[2]　李耀东[3]　张秀珍[4]

(1. 呼伦贝尔市气象局,呼伦贝尔 021008;2. 内蒙古自治区气象台,呼和浩特 010051;
3. 新巴尔虎右旗气象局,呼伦贝尔 021300;4. 莫力达瓦达斡尔族气象局,呼伦贝尔 162850)

**摘要**:通过应用内蒙古呼伦贝尔市 16 个气象台站 53 a(1960—2012 年)的观测资料,统计分析呼伦贝尔市大雪、暴雪的时空分布特征及天气分型。结果表明:呼伦贝尔市大雪、暴雪年际变化大,总体是 20 世纪 70 年代初为大(暴)雪的高发期;2004—2008 年为大(暴)雪的次高发期;20 世纪 60 年代、90 年代初为大(暴)雪低发期。大雪、暴雪主要发生在每年 9 月至次年 5 月,其中 10 月和 4 月是两个峰值期,冬季 12 月至 2 月大雪、暴雪日数少。呼伦贝尔市大雪日数为 0.68 d·a$^{-1}$,暴雪日数为 0.14 d·a$^{-1}$,大雪平均日数是暴雪平均日数的 4.85 倍,各站差异很大。

**关键词**:呼伦贝尔市;大雪;暴雪;时空分布

## 引言

　　大雪、暴雪天气是呼伦贝尔市冬春季节的主要灾害性天气之一,对农牧业生产、交通运输、供水供电等造成极大危害,严重影响人民群众的生产生活。国内很多学者在暴雪方面做了大量的研究,并取得了一定的成果。孟雪峰等[1-4]、孙永刚等[5]就内蒙古地区的暴雪(大雪)的成因分析、时空变化特征以及天气学分析方面做了很多大量详尽的研究,指出内蒙古地区年降雪量具有东强西弱、山区强平原弱的地域分布特征,并明确说明呼伦贝尔、兴安盟的大小兴安岭地区为大值区。本文从大(暴)雪过程次数变化、过程与发生台站的关系以及逐站分析等视角应用 1960—2012 年 53 a 的气象资料分析全市的大雪、暴雪分布特征,以期对今后的大雪、暴雪天气预报有一定的指导意义。

## 1　资料与方法

### 1.1　资料

　　采用内蒙古呼伦贝尔市 16 个气象观测站 53 a(1960—2012 年)的逐日降水观测资料。

　　* 本文发表于《江西农业》,2017,(119):49-50。

### 1.2　统计方法

当降雪为纯雪时,5 mm≤日降雪量<10 mm 记为大雪;当降雪为雨夹雪时,5 mm≤日降雪量<10 mm 且雪深≥5.0 cm 时统计为大雪。对于每个观测站而言,出现一次记一个大雪日。

当降雪为纯雪时,日降雪量≥10 mm 为暴雪;当降雪为雨夹雪时,日降雪量≥10 mm 且雪深≥10.0 cm 时统计为暴雪。对于每个观测站而言,出现一次记一个暴雪日。

呼伦贝尔市一次降雪过程中只要1个气象观测站(含1个)以上出现大雪或暴雪天气,记为一个大(暴)雪天气过程。

## 2　大雪、暴雪的时空分布特征

### 2.1　大雪、暴雪时间分布

#### 2.1.1　年变化

##### 2.1.1.1　大(暴)雪过程次数年变化

在一次过程中暴雪与大雪均可同时发生,故本文此处不再细分,统称为大(暴)雪过程。1960—2012 年,大(暴)雪天气过程共有 226 次,年均 4.26 次。大(暴)雪过程次数年际变化较大,1971,1972,1983,2004 年大(暴)雪过程次数明显多于其他年份;1962,1975,1990,1991 年均仅有一次大(暴)雪过程,1967 年没有大(暴)雪过程。总体是 20 世纪 70 年代初为大(暴)雪的高发期,为第一峰值;21 世纪的 2004—2008 年为大(暴)雪的次高发期,为第二峰值;20 世纪 60 年代、90 年代初为大(暴)雪低发期。

##### 2.1.1.2　大(暴)雪过程次数与发生台站数关系

呼伦贝尔市一次大(暴)雪天气过程同时发生的台站,其中仅有 1 个台站发生大(暴)雪的过程累计次数 70 次,占总数的 30.9%;2 个台站发生大(暴)雪的过程累计次数 47 次,占总数的 20.8%;8 个台站(含 8 个台站)以上发生大(暴)雪的过程累计次数 21 次,占总数的 9.29%;226 次大(暴)雪过程中,仅有 1 次大(暴)雪天气过程同时有 11 个台站达到大雪以上量级。由此可见,大(暴)雪天气过程多是发生在某一区域,呼伦贝尔市大范围大(暴)雪过程的概率较小。

#### 2.1.2　月际分布

大雪与暴雪的月际分布特征基本相似,故把大雪与暴雪的各月年均站次一起统计分析。呼伦贝尔市大(暴)雪主要发生在每年 9 月至次年 5 月,其中 10 月和 4 月是两个峰值期,大部分是雨夹雪型大(暴)雪过程;次多值是 3 月和 11 月,为纯雪型大(暴)雪过程;5 月和 9 月主要是雨夹雪型大(暴)雪过程;冬季 12 月至 2 月大(暴)日数过程少,尤其是 1 月无大雪、暴雪产生,这与呼伦贝尔市隆冬季节受大陆冷高压控制,暖湿气流较少有关。

### 2.2　大雪、暴雪的空间分布

#### 2.2.1　大雪、暴雪日数地理分布

统计 1960—2012 年呼伦贝尔市 16 个气象站大雪日数共有 308 站日,大雪日数为

$0.68 \text{ d} \cdot \text{a}^{-1}$。其中,大雪日数最多的台站是牙克石北部的图里河镇,为 $1.17 \text{ d} \cdot \text{a}^{-1}$,最少的是新右旗,仅 $0.20 \text{ d} \cdot \text{a}^{-1}$。大雪区域分布特点是大兴安岭地区多,逐渐向两边递减,且西部递减的程度大于东部地区(图1,另见彩图18)。

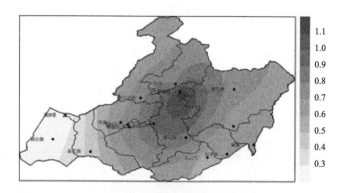

图1　呼伦贝尔市各站大雪年均次数

统计 1960—2012 年呼伦贝尔市 16 个气象站暴雪日共有 113 站日,暴雪日数为 $0.14 \text{ d} \cdot \text{a}^{-1}$。其中,暴雪日数最多的台站是鄂伦春旗南部的小二沟站,为 $0.38 \text{ d} \cdot \text{a}^{-1}$,新右旗与满洲里无暴雪日。暴雪区域分布呈现大兴安岭东部地区多,逐渐向西部递减(图2,另见彩图19)。

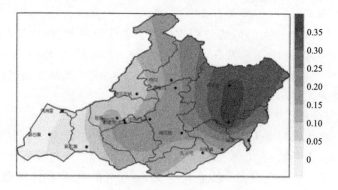

图2　呼伦贝尔市各站暴雪年均次数

### 2.2.2　各站大雪与暴雪日数对比分析

从呼伦贝尔市各站大雪与暴雪平均日数对比分析来看(图3,另见彩图20),呼伦贝尔市大雪平均日数是暴雪平均日数的 4.85 倍。总体而言,各台站大雪日数均大于暴雪日数,但具体分析各台站差异仍然很大。位于大兴安岭西部的新右旗、新左旗、陈巴尔虎旗、满洲里市和额尔古纳市,大雪平均日数均是暴雪平均日数的 10 倍以上,额尔古纳市最多为 17.45 倍;而位于大兴安岭东部的鄂伦春旗大雪平均日数为暴雪平均日数的 2.09 倍、小二沟镇最少为 1.59 倍,大雪日数与暴雪日数相差不大;其他各站大雪平均日数是暴雪平均日数的 4～7 倍。这一分布特点是大兴安岭地形辐合抬升作用对降雪的增幅作用正相关影响所致。

## 2.3　暴雪极值空间分布

建站时间至 2016 年 5 月。若相态为雨夹雪,雪深必须大于 5 cm 的降雪(雨夹雪)值才被

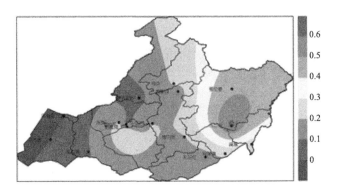

图 3　呼伦贝尔市暴雪与大雪比值

统计(图 4,另见彩图 21)。多数台站出现降雪极值时相态为雨夹雪,且多数出现在春季,尤其以 4 月居多。呼伦贝尔市纯雪的极大值出现在鄂伦春旗(1997 年 10 月 20 日),为 27.7 mm;雨夹雪极大值出现在牙克石北部的图里河(2016 年 4 月 1 日),为 35.1 mm。从暴雪极值空间分布来看,大兴安岭东部地区暴雪极值明显高于西部地区。由此说明,地形动力抬升作用不仅增多了暴雪日数,对暴雪极值也有增幅作用。

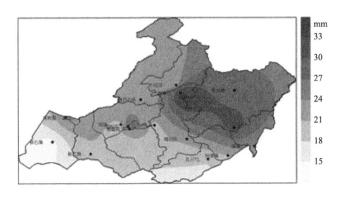

图 4　呼伦贝尔市降雪量极值

## 3　结语

(1)呼伦贝尔市大雪、暴雪的年际变化总体是 20 世纪 70 年代初为大(暴)雪的高发期,为第一峰值;2004—2008 年为大(暴)雪的次高发期,为第二峰值;20 世纪 60 年代、90 年代初为大(暴)雪低发期。

(2)呼伦贝尔市大(暴)雪主要发生在每年 9 月至次年 5 月,其中 10 月和 4 月是两个峰值期,大部分是雨夹雪型大(暴)雪过程;次多值是 3 月和 11 月,为纯雪型大(暴)雪过程;5 月和 9 月主要是雨夹雪型大(暴)雪过程;冬季 12 月至 2 月大(暴)日数过程少。

(3)呼伦贝尔市大(暴)雪天气过程多是发生在某一区域,同时 2 个台站以下(含 2 个)发生概率为 50%以上,呼伦贝尔市大范围大(暴)雪过程概率较小。

(4)呼伦贝尔市大雪日数为 0.68 d·a$^{-1}$,暴雪日数为 0.14 d·a$^{-1}$,大雪平均日数是暴雪平均日数的 4.85 倍,各站差异很大。大雪区域分布特点是大兴安岭地区多、逐渐向两边递减、且西部递减的程度大于东部地区;暴雪区域分布呈现大兴安岭东部地区多,逐渐向西部递减的特点。

(5)大兴安岭东部地区的暴雪极值明显大于西部地区,且极值大多是雨夹雪型暴雪。

## 参考文献

[1] 孟雪峰,孙永刚,云静波,等.内蒙古大雪的时空分布特征[J].内蒙古气象,2011,(1):3-6.

[2] 孟雪峰,孙永刚,王式功,等.内蒙古大雪发生的规律及环流特征[J].兰州大学学报,2012,48(5):61-70.

[3] 孟雪峰,孙永刚,姜艳丰,等.内蒙古大雪天气学分型研究[J].内蒙古气象,2011(3):3-8.

[4] 孟雪峰,孙永刚,王式功,等.2010 年 1 月 3 日致灾暴风雪天气成因分析[J].兰州大学学报,2010,46(6):46-53.

[5] 孙永刚,孟雪峰,孙鑫,等.内蒙古暴风雪天气成因分析[J].干旱区资源与环境,2012,26(5):18-27.

# 内蒙古牧区暴风雪风险评估研究*

德勒格日玛[1,2]　　韩理[2]　　孟雪峰[2]　　杭月河[2]　　计艳霞[2]　　张莫日根[2]

(1. 南京信息工程大学,南京 210044;2. 内蒙古自治区气象台,呼和浩特 010051)

**摘要:**暴风雪天气是内蒙古草原牧区危害严重的气象灾害之一。为了更确切地了解暴风雪灾害天气的特征,按季节对暴风雪天气进行了分型,即秋末初春暴风雪天气、隆冬暴风雪天气、春末初夏湿雪冷雨型暴风雪天气;通过因子分析法、灰色关联分析对三种类型暴风雪天气进行分析,发现上述三种类型暴风雪天气都为风、雪、寒潮灾害群天气;每个季节最主要的影响因子不同,导致的灾害程度不同;因此掌握各个季节暴风雪天气的特征对预报员提高预报预警水平很有实际意义。尝试使用 BP 神经网络法、支持向量机对暴风雪灾害等级进行评估,通过与根据灾情评定的灾害等级对比分析,发现 SVM 方法的评估效果优于 BP 神经网络法,因此,基于数值预报产品通过 SVM 方法做暴风雪灾害预警产品成为可能,可为暴风雪灾害预报预警业务提供客观参考依据,能够提升预报服务效果,减少灾害损失。

**关键词:**暴风雪;风险评估;BP;SVM

雪灾是我国冬春季最主要的自然灾害,在我国西部牧区经常发生,尤其是内蒙古、新疆、青海和西藏的牧区,几乎每年都会发生,造成大量的经济损失,对我国牧区的畜牧业造成重大危害[1-3],近些年对暴风雪天气诊断分析方面的文章较多,孙艳辉等[4]对东北地区两次历史罕见的暴风雪天气过程进行了分析,得出对暴风雪天气预报及防灾减灾有重要意义的结论;易笑园等[5]对一次 β 中尺度的暴风雪天气的成因及动力热力结构进行了分析,并得出对预报员有指导意义的结论;孟雪峰等[6]对 2015 年 2 月 21 日内蒙古中部出现的暴风雪和特强沙尘暴天气过程进行了分析,指出沙尘暴和暴风雪天气的水汽和动力条件差别。有关暴风雪风险评估方面的研究很少,本文中尝试使用 BP 神经网络法、支持向量机对暴风雪灾害等级进行评估,该项工作具有业务应用价值和创新意义。

Begzsuren 等[7]将雪灾(dzud)分为 5 种,白灾(主要由较深的积雪造成的),黑灾(北方草原冬季少雪或无雪,使牲畜缺水,疫病流行,膘情下降,母畜流产,甚至造成大批牲畜死亡的现象),组合灾(是由深厚的积雪以及突然的强降温造成的灾害),暴风雪灾(强风和强降雪导致的),铁灾(草场表面形成牲畜很难用蹄子踢透的冰雪盖导致牲畜不能采食而饿死的现象)[7-8]。在本文中研究的是暴风雪,也称雪暴:大量的雪被强风卷着随风运行,并且不能判定当时是否

---

\* 本文发表于《干旱区地理》,2019,42(3):469-477。

有降雪,水平能见度小于 1 km 的天气现象。一旦出现暴风雪,常在短时间内给草原上放牧的畜群造成灭顶之灾。暴风雪天气的主要特点是雪大或积雪深、风猛、降温强、灾害重。暴风雪发生时,狂风裹挟着暴雪,"呼呼作响",能见度极差,同时气温陡降,其天气的猛烈程度远远超过通常的大风寒潮和大雪寒潮,一般其风力≥8 级,降雪量≥8 mm,降温≥10 ℃。

由于暴风雪灾害为天气灾害,与季节、降水相态、风力等气象要素有关,暴风雪灾害出现的季节不同导致的灾害等级和灾害性质也不一样,所以分三种类型:即隆冬型、秋末初春和春末夏初冷雨湿雪型暴风雪,对其分别进行分析研究。

隆冬产生的暴风雪对牲畜产生的影响更多的是因为狂风裹挟着暴雪,出牧在外的人和家畜遇到这种天气,睁不开眼,辨不清方向,牲畜因受惊吓收拢不住,使放牧的畜群分辨不清方向而顺风奔跑,有的掉进井、坑、湖泊、水泡和雪洼中造成死亡,以至常常发生人畜摔伤、冻伤、冻死等事故,造成严重损失。

秋末初冬、初春季节出现的暴风雪有时为先雨后雪或雨夹雪或湿雪天气,有时为纯雪天气,当出现纯雪天气时一般相对干的雪不能够渗入牲畜毛层,导致的灾害较轻,当出现先雨后雪或雨夹雪或湿雪天气时,湿雪或雨能够渗入牲畜毛层,湿到毛根,皮毛失去保温作用,再加上大风和降温天气能够加快牲畜的热量耗散,牲畜无法保持正常体温而短时间大量地死去,从而造成较大的损失。

湿雪冷雨灾害多出现于春季的 4,5 月,高寒地区有可能 6 月也可能出现,此时正值内蒙古牧区接羔期,对接羔保育等牧事活动危害较大,主要影响是冻害,另外往往在这个季节前期气温较高,当暴风雪天气发生时湿雪或冷雨将牲畜皮毛打湿加之风力较大且伴随强降温使其丧失御寒能力造成大量牲畜死亡[9]。

内蒙古锡林郭勒盟几乎每年都有暴风雪天气出现,本文中选取的暴风雪过程为 1980 年至 2008 年,期间全区出现 46 次暴风雪过程。内蒙古几乎所有的暴风雪天气都会影响锡林郭勒盟地区。46 次过程中 43 次暴风雪过程对锡林郭勒盟造成不同程度的灾害;因此选择锡林郭勒盟为研究对象。

# 1 暴风雪风险因子分析方法及风险评估方法介绍

## 1.1 因子分析法

因子分析就是一种降维、简化数据的技术,它通过研究众多变量之间的内部依赖关系,探测观测数据中的基本结构,并用少数几个"抽象"的变量来表示其基本的数据结构,这几个抽象的变量被称作"因子",能反映原来众多变量的主要信息。原始的变量是可观测的显式变量,而因子一般是不可观测的潜在变量。因子分析是一种通过显在变量测评潜在变量,通过具体指标测评抽象因子的统计分析方法[10]。

## 1.2 BP 神经网络法

近些年 BP 神经网络在气象领域中的应用较广泛。李虎超等[11]基于数值天气预报误差在时间上的相依性,采用 BP 建立了预测数值模式非系统性预报误差模型。邵月红等[12]利用多普勒雷达回波强度资料、相应的雨量观测资料,通过 BP 神经网络法来估测临沂地区的降雨量。左合君[13]等通过 BP 建立了沙尘暴预测模型。李永华[14]等通过 BP 建立了伏旱预测模型,试验效果较好。雪灾风险评估中的应用效果也较好[15]。

本研究中采用 log-sig-moid 函数的三层前向 BP 人工神经网络,参考公式 $N_2 = \mathrm{sqrt}(N_1 + M) + a$ 确定隐含层单元 $N_2$ 的数量范围,其中 $N_1$ 为输入单元数,$M$ 为输出单元数,$a$ 为 $1 \sim 10$ 的常数。在确定与 $M$ 的数值以后,通过改变 $a$ 的数值来改变隐含层 $N_2$ 的单元个数,对 BP 神经网络进行训练和调整,直到神经网络训练误差达到预先设定的误差最小值为止。最后通过检验组数据来考核网络训练拟合程度是否能够满足预测要求,根据最佳预测结果来确定 BP 神经网络的结构。

### 1.3 支持向量机

对于非线性的问题,支持向量机实现的是如下思想:通过某种事先选择的非线性映射,将输入向量 $x$ 映射到一个高维特征空间中,然后在此高维空间中构建最优分类超平面。如图 1 所示,经过证明,可以得到如下结论:如果选用适当的映射函数,大多数在输入空间中的非线性问题在特征空间可以转化为线性问题来解决。

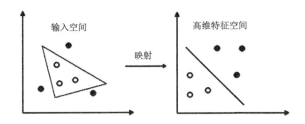

图 1  输入空间到高维特征空间的映射

由于 SVM 方法为解决非线性问题提供了一个新思路,现在已经在温度[16]、大风[17]、紫外线[18]、沙尘暴[19]、降水[20]等气象要素的预报中应用,并取得较理想的预报效果。

### 1.4 灰色关联度分析

灰色系统理论以"部分信息已知,部分信息未知"的"小样本、贫信息"不确定性系统为研究对象,主要通过对"部分"已知信息的生成并提取有价值的信息并解释事物内在的规律和本质。灰色系统强调用少量的数据分析发现问题的实质,解决了统计方法寻找改变点带来的一些缺陷。灰色关联度分析是通过灰色关联度来分析确定系统诸因素间的影响度或因素对系统主行为的贡献程度的一种方法。

## 2  暴风雪天气风险因子分析

### 2.1  隆冬暴风雪天气因子分析结果

对于隆冬季节产生的暴风雪,选取 20 个暴风雪过程,以旗县为单位形成 193(1980—2010 年)隆冬暴风雪序列数据,为了解释暴风雪过程影响因子特征,对其进行因子分析。先通过 193 个隆冬暴风雪序列数据与气象因子之间的相关性进行分析,进而能洞察暴风雪与气象因子之间的相关性(表1)。

　　有关致灾暴风雪天气过程的灾害等级的界定,目前还没有官方统一的暴风雪天气等级标准,因此需要针对致灾牧区暴风雪天气过程进行灾害等级界定。本文中结合牧区暴风雪灾害的特点,依据内蒙古灾害大典、气候公报、灾情报告及相关文献中描述的灾害情况、以及《内蒙古自治区天气预报手册》[21]中描述的暴风雪天气过程的分类(无灾、轻灾、中灾害、重灾害、严重灾害)进行综合评判,同时也参考通过指数法对暴风雪天气过程进行划分的等级,对暴风雪灾害等级进行了界定,以便于对暴风雪天气进行更深入的分析,总结暴风雪天气特征和规律。

**表1　暴风雪与气象因子之间的相关性**

| | | | | 隆冬季节暴风雪灾害与气象因子相关系数 | | | | |
|---|---|---|---|---|---|---|---|---|
| 过程最低温度 | 积雪深度 | 积雪增加量 | 过程降水量 | 最低温度48 h降温最大值 | 过程最大降温 | 最高温度48 h降温最大值 | 过程中极大风速 | 定时风速日平均最大值 |
| 0.21** | 0.148* | 0.21** | 0.325** | 0.286** | 0.35** | 0.311** | 0.356** | 0.283** |

注:** 为显著水平 $p<0.01$;* 为显著水平 $p<0.05$。

　　从表格中看出,暴风雪灾害与气象因子的相关性都通过置信度为0.01的检验,但相关系数最大值为0.356,说明气象因子与暴风雪灾害等级的相关性不强。

　　9个原始变量进行因子分析以后,提取4个因子,累计方差贡献率为80.86%,即总体中多于69%的信息可以由这三个公共因子来解释(表2)。由于旋转前因子载荷矩阵中(表3)中,第一个、第二个、第三个成分相关性系数比较接近,因此对其进行了最大方差旋转。

　　按方差最大旋转后的因子载荷(表4),第一个主成分,它与降温有关,与最高温度48 h降温最大值的相关性为0.669外,其余大于0.9,可称之为降温因子;第二个因子与降水相关系数较高,均在0.76以上,可称之为降雪因子;第三个因子与日最大风速平均与月最大风速有关,相关系数较高,0.88以上,反映了风的因素,可称之为风因子;第四个为过程最低温度,相关性较高,为0.931,可称之为过程最低温度因子。

　　通过分析发现导致暴风雪灾害的气象因子归纳起来有四个,分别为降温、降雪、风、最低气温,这种分析结果与暴风雪灾害是风、雪、寒潮天气综合作用的事实符合。

**表2　总方差分解**

| 成份 | 初始特征值 | | | 提取平方和载入 | | | 旋转平方和载入 | | |
|---|---|---|---|---|---|---|---|---|---|
| | 特征值 | 方差(%) | 累计(%) | 特征值 | 方差(%) | 累计(%) | 特征值 | 方差(%) | 累计(%) |
| 1 | 3.123 | 34.702 | 34.702 | 3.123 | 34.702 | 34.702 | 2.323 | 25.811 | 25.811 |
| 2 | 1.932 | 21.466 | 56.168 | 1.932 | 21.466 | 56.168 | 2.15 | 23.889 | 49.7 |
| 3 | 1.186 | 13.181 | 69.348 | 1.186 | 13.181 | 69.348 | 1.644 | 18.27 | 67.97 |
| 4 | 1.036 | 11.512 | 80.86 | 1.036 | 11.512 | 80.86 | 1.16 | 12.89 | 80.86 |
| 5 | 0.638 | 7.085 | 87.946 | | | | | | |
| 6 | 0.417 | 4.638 | 92.583 | | | | | | |
| 7 | 0.342 | 3.803 | 96.386 | | | | | | |
| 8 | 0.218 | 2.418 | 98.803 | | | | | | |
| 9 | 0.108 | 1.197 | 100 | | | | | | |

**表 3　旋转前因子载荷矩阵**

| 气象要素 | 成分 | | | |
|---|---|---|---|---|
| | 1 | 2 | 3 | 4 |
| 过程最低温度 | 0.317 | 0.092 | 0.507 | −0.728 |
| 积雪深度 | 0.517 | 0.392 | 0.607 | 0.029 |
| 积雪增加量 | 0.785 | −0.286 | 0.157 | 0.357 |
| 过程降水量 | 0.787 | −0.195 | 0.113 | 0.348 |
| 最低温度 48 h 降温最大值 | 0.751 | 0.434 | −0.337 | −0.064 |
| 过程最大降温 | 0.797 | 0.381 | −0.323 | −0.038 |
| 最高温度 48 h 降温最大值 | 0.461 | 0.551 | −0.01 | −0.255 |
| 过程极大风速 | −0.211 | 0.68 | 0.474 | 0.254 |
| 定时风速日平均最大值 | −0.253 | 0.742 | 0.284 | 0.349 |

**表 4　旋转后因子载荷矩阵**

| 气象要素 | 成分 | | | |
|---|---|---|---|---|
| | 1 | 2 | 3 | 4 |
| 过程最低温度 | 0.157 | 0.057 | −0.024 | 0.931 |
| 积雪深度 | −0.140 | 0.768 | −0.070 | 0.420 |
| 积雪增加量 | 0.251 | 0.874 | −0.145 | −0.053 |
| 过程降水量 | 0.324 | 0.819 | −0.104 | −0.069 |
| 最低温度 48 h 降温最大值 | 0.915 | 0.179 | −0.026 | 0.000 |
| 过程最大降温 | 0.906 | 0.248 | −0.057 | −0.005 |
| 最高温度 48 h 降温最大值 | 0.669 | −0.011 | 0.210 | 0.299 |
| 过程极大风速 | −0.005 | −0.071 | 0.886 | 0.083 |
| 定时风速日平均最大值 | 0.071 | −0.157 | 0.880 | −0.110 |

**表 5　KMO and Bartlett's 检验**

| KMO 和 Bartlett 的检验 | |
|---|---|
| 取样足够度的 Kaiser-Meyer-Olkin 度量 | 0.676 |
| Bartlett 的球形度检验　近似卡方 | 856.513 |
| df | 45 |
| Sig | 0.000 |

## 2.2　秋末初春暴风雪天气因子分析结果

因为暴风雪灾害发生的季节不同,造成的灾害不同,因此有必要对暴风雪灾害天气进行分季节分析。为了更清晰的分辨隆冬与秋末初春暴风雪灾害影响因子的区别,选出造成较严重灾害的暴风雪个例进行因子分析。

先通过 95 个以旗县为单位的秋末初春(10 月底、11 月、3 月)暴风雪过程数据与气象因子之间的相关性(表6)进行分析后发现秋末初春暴风雪天气与风速的相关系数较高。对9个原始变量进行因子分析以后,提取3个因子,累计方差贡献率为72.5%,即总体中72.5%的信息可以由这三个公共因子解释(表7)。通过观测发现,按方差最大方差旋转后(表8)每个主成分上的载荷分配地更清晰了,能更容易解释各因子的意义。

**表6　秋末初春暴风雪灾害与气象因子相关系数**

| 过程最低温度 | 积雪深度 | 积雪增加量 | 过程降水量 | 最低温度48 h降温最大值 | 过程最大降温 | 最高温度48 h降温最大值 | 过程中瞬时风速最大值 | 定时风速日平均最大值 | 是否为纯雪过程 |
|---|---|---|---|---|---|---|---|---|---|
| −0.321** | −0.266** | −0.055 | −0.122 | 0.003 | −0.187* | 0.13** | 0.649** | 0.54** | −0.245** |

注:** 为显著水平 $p<0.01$;* 为显著水平 $p<0.05$

**表7　总方差分解**

| 成分 | 初始特征值 | | | 提取平方和载入 | | | 旋转平方和载入 | | |
|---|---|---|---|---|---|---|---|---|---|
| | 特征值 | 方差的% | 累计的% | 特征值 | 方差的% | 累计的% | 特征值 | 方差的% | 累计的% |
| 1 | 3.925 | 39.248 | 39.248 | 3.925 | 39.248 | 39.248 | 2.644 | 26.441 | 26.441 |
| 2 | 1.753 | 17.534 | 56.781 | 1.753 | 17.534 | 56.781 | 2.461 | 24.608 | 51.049 |
| 3 | 1.575 | 15.754 | 72.536 | 1.575 | 15.754 | 72.536 | 2.149 | 21.487 | 72.536 |
| 4 | 0.867 | 8.666 | 81.202 | | | | | | |
| 5 | 0.679 | 6.786 | 87.988 | | | | | | |
| 6 | 0.584 | 5.842 | 93.83 | | | | | | |
| 7 | 0.255 | 2.549 | 96.378 | | | | | | |
| 8 | 0.163 | 1.631 | 98.009 | | | | | | |
| 9 | 0.122 | 1.219 | 99.229 | | | | | | |
| 10 | 0.077 | 0.771 | 100 | | | | | | |

**表8　旋转后因子载荷矩阵**

| 气象要素 | 成分 | | |
|---|---|---|---|
| | 1 | 2 | 3 |
| 过程最低温度 | 0.149 | 0.452 | −0.418 |
| 积雪深度 | 0.914 | 0.001 | −0.193 |
| 积雪增加量 | 0.949 | 0.149 | −0.055 |
| 过程降水量 | 0.823 | 0.342 | −0.002 |
| 最低温度48 h降温 | 0.177 | 0.87 | −0.12 |
| 最低温度过程降温 | 0.127 | 0.861 | −0.292 |
| 最高温度48 h降温 | 0.118 | 0.741 | 0.124 |
| 过程最大风速 | −0.127 | −0.116 | 0.898 |
| 定时风速平均最大值 | −0.013 | 0.013 | 0.939 |
| 是否为纯雪 | 0.362 | 0.236 | −0.363 |

按方差最大旋转后的因子载荷(表 8),第一个主成分与降水有关的,与过程降水量的相关系数 0.823 以外,其余大于 0.9,可称为降水因子;第二个主成分与降温有关的,与最高温度 48 h 降温最大值的相关性为 0.741 外,其余大于 0.8,可称为降温因子;第三个因子与日最大风速平均与月最大风速有关,相关系数较高,0.89 以上,反映了风的因素,可称为风因子。

由 Bartlett 检验(表 5;表 9)可以看出,KMO 统计量为分别为 0.676,0.665,作者已在白灾研究中 KMO 统计量为 0.73 的情况下用因子分析法预测过白灾灾害等级,效果不理想,因此不太适合用因子分析法进行隆冬、秋末初春暴风雪灾害风险预测和评估。

表 9　KMO and Bartlett's 检验

| 取样足够度的 Kaiser-Meyer-Olkin 度量 | 0.665 |
|---|---|
| Bartlett 的球形度检验　近似卡方 | 586.781 |
| df | 45 |
| Sig | 0.000 |

通过因子分析法对隆冬、秋末初春暴风雪天气进行分析后得出:主要影响因子都为降水、降温、风,其中降温和降水的贡献高,风的贡献小一些。

通过相关性分析暴风雪与气象要素的相关性后得出:秋末初春暴风雪天气与风的相关性更强一些,而在隆冬暴风雪天气中没有相关性较强的气象因子。

## 2.3　冷雨湿雪天气风险因子灰色度关联分析

由于明确记载春末夏初冷雨湿雪天气灾害的过程并不多,加上资料不完备等原因导致因子分析法、回归分析、方差分析、指数分析方法等需要较多样本的方法不适用。灰色度关联分析法所需要数据的时间序列短、统计数据少、不要求服从典型分布,方法简便易行,在很多领域广泛使用。由于冷雨湿雪暴风雪天气过程相对少,可尝试使用灰色系统理论来解释。

以下为冷雨湿雪天气与气象因子灰色度关联分析:

以《中国气象灾害大典·内蒙古卷》[22]和锡林郭勒盟气象局记载的灾情中的冷雨湿雪灾害天气过程为基础,并对灾害发生期间的气象要素进行了分析。选取的气象要素有过程最低降温、积雪深度、过程积雪增加量、过程降水量、最低温度 48 h 降温最大值、过程最大降温、最高温度 48 h 降温最大值、过程极大风速、过程定时风速日平均最大值,灾害等级的赋值,因为记载的湿雪冷雨天气都为造成严重灾害的天气过程,因此灾害等级的赋值都比较高,参考数列和比较数列、原始数据的转换结果、灾害级别与其他因子的绝对插值(表略),关联度与关联序见表 10。在此选取的冷雨湿雪灾害个例为 1983 年 4 月 28、29 日影响内蒙古中东部的过程。

表 10　比较数列对参考数列的关联度及关联序

| 比较数列 | 积雪综合指数 | 积雪掩埋牧草高度比 | 最大积雪深度 | 逐月最大风速 | 逐月最大风速平均 | 最底温度 | 最低温度平均 | 最高温度平均 | 逐月降水量 | 牧草生长期降水量 |
|---|---|---|---|---|---|---|---|---|---|---|
| 数列号 | $x_1$ | $x_2$ | $x_3$ | $x_4$ | $x_5$ | $x_6$ | $x_7$ | $x_8$ | $x_9$ | $x_{10}$ |
| 关联度 $r_i$ | 0.8230 | 0.7650 | 0.7874 | 0.7070 | 0.7208 | 0.6873 | 0.6810 | 0.6633 | 0.7475 | 0.7133 |
| 关联序 | $x_1 > x_3 > x_2 > x_9 > x_5 > x_{10} > x_4 > x_6 > x_7 > x_8$ | | | | | | | | | |

根据以上分析,冷雨湿雪灾害天气与过程最大瞬时风速关联性最强,这也说明风在冷雨湿雪天气中起到非常重要的作用,其次与定时风速平均最大值关联性密切,定时风速日平均最大值与最大瞬时风速相关,说明冷雨湿雪天气灾害更主要是由大风引起,其次与过程最大降温、48 h 最低温度降温最大值关系较密切,再其次与过程降水量关系较密切,过程最低温度、48 h 最高温度降温最大值、积雪深度、积雪增加量的关系并不显著。

这样的分析结果与冷雨湿雪灾害本身的特性非常吻合,分析结果表明冷雨湿雪天气最主要与风有关,其次与降温和降水有关,但仅仅风大也形不成灾害,因此冷雨湿雪灾害仍然是风、降温与降水综合影响的结果。

通过以上的分析,冷雨湿雪天气中主要影响因子顺序为:风、降温、降水;隆冬暴风雪主要影响因子顺序:降温、降水、风;秋末初春暴风雪主要影响因子顺序:降水、降温、风 ;导致这样分析结果的原因是灾害本身的特点、季节不同、降水相态不同导致的,同时也体现三个季节的暴风雪天气为风、雪、寒潮灾害群在时空上的叠加造成的,与实际灾害特点吻合。

# 3　暴风雪风险评估方法中参数的设置

## 3.1　SVM 设置

与 BP 神经网络类似,我们需要训练数据对 SVM 进行学习。利用规范化的暴风雪数据作为训练数据集。在 LIBSVM 中,需要用训练数据确定两个参数:$c$ 和 $g$。假设总共有 $N$ 个训练样本,每个用 $(x_n, y_n)$ 表示($n=1,2,\cdots\cdots N$),其中 $x_n$ 为对应特征向量,$y_n$ 为对应的(暴风雪)等级。参数 $c$ 的选择范围为 10 的 $0,1,2,3,4$ 次方(每一个用 $c_i$ 表示)。参数 $g = \dfrac{1}{2\sigma^2}$,其中 $\sigma$ 的选择范围为 2 的 $-4$ 到 4 次方(每一个用 $g_j$ 表示)。用如下交叉验证算法选择最优的 $c$ 和 $g$。对每一组 $(c_i, g_j)$,我们将 $N$ 个训练样本分成 2 部分:第 $n$ 个样本 $(x_n, y_n)$ 和剩余 $N-1$ 个样本。我们用 $N-1$ 个样本和 $(c_i, g_j)$ 训练 SVM 模型,然后用得到的模型对第 $n$ 个样本 $(x_n, y_n)$ 进行预测,即输入 $x_n$ 得到对应的预测值 $y'_n$。$y'_n$ 为 $y_n$ 的预测值、估计值。对每一个样本进行上述操作,得到 $(c_i, g_j)$ 参数下所有样本的估计值:。我们计算和真实值 $(y_1, y_2, \cdots, y_N)$ 的相关系数 $\rho_{ij}$。选取最大相关系数的 $\rho_{ij}$ 对应的 $(c_i, g_j)$ 作为最优的参数。

用 SVM 进行春末初春暴风雪天气进行预测。交叉验证得到的最优参数取值为 $c=1000$,$g=0.0069$.然后用该最优参数去预测其他数据。

用 SVM 对隆冬暴风雪天气风险等级进行预测。交叉验证得到的最优参数取值为 $c=1000, g=0.0078$。然后用该最优参数去预测其他数据。

本文中我们用台湾大学林智仁(Lin Chih-Jen)教授开发的 Matlab 版本的 LIBSVM 软件包进行雪灾风险评估。该软件可以从以下网址下载:http://www.csie.ntu.edu.tw/cjlin/libSVM/。

## 3.2　BP 设置

本文中采用 BP 神经网络对暴风雪风险等级进行评估,输入层取 9 个神经元,分别为过程最低降温、积雪深度、过程积雪增加量、过程降水量、最低温度 48 h 降温最大值、过程最大降温、最高温度 48 h 降温最大值、过程风速最大值、过程定时风速平均最大值。输出层一个神经元，与暴风雪灾害等级对应，采用一个隐层，隐节点为 100 个，允许误差为 0.00001，最大迭代次数为 10000。本文的实验用 Matlab 自带的神经网络工具箱模拟完成。

# 4 暴风雪天气评估效果对比分析

## 4.1 秋末初春暴风雪天气评估效果对比分析

以下为对比显示根据灾情评定秋末初春暴风雪灾害等级、通过 SVM、BP 计算的结果（图 2）。从图中看出，SVM 计算的结果与灾情评定的结果更接近；BP 计算的灾害等级比 SVM 计算的结果普遍偏高了一些。

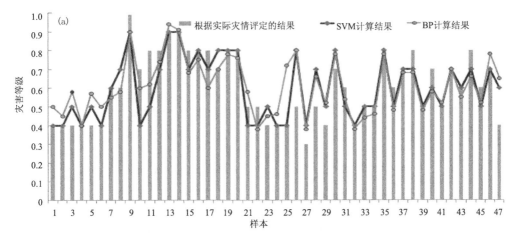

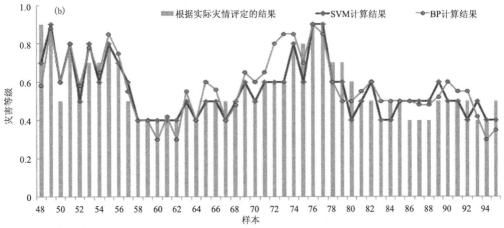

图 2　通过灾情判定的秋末初春暴风雪灾害等等级与其他方法计算结果对比分析

## 4.2 隆冬暴风雪天气评估效果对比分析

以下为对比显示根据灾情评定的隆冬暴风雪灾害等级、通过 SVM、BP 计算的结果（图 3）。从图中看出，SVM 和 BP 计算的结果与灾情评定的结果都比较接近；总体来讲通过

SVM、BP方法评估秋末初春暴风雪天气的效果优于隆冬暴风雪天气的评估效果。这与隆冬季节由于天气寒冷而干燥，发生暴风雪的机会相对少，致灾性不强有关。

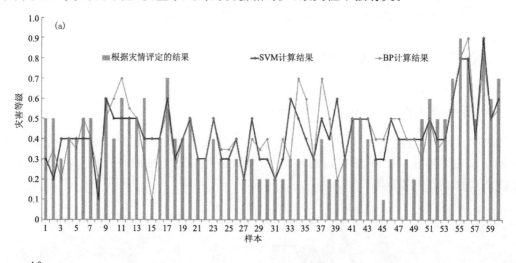

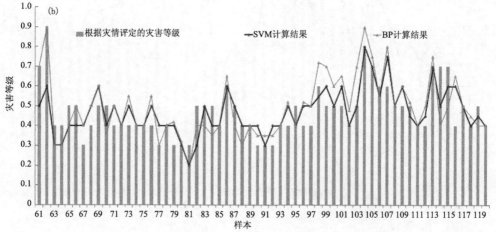

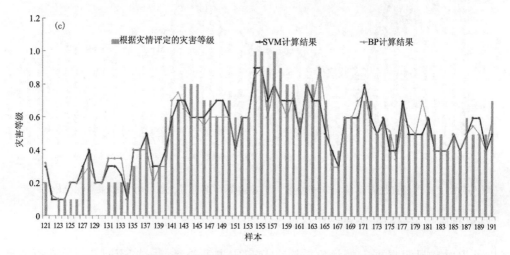

图3　通过灾情判定的暴风雪灾害等级与其他方法计算结果对比分析（隆冬季节）

# 5　结论

（1）为了更确切地了解暴风雪灾害天气的特征，挑选 1980 年至 2008 年全区发生的致灾暴风雪过程，分季节对暴风雪天气进行了分类，即秋末初春暴风雪天气、隆冬暴风雪天气、春末初夏湿雪冷雨型暴风雪天气；为了分辨清楚三种暴风雪天气之间的差异，采用因子分析法、灰色关联度分析法对三个时段的暴风雪天气进行分析后得出：隆冬暴风雪主要影响因子顺序为：降温、降水、风；秋末初春暴风雪主要影响因子顺序为：降水、降温、风；春末夏初冷雨湿雪天气中主要影响因子顺序为：风、降温、降水；导致这样分析结果的原因是灾害本身的特点、灾害发生时期不同、降水相态不同导致的，同时也体现三个季节的暴风雪天气为风、雪、寒潮灾害群时空上的叠加造成的，与实际灾害发生时的特点吻合。

（2）暴风雪灾害为天气灾害，由于近些年随着经济社会的发展，基础设施的改善、灾害预报预警技术的提高、公众防灾减灾意识的提高，灾害损失大大减少，但一旦发生强暴风雪天气，仍然对交通运输、放牧牲畜、农业设施等构成较严重威胁，造成牲畜丢失、交通中断、蔬菜大棚坍塌等，因此有必要提高此类灾害天气的预报预警与服务水平，尽可能减免灾害损失。本文中尝试使用因子分析法、BP 神经网络法、支持向量机对暴风雪灾害等级进行预测，通过对比分析预测效果，发现 SVM 方法对暴风雪灾害风险等级的评估效果更理想；因此基于数值预报产品通过 SVM 方法做暴风雪灾害预警产品也成为可能，可以为暴风雪的预报预警业务中提供客观参考依据，并能够提升预报服务效果，也能够为政府部门提供决策依据。

## 参考文献

[1]　Liang T G, Liu X, Wu C, et al. An evaluation approach for snow disasters in the pastoral areas of northern Xinjiang, PR China[J]. New Zealand Journal of Agricultural Research, 2007, 50(3)：369-380.

[2]　Liu X, Liang T, Guo Z. Assessment and monitoring of snow disaster effect on grassland livestock industry in the Aletai region using remote sensing technology[J]. Acta Pratacultural Science, 2003, 12(6)：115-119.

[3]　庄晓翠, 周鸿奎, 王磊, 等. 新疆北部牧区雪灾评估指标及其成因分析[J]. 干旱区研究, 2015, 32(5)：1000-1006.

[4]　孙艳辉, 李泽椿, 寿绍文, 等. 东北地区两次历史罕见暴风雪天气过程的分析[J]. 高原气象, 2017(2)：549-561.

[5]　易笑园, 李泽椿, 朱磊磊, 等. 一次 β 中尺度暴风雪的成因及动力热力结构[J]. 高原气象, 2010, 29(1)：175-186.

[6]　孟雪峰, 孙永刚, 仲夏, 等. 2015 年 2 月 21 日内蒙古风雪沙尘天气特征[J]. 中国沙漠, 2016, 36(1)：239-246.

[7]　Begzsuren S, Ellis J E, Ojima D S, et al. Livestock responses to droughts and severe winter weather in the Gobi Three Beauty National Park, Mongolia[J]. Journal of Arid environments, 2004, 59(4)：785-796.

[8]　Morinaga Y, Shinoda M. Natural disasters in Mongolia-drought and dzud monitoring system at the Institute of Meteorology and Hydrology[J]. Mongolian Environment Conservation Handbook, 2005：97-113.

[9]　刘志刚. 内蒙古锡林郭勒盟牧业气候区划[M]. 北京：气象出版社, 2006.

[10]　Vapnik V, 瓦普尼克, 许建华, 等. 统计学习理论[M]. 北京：电子工业出版社, 2004.

［11］李虎超,邵爱梅,何邓新,等.BP 神经网络在估算模式非系统性预报误差中的应用［J］.高原气象,2015,
　　　34(6):1751-1757.

［12］邵月红,张万昌,刘永和,等.BP 神经网络在多普勒雷达降水量的估测中的应用［J］.高原气象,2009,28
　　　(4):846-853.

［13］左合君,勾芒芒,李钢铁,等.BP 网络模型在沙尘暴预测中的应用研究［J］.中国沙漠,2010,30(1):
　　　193-197.

［14］李永华,刘德,金龙,等.BP 神经网络模型在重庆伏旱预测中的应用研究［J］.气象,2003,29(12):14-17.

［15］Wu J D,Li N,Yang H J,et al. Risk evaluation of heavy snow disasters using BP artificial neural network:
　　　The case of Xilingol in Inner Mongolia［J］. Stochastic Environmental Research & Risk Assessment,
　　　2008,22(6):719-725.

［16］冯汉中,陈永义.支持向量机回归方法在实时业务预报中的应用［J］.气象 2005,31(1):41-45.

［17］钱燕珍,孙军波,余晖,等.用支持向量机方法做登陆热带气旋站点大风预报［J］.气象,2012,38(3):
　　　300-306.

［18］胡春梅,陈道劲,于润玲.BP 神经网络和支持向量机在紫外线预报中的应用［J］.高原气象,2010,29(2):
　　　539-544.

［19］傅清秋,谢永华,汤波,等.基于组合核函数 SVM 沙尘暴预警技术的研究［J］.计算机工程与设计,2014,
　　　35(2):646-650.

［20］杨淑群,芮景析,冯汉中.支持向量机(SVM)方法在降水分类预测中的应用［J］.西南大学学报(自然科
　　　学版),2006,28(2):252-257.

［21］顾润源.内蒙古自治区天气预报手册［M］.北京:气象出版社,2012.

［22］沈建国.中国气象灾害大典·内蒙古卷［M］.北京:气象出版社,2008.

# 锡林郭勒盟牧区雪灾风险评估研究[*]

德勒格日玛[1,2]　李一平[2]　孟雪峰[2]　田颖[3]　张莫日根[2]

(1. 南京信息工程大学,南京 210044;2. 内蒙古自治区气象台,呼和浩特 010051;

3. 内蒙古气象培训干部学院,呼和浩特 010051)

**摘要:** 本文中选取积雪有关的雪灾致灾指标,气温、风速为主的气象条件孕灾环境指标,提取坡度、植被盖度为下垫面孕灾环境指标,人口密度、牧民纯收入、人均 GDP、牲畜超载率等数据为承灾体脆弱性指标,基于 BP 方法、层次分析法、建立了内蒙古锡林郭勒盟白灾综合风险评价体系,并对其进行了风险评价与区划。结果如下:(1)白灾与积雪因子高度相关,是气候灾害,积雪、低温、大风等气象因子长期作用的结果;本文中白灾的灾害等级是以月为尺度进行评定,选取的气象指标多数都是以月为尺度的指标,能够提高灾害评估的准确率;(2)对白灾尝试用 BP 神经网络法进行风险评估,评估的灾害等级和实际灾害等级十分吻合。因此,本文中用训练好的神经网络对各个旗县(1980—2015 年)的白灾进行了风险评估;(3)由于评估效果理想,可以通过数值预报产品、气候预测产品获取相关评价因子,采用 BP 方法形成白灾风险预评估产品成为可能,可逐渐应用于业务中,为各级政府等决策部门提供决策依据。

**关键词:** 白灾;锡林郭勒盟;BP 神经网络;层次分析法;综合风险评价

## 前言

雪灾是我国冬春季最主要的自然灾害,在我国西部牧区经常发生,尤其是内蒙古、新疆、青海和西藏的牧区,几乎每年都会发生,造成严重的经济损失,对我国畜牧业造成重大危害[1-3],同时对交通也有重大的影响。Begzsuren 等[5]将雪灾(dzud)分为 5 种,白灾(在冬天,如果降雪过大,积雪过厚,牧草被大雪掩埋,靠牧草为生的家畜因吃不到草,冻饿而死,这就是牧业上的"白灾"[4]),黑灾(北方草原冬季少雪或无雪,使牲畜缺水,疫病流行,膘情下降,母畜流产,甚至造成大批牲畜死亡的现象),组合灾(是由深厚的积雪以及突然的强降温造成的灾害),暴风雪灾(强风和强降雪导致的),铁灾(草场表面形成牲畜很难用蹄子踢透的冰雪盖,故此牲畜不能采食而饿死的现象)[5-6]。本研究中对白灾和组合灾进行风险评估。

牧区雪灾一直是研究热点,国内学者主要针对祖国部分高原即内蒙古中东部、新疆北部、

---

[*] 本文已被《冰川冻土》收录,待发表。

青海南部和西藏的东北部等地区,陆续开展了牧区雪灾评估方法、理论等方面的研究[7-17]。多数研究中选取的主要评价指标是以年为单位或多年的平均值,弱化了有些指标对雪灾的贡献,大大减弱了评价的精确性;从 20 世纪 80 年代至今,随着我国经济的高速发展,牧民的生产经营方式、防灾抗灾措施、灾害损失情况有了较大的变化,牧民对气象服务产品的需求也在发生变化,因此气象部门通过媒体向牧民提供雪灾风险预评估产品,让牧民提前做好防灾减灾措施,尽可能地减少牧民损失成为可能。随着数值预报的高速发展,借助高时空分辨率的数值预报产品,气象部门提供雪灾预评估产品成为可能。本研究为此项业务的开展提供可操作性强的技术支撑,具有实际意义。

本文中研究的区域——锡林郭勒盟属中温带干旱半干旱大陆性季风气候,具有寒冷、风大、雨少的气候特点,上述气候特点使该地区自然灾害频发[18]。干旱是造成生态环境恶化的主要气象灾害,而白灾、暴风雪、沙尘暴、寒潮等灾害直接威胁着农牧业生产和人民的生命财产,低温、霜冻、冰雹也对饲草基地和农业生产构成了危害。本文中尝试使用 BP 方法对白灾风险等级进行评估,探寻有效的白灾风险评估方法,进一步为雪灾预评估提供技术支撑,可为各级党政部门提供决策依据。

# 1 数据来源及预处理

## 1.1 数据来源

气象数据主要来源于锡林郭勒盟气象局 15 个气象站点(图 1,另见彩图 22)1980—2015 年气象汇编资料。数据包括:月最大积雪深度、平均牧草高度、逐月最大风速、日最大风速月平均、日最高气温月平均、月降水量、牧草生长期降水量(4—9 月)、月最低温度、大风日数、积雪深度为 5~10 cm 的持续天数、积雪深度为 10~15 cm 的持续天数、积雪深度为 15~20 cm 的持续天数、积雪深度大于 20 cm 持续日数。

气象风险评估中用到的灾情资料来自《中国气象灾害大典·内蒙古卷》(1959—2000 年)、锡林郭勒盟气象局自己整理的灾害统计数据(1981—2010 年),《内蒙古自然灾害通志》等资料。

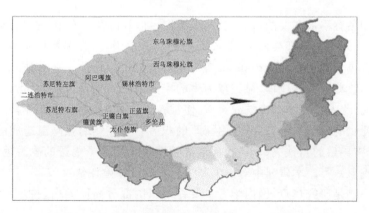

图 1　锡林郭勒盟气象站点分布图

积雪综合指数的计算采用 1980—2015 年每年 11 月至翌年 3 月每个旗县观测站每日的积雪深度数据、积雪持续时间乘以根据各个旗县每月平均牧草高度与最大积雪深度比评定出的相乘系数后获得综合积雪指数，积雪综合指数计算公式如下。

积雪综合指数＝(1～5 cm)积雪持续时间・相乘系数＋(5～10 cm)积雪持续时间・相乘系数＋(10～15 cm)积雪持续时间・相乘系数＋……

有关相乘系数：由于冬季(11 月至翌年 3 月)极地冷空气强盛，蒙古冷高压控制锡林郭勒盟，强冷空气分裂南下，常造成风雪寒潮天气。初冬时气温急剧下降，大部分地区的旬平均气温在 10 月下旬即可达到 0 ℃以下，冬季开始，天气逐渐变冷，至 11 上旬，日平均气温普遍达 −5 ℃以下，开始进入掉膘期，直至翌年 3 月。因此相乘系数从头一年 11 月至翌年 3 月逐渐增加，从 0.3 开始以 0.2 的间隔逐渐增至 0.9，体现综合积雪指数的可靠性，也能够体现出牧草高度逐渐递减后同样的积雪在春天比初冬季节导致的灾害更严重的事实。同时雪灾灾害等级与积雪综合指数有着很高的相关性(表 1)，表明相乘系数随着时间的推移增加是合理的。

表 1　白灾与气象因子相关系数

| 雪灾综合指数 | 积雪掩埋牧草高度比 | 最大积雪深度 | 最大风速 | 平均最大风速 | 月最低温度 | 最低温度月平均值 | 最高温度月平均值 | 月降水量 | 牧草生长期降水量 |
|---|---|---|---|---|---|---|---|---|---|
| 0.887** | 0.523** | 0.52** | −0.164* | −0.074 | −0.413** | −0.254** | −0.363** | 0.346** | 0.125 |

注：＊＊为显著水平 $p<0.01$；＊为显著水平 $p<0.05$

牧草类型数据是根据内蒙古生态与农业气象中心、中国农业部畜牧司发布的草地资源信息中划分的内蒙古锡林郭勒盟草地类型数据，平均牧草高度是由内蒙古生态与农业气象中心提供的锡林郭勒盟各个旗县 2004 年 9 月至 2014 年 9 月的混合牧草高度(牧草高度实地观测一般在牧草生长季进行，时间为每年的 4—9 月)值进行平均得到各个旗县 9 月初的牧草高度，即为进入枯草期之前的牧草高度。本研究中用到的 11 月至翌年 3 月牧草高度是通过采访当地牧民并结合《锡林郭勒盟畜牧业志》中的相关资料进行分析后获得多年平均的月牧草高度数据，进行计算时对荒漠化草原、典型草原、草甸草原分别进行统计，也体现出进入枯草期后牧草高度逐渐递减的规律。

在本研究中选取的白灾样本是从《中国气象灾害大典・内蒙古卷》(183 页至 189 页)中选取出来的，灾害等级是主要根据灾害大典中的灾害描述，参考内蒙古畜牧厅提供的雪灾评估标准等式计算的结果并咨询相关专家后判定出的，选取了 145 个样本。雪灾评估标准等式如下：

由内蒙古畜牧厅提供(1997 年)的评估雪灾标准等式如下：

$$S_d = \frac{H_s \times D_s}{H_g \times D_t}$$

式中：$S_d$ 为雪灾评估等级，$H_s$ 是积雪深度，$D_s$ 是积雪持续时间，$H_g$ 是入冬前牧草平均高度，$D_t$ 是雪灾延续期间日平均温度低于零度的累计日数。

## 1.2　风险评估因子的选取

### 1.2.1　致灾因子的选取

大量的降雪导致积雪掩埋牧草使得牲畜无法采食是雪灾发生的必要条件，同时长时间的积雪是白灾出现的充分条件。因此白灾与积雪深度、积雪持续时间、牧草高度等有着绝对的相

关,选取上述积雪有关的因子作为雪灾致灾因子

### 1.2.2　孕灾环境指标的选取

气象条件导致的孕灾环境指标方面:

持续的低温也是发生白灾的关键因素。低温使降雪不能及时融化从而堆积,并且低温使牲畜体内的能量散失得更快,当气温低于−5 ℃时,牲畜就开始掉膘。因此气温是孕灾环境指标之一,在此研究中选取最低气温月平均值、最高气温月平均值为白灾风险评估指标。

水是植物进行光合作用的原料,是维持生命的基本物质,是植物生长发育和产量形成的基本因子。年降水量和生长季(4—9月)降水量是评定水分资源的重要指标。有关文献里提及内蒙古中部4—9月为牧草生长期,牧草生长期降水量与牧草长势、草况与牲畜膘情有关,因此牧草生长季降水量选为白灾风险评估指标[19]。

大风对白灾的的影响也是不容忽视的。有研究表明牲畜在低温、有风环境中,常常出现各种应激反应,比如不采食,发呆,甚至死亡[20]。sipls-passel风寒指数公式表明了风速和环境温度对人体裸露皮肤热损耗的影响,用风寒相当温度来表示在不同风速的环境温度下,人体所感受到的“体感温度”。在风速为6级、气温为0 ℃时,人的体感温度与静风下−16 ℃时相当。而在气温为−5 ℃,风速达7级时,人的体感温度竟与在静风时−25 ℃相当,因此风对牲畜应该会有一定的影响。所以将月最大风速值、日最大风速月平均值选为孕灾环境指标[21]。

下垫面孕灾环境指标方面:

积雪在重力与风力作用下将会重新分布,山坡丘陵凸起处的积雪易被吹向低洼处,使积雪增加;陡峭的地带或坡度大的地方不易产生积雪;坡度较小的丘陵地带或凹地,容易积雪沉积。表2中,坡度<15°的山坡或平地,易形成地形性积雪;介于25°～45°坡度,雪蚀作用较活跃;而坡度>45°的山坡,不易形成积雪[12]。

表2　不同坡度条件下灾变权重

| 坡度/(°) | 权重($W_\theta$) | 坡度/(°) | 权重($W_\theta$) |
|---|---|---|---|
| $\theta<15°$ | 0.42 | $35\leqslant\theta<45°$ | 0.24 |
| $15\leqslant\theta<25°$ | 0.17 | $45\leqslant\theta$ | 0 |
| $25\leqslant\theta<35°$ | 0.17 | | |

通过90 m SRTM数据把它内插成30 m分辨率的数据提取坡度,通过以上的权重系数计算后的坡度数据如下(图2)。

本文中所用的GIMMS-NDVI数据为美国国家航天航空局(NASA)戈达德航天中心全球监测与模拟研究组制作的15 d最大化合成的8 kmNDVI数据集,该数据集消除了云、太阳高度角、火山爆发和传感器灵敏度随时间变化等的影响,采用最大值合成法MVC方法得到月尺度GIMMS-NDVI数据。数据格式为ENVI,后缀为IMG和HDF的遥感影像文件。在本文中的数据进行了归一化(0～1)。对白灾进行风险评估时选取每个月的植被盖度(当11月至翌年3月)。图3显示2009年11月锡林郭勒盟归一化植被盖度。

### 1.2.3　承灾体脆弱性指标方面

本研究中研究的雪灾是主要基于野外放牧生产方式下的雪灾评估,主要的承灾体为牲畜,因此考虑基于载畜量的超载率(计算超载率时有将大牲畜按比例折算成羊单位,以上为羊单位

图 2　锡林郭勒盟坡度归一化图

图 3　2009 年 11 月锡林郭勒盟归一化植被盖度（单位：月）

计算的超载率）作为承载体脆弱性指标[23]；同时雪灾对人也产生一定的影响，人是灾害损失的承担者，当灾害严重时对人的生命财产造成影响，因此人口密度也作为承载体脆弱性指标；同时考虑经济发展水平，本文中选取牧民纯收入、人均 GDP 作为为承载体脆弱性指标，也是反映抗灾能力的指标。

## 1.3　数据预处理

为了避免数据的值差异很大影响计算的情况，需要根据某一项指标值的最大值和最小值的大小，确定该指标值的变化范围，并把该指标的值都处理到一个固定的区域中，使数据便于处理和计算，本文使用的标准化处理方法是在综合不同量纲数据的时候将其值处理到 0～1 之间，具体计算公式如下：

$$k = \frac{x_i - x_{\min}}{x_{\max} - x_{\min}}$$

## 2　风险评估中应用的方法

### 2.1　BP 神经网络法

本研究中采用 log-sig-moid 函数的三层前向 BP 人工神经网络,参考公式 $N_2 = sqrt(N_1 + M) + a$ 确定隐含层单元 $N_2$ 的数量范围,其中 $N_1$ 为输入单元数,$M$ 为输出单元数,$a$ 为 1~10 的常数。在确定与 $M$ 的数值以后,通过改变 $a$ 的数值来改变隐含层 $N_2$ 的单元个数,对 BP 神经网络进行训练和调整,直到神经网络训练误差达到预先设定的误差最小值为止。最后通过检验组数据来考核网络训练拟合程度是否能够满足预测要求,根据最佳预测结果来确定 BP 神经网络的结构。

### 2.2　层次分析法

本文中的下垫面孕灾环境指标、承载体各个指标之间没有确定的数量关系,没有办法直接用主观定权法或客观赋值的方法,这样会导致随意性大,因此用模糊综合评判是最好的选择,能够弥补单一赋权法的不足,使得主观与客观、定性与定量趋于合理化。因此本文中用层次分析法进行了权重分配。

## 3　白灾评价因子权重确定

基于因子分析、相关性分析、并咨询内蒙古气象局有关专家,对评价指标及各个子因子进行排序,并通过层次分析法得出各个指标的权重。各个因子权重分布如下:

表 3　白灾风险评估指标权重

| 评价指标 | | 对白灾的贡献权重 | 子因子层 | 子因子在评价指标中的权重 | 子因子在白灾中的权重 |
|---|---|---|---|---|---|
| 致灾因子 | | 0.669 | 最大积雪深度 | 0.2109 | 0.1411 |
| | | | 积雪综合指数 | 0.6103 | 0.4083 |
| | | | 积雪掩埋布草高度比 | 0.1788 | 0.1196 |
| 孕灾环境指标 | 气象条件导致的孕灾环境 | 0.1997 | 最大风速月平均 | 0.0517 | 0.0103 |
| | | | 定时风速日平均值的月平均 | 0.0622 | 0.0124 |
| | | | 月最低气温 | 0.0367 | 0.0073 |
| | | | 日最低气温月平均值 | 0.1441 | 0.0288 |
| | | | 日最高气温月平均 | 0.0377 | 0.0075 |
| | | | 月降水量 | 0.3512 | 0.0701 |
| | | | 牧草生长期降水量 | 0.3204 | 0.0640 |
| | 下垫面孕灾环境 | 0.0843 | 归一化植被盖度 | 0.75 | 0.0632 |
| | | | 坡度 | 0.25 | 0.0211 |
| 脆弱性指标 | | 0.0471 | 人口密度 | 0.0629 | 0.0030 |
| | | | 超载率 | 0.581 | 0.0274 |
| | | | 牧民纯收入 | 0.2896 | 0.0136 |
| | | | 人均 GDP | 0.0665 | 0.0031 |

## 4　BP 神经网络在白灾风险评估中的应用

　　本文中采用 BP 神经网络对白灾进行预测,输入层取 10 个神经元,分别为雪灾综合指数、积雪掩埋牧草高度比、最大积雪深度、月最低温度、月最高温度平均、月降水量、最低温度月平均、最大风速 、牧草生长期降水量、平均最大风速相对应。多隐含层或较多神经元的单隐含层网络泛化能力强,预报精度高;因此在本研究中输出层一个神经元,与白灾灾害等级对应,采用一个隐层,隐节点为 100 个,允许误差为 0.00001,最大迭代次数为 10000。本文的实验用 Matlab 自带的神经网络工具箱模拟完成。

　　首先,在使用 BP 网络进行预测之前,需要用已知数据对其进行训练。本文中,我们用归一化的白灾数据训练网络,这些数据包含 145 个训练样本,每个样本对应的灾害等级借鉴《中国气象灾害大典·内蒙古卷》中白灾的阐述,结合锡林郭勒盟气象局统计的灾情描述,并咨询内蒙古气象局相关专家后人为给定。用训练得到的 BP 神经网络对训练数据进行预测,结果如图 4 所示。可以发现,预测灾害等级和实际灾害等级两条曲线十分吻合,即训练得到的神经网络在训练数据集上得到非常好的预测结果。

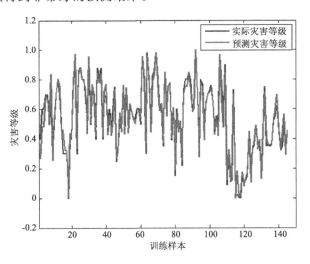

图 4　训练样本预测结果

　　接下来,我们用训练好的神经网络对各个旗县的白灾数据进行预测。注意到 BP 神经网络预测的初始化权值和阈值都是随机的,造成每次预测的结果都是不一样的。为了得到稳定的结果,我们用 25 次预测的结果的平均值作为最终预测值(每次预测都重新训练网络)。为检验预测结果的准确性,以下将通过灾情判定的灾害等级与训练样本 BP 神经网络预测得到的结果(25 次预测的结果的平均值)进行对比分析。结果如图 5 所示。

　　令 $X$ 为预测结果序列,$Y$ 为实际灾害等级序列。由图 5 可以发现,预测结果与实际灾害等级在整体上有着相同的分布。为了量化这种分布,用如下相关系数衡量两个分布的相似性:

$$r(X,Y) = \frac{\mathrm{Cov}(X,Y)}{\sqrt{\mathrm{Var}\,|\,X\,|\,\mathrm{Var}\,|\,Y\,|}}$$

其中,$\mathrm{Cov}(X,Y)$ 为 $X$ 与 $Y$ 的协方差,$\mathrm{Var}[X]$ 为 $X$ 的方差,$\mathrm{Var}[Y]$ 为 $Y$ 的方差。将预测结果

与实际灾害等级代入上述公式,通过计算可得两者相关系数为 0.9761。该结果说明 $X$ 和 $Y$ 两个序列非常相似,即预测结果与实际灾害等级在整取趋势上一致。

另一方面,我们计算预测结果与实际灾害等级的绝对误差,即:

$$E(X,Y)=|X-Y|$$

$E(X,Y)$ 为 $X,Y$ 的绝对误差,|| 为绝对值符号。实验结果如图 6 所示。可以发现,预测结果与实际灾害等级的最大绝对误差为 0.2255,最小绝对误差为 0。也就是说,对于极个别特殊情况,通过神经网络难以预测非常准确的结果。此外,所有绝对误差的平均值为 0.0368,这个值对于预测等级来说是非常小。这个结果说明对于所有测试样本来说,通过 BP 神经网络预测的结果是非常准确的。

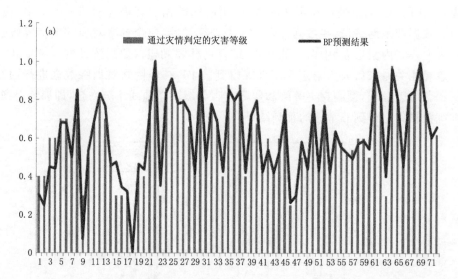

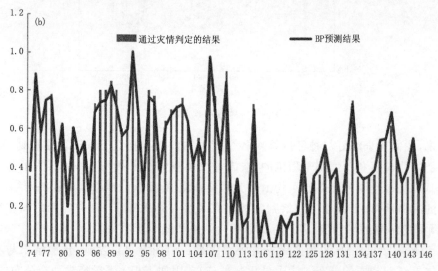

图 5　通过灾情判定的灾害等级与 BP 评定结果对比分析

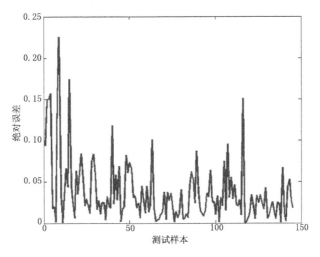

图 6  BP 预测结果与通过灾情判定的灾害等级绝对误差分析

# 5  白灾综合风险评价等级计算及划分标准

前面已经对白灾各个指标的权重通过层次分析法进行了计算,其中气象条件导致的孕灾环境指标与积雪导致的致灾因子指标在白灾中的贡献是直接通过 BP 方法计算获得,并乘以相应的权重,通过 Arcgis 软件图层叠加功能,得到最终的灾害综合风险评价等级(以月为尺度的锡林郭勒盟白灾综合风险评价等级图)。

风险评估结果中的灾害风险等级分五级,风险等级与相应的赋值区间请见表 4。

表 4  灾害等级与灾度

| 低风险区 | 次低风险区 | 中等风险区 | 次高风险区 | 高风险区 |
|---|---|---|---|---|
| 小于 0.3 | 0.3~0.5 | 0.5~0.75 | 0.75~0.9 | 0.9~1.0 |

# 6  白灾综合风险评价结果与灾情资料对比

灾情描述如下(灾情描述摘自《中国气象灾害大典・内蒙古卷》):1985 年 11 月 6—11 日,受西伯利亚较强冷空气影响,内蒙古中东部地区出现一次降雪寒潮天气过程,通辽市、赤峰市、锡林郭勒盟大部地区降了 6~18 mm 的大暴雪;接着 21—22 日锡林郭勒盟、赤峰市、通辽市又降了 1~2 mm,部分地区 3~5 mm 的大雪,积雪深厚,锡林郭勒盟积雪最深达 25 cm,形成白灾。

对上述时段雪灾风险评估结果请见图 7a。

1986 年 2 月 18 日和 3 月中上旬,中东部地区出现 3 次中到大雪,局部暴雪,致使白灾加重。至 1986 年春,全区因白灾死亡牲畜 56 万头(只),仅锡林郭勒盟就死亡 50 万头(只),这是仅次于 1977 年的大白灾。

对上述时段雪灾风险评估结果请见图 7b。

1999 年 11 月上旬锡林郭勒盟出现座冬雪,从 2000 年 1 月中旬开始至 2 月底,中东部地区的气温比常年偏低 2～4 ℃,积雪长期不化,锡林郭勒盟大部积雪普遍为 10～25 cm,形成白灾;锡林郭勒盟受灾面积 1140 万 km²,受灾牧民 33.2 万,受灾牲畜 694 万头(只),死亡 15 万头(只)。

对上述时段雪灾风险评估结果请见图 7c。

1992 年 11 月份乌兰察布市、锡林郭勒盟连降 4 场中到大雪,局部暴雪,降雪比常年偏多 7 成至四倍,特别是锡林郭勒盟的月降水量普遍为 10～20 mm,比常年偏多 2～4 倍,积雪 6～14 cm,形成白灾,有 713 万头牲畜受白灾威胁。

对上述时段雪灾风险评估结果请见图 7d。

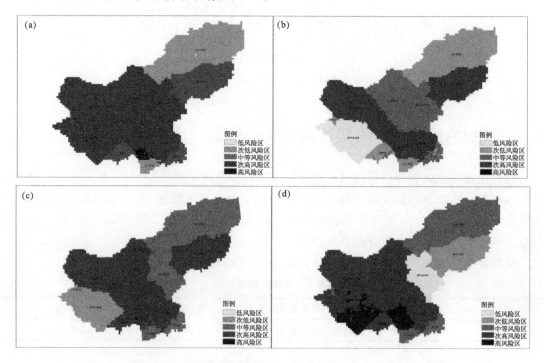

图 7　(a)1985 年 11 月风险等级区划图;(b)1986 年 2 月风险等级区划图;
(c)2000 年 2 月风险等级区划图;(d)1992 年 11 月风险等级区划图

上述为研究区有灾且灾情较重的情况,评估效果还是很理想。对于无灾害或轻灾、部分地区有灾害的情况进行检验后发现评估效果十分理想(图略)。

# 7　讨论

(1)本文中的白灾风险评估方法对北方牧区白灾的风险评估具有普适性,但每个地域的草场类型、牧草高度、地貌、海拔高度、月平均最低气温、畜种等不尽相同,因此指标的选取上会有差异。

(2)本文中除了坡度、植被盖度数据是以遥感数据为主要来源,而遥感数据的特点是基于像元的计算,其他数据是以县为单位,存在数据精度不够而风险评结果不够精细的缺点。今后可采用高精度的根据地面观测的积雪深度数据订正过的遥感监测积雪深度数据、积雪面积数据,结合数值预报提供的风、温度、降水等气象要素预报可以进一步完善白灾综合风险评估与区划方面的工作。

(3)本文中选取以月为尺度的积雪综合指数指标为白灾风险评估指标,该指标中能够体现积雪深度、积雪持续时间、也体现积雪掩埋牧草的程度,明显地提高了白灾风险评估精度。

(4)作者尝试用SVM、Logistic回归模型、因子分析法对白灾的风险等级进行过预测,都没有BP神经网络效果好,因此本文中用BP神经网络进行白灾风险等级预测;BP神经网络预测的初始化权值和阈值都是随机的,造成每次预测的结果都不是完全一样,为了得到稳定的结果,文章中用25次预测的结果的平均值作为最终预测值,这样也提高了预测精度,通过评估效果检验得到证实。

(5)本文中白灾风险评估时段从20世纪80年代至今,随着我国经济的高速发展,牧民的生产经营方式、防灾抗灾措施、灾害损失情况有了较大的变化。通过走访锡林郭勒盟牧户进行雪灾调查后发现,近些年道路等基础设施、牲畜的暖棚设施等比起20世纪80,90年代大有改善,但一旦发生雪灾需要舍饲圈养牲畜,加之每年牧户存栏家畜多,超载过牧等导致饲草需求大,同时也需要比没有雪灾时投入更多的劳动来承担家畜的管理、补饲等工作,这种以舍饲圈养为防灾、抗灾主要措施的牧户,他们的受灾形式主要是草料费用增加导致的,灾害严重时草料费用往往超过牧民的年收入,带来严重的经济损失。因此白灾灾害等级的显现方式从过去的牲畜死亡带来的经济损失转变为草料费用、劳动力投入增加等导致的经济损失。因此本文中的白灾的风险评估工作具有实际意义。

# 8 结论

(1)本文中选取积雪有关的雪灾致灾指标,气温、风速为主的气象条件孕灾环境指标,提取坡度、植被盖度为下垫面孕灾环境指标,人口密度、牧民纯收入、人均GDP、牲畜超载率等数据为承灾体脆弱性指标,基于BP方法、层次分析法、模糊综合评价法构建了内蒙古锡林郭勒盟白灾综合风险评价模型,并对其进行了风险评价与区划,制做出锡林郭勒盟1980年11月至2015年3月白灾风险评估等级图。

(2)白灾与积雪因子高度相关,是气候灾害,积雪、气温、风等因子长期作用的结果;本文中的白灾灾害等级是以月为尺度进行评定,选取的气象指标中除了牧草生长期降水量以外其他气象要素指标都是以月为尺度的指标,能够提高灾害评估的准确率,以往的研究中从未见过以月为尺度进行白灾风险等级的评定,在本文中得到体现。

(3)通过检验白灾综合风险评价效果,发现风险评价效果较理想,因此可以通过数值预报产品、气候预测产品获取相关评价因子后,采用BP方法形成白灾风险评估、预评估产品成为可能,并可业务转化,为党委、政府等部门提供决策依据。

## 参考文献

[1] Liang T G, Liu X Y, Wu C X, et al. An evaluation approach for snow disasters in the pastoral areas of northern Xinjiang, PR China[J]. New Zealand Journal of Agricultural Research, 2007, 50(3):369-380.

[2] Liu X Y, Liang T G, Guo Z G. Assessment and monitoring of snow disaster effect on grassland livestock industry in the Aletai region using remote sensing technology[J]. Acta Pratacultural Science, 2003,

12(6):115-119.

[3]　庄晓翠,周鸿奎,王磊,等.新疆北部牧区雪灾评估指标及其成因分析[J].干旱区研究,2015,32(5):1000-1006.

[4]　宫德吉,李彰俊.内蒙古大(暴)雪与白灾的气候学特征[J].气象,2000(12):24-28.

[5]　Begzsuren S,Ellis J E,Ojima D S,et al. Livestock responses to droughts and severe winter weather in the Gobi Three Beauty National Park,Mongolia[J]. Journal of Arid Environments,2004,59(4):785-796.

[6]　Morinaga Y,Shinoda M. Natural disaster in Mongolia—drought and dzud monitoring system at the Institute of Meteorology and Hydrology. Environment Handbook[M]. National Museum of Ethnology,Osaka (in Japanese),2005.

[7]　费建瑶,黄晓东,高金龙,等.青海省牧区雪灾监测与预警系统的设计[J].草业科学,2018,35(4):916-923.

[8]　郭晓宁,李林,王军,等.基于实际灾情的青海高原雪灾等级(评估)指标研究[J].气象科技,2012,40(4):676-679.

[9]　Liu X,Zhang J,Tong Z,et al. Grid-Based Multi-Attribute Risk Assessment of Snow Disasters in the Grasslands of Xilingol,Inner Mongolia[J]. Human & Ecological Risk Assessment An International Journal, 2011, 17(3):712-731.

[10]　马东辉.东北地区雪灾风险综合评价[D].南京:南京大学,2017.

[11]　萨楚拉.内蒙古草原牧区雪灾监测与风险评价研究[D].北京:中国农业科学院,2015.

[12]　伏洋,肖建设,校瑞香,等.基于GIS的青海省雪灾风险评估模型[J].农业工程学报,2010,26(s1):197-205.

[13]　Liu X P,Zhang J Q,Tong Z J,et al. Grid-based multi-attribute risk assessment of snow disasters in the grasslands of Xilingol,Inner Mongolia[J]. Human & Ecological Risk Assessment An International Journal,2011,17(3):712-731.

[14]　李兴华,朝鲁门,刘秀荣,等.内蒙古牧区雪灾的预警[J].草业科学, 2014,31(6):1195-1200.

[15]　王世金,魏彦强,方苗.青海省三江源牧区雪灾综合风险评估[J].草业学报,2014,23(2):108-116.

[16]　韩炳宏,吴让,周秉荣,等.基于格网的青海省雪灾综合风险评估[J].干旱区研究,2017,34(5):1035-1041.

[17]　李红梅,李林,高歌,等.青海高原雪灾风险区划及对策建议[J].冰川冻土,2013,35(3):656-661.

[18]　刘志刚.内蒙古锡林郭勒盟牧业气候区划[M].北京:气象出版社,2006.

[19]　杨惠娟,李宁,杜子璇,等.气候变化对内蒙古牧区白灾的影响_基于熵权法分析的锡林浩特市案例研究[J].自然灾害学报,2006,15(6):62-66.

[20]　邓子风.畜牧气象灾害及防御对策[M].北京:气象出版社,1991.

[21]　Dixon J C,Prior M J.风寒指数研究[J].气象科技,1988,6:28-32.

[22]　马晓芳,黄晓东,邓婕,等.青海牧区雪灾综合风险评估[J].草业学报,2017,26(2):10-20.

# 基于 GIS 的雪灾风险区划<sup>*</sup>

梁凤娟[1]　王永清[1]　孙令东[1]　吕娜[1]　孟雪峰[2]　吴国周[2]

(1. 巴彦淖尔市气象局,内蒙古巴彦淖尔 015000;2. 内蒙古自治区气象局,呼和浩特 010051)

**摘要:**大雪和暴雪是巴彦淖尔地区冬春季的灾害性和关键性天气之一。对农牧业生产、交通运输和人民生活带来重大影响。本次雪灾风险区划,依据巴彦淖尔地区冬春季节降水少、年变率大的气候特点和易形成雪灾的量级指标。选取 1971—2010 年 40 年内 11 月到次年 3 月,日降雪量≥3 mm,并出现积雪和结冰现象为研究对象,分析了降雪量≥3 mm 的降雪日数和积雪深度≥5 cm 的积雪日数年代际变化,结合民政部门历史灾情记载、实地调查、农牧业现状以及各种基础资料数据与 GIS 技术,从致灾因子评估、脆弱性评估和暴露分析三方面,在 NOAA 卫星遥感雪覆盖监测图像上,利用加权综合与层次分析法,构建雪灾判别模型,得出巴彦淖尔地区雪灾风险区划:雪灾最严重的地区为五原县大部、乌前旗南部和东北部部分区域、乌中旗东南和西南两块区域、乌后旗的海力素附近大片区域。雪灾风险区划,为雪灾预防和减轻其灾害损失,具有十分重要的现实意义。

**关键词:**雪灾;积雪深度;GIS;年代际变化;风险区划

## 引言

雪灾是大量的降雪与积雪,加之孕灾环境的脆弱性、承灾体的敏感性对农牧业生产及人们的日常生活造成危害的一种气象灾害。从全球范围看,雪灾主要发生在北欧、美国、前苏联等国家和地区。这些国家和地区在积雪空间变化遥感动态监测与制图方面,已有大量的研究工作[1]。自 20 世纪 80 年代以来,国内学者以不同的学科切入点在积雪灾害分类与评价方面进行了长期的研究。曾群柱等[2]提出了以雪盖面积、积雪深度和低温持续天数等气象因子为主的雪灾评价指标体系;冯学智等[3]采用此指标体系对西藏那曲地区的雪灾进行了评价;张祥松等[4]从中国冰雪覆盖的角度,认为雪灾有增加的趋势;冰川冻土研究所"八五"期间开展"牧区雪灾遥感监测与评价"课题研究,利用卫星遥感数据和地理信息系统,进行大范围积雪监测和牧区雪灾灾情判别与评估;史培军等[5]采用该指标和地形等因子对内蒙古锡林郭勒盟的雪灾灾情进行了评价;宫德吉等[6]使用 1961—1998 年内蒙古 118 个地面测站资料及同期亚欧 500

* 本文发表于《气象科技》,2014,42(2):336-340。

hPa 高空资料,分析了内蒙古大到暴雪及白灾的气候学特征,认为白灾最重的地区是内蒙古北部;周陆生等[7]利用持续积雪日数作为灾情评估的等级标准,将累积降水量、持续积雪日数、平均气温、最大积雪深度和最低气温降幅等因子,对青藏高原东部牧区的雪灾灾情进行了实时预评估,分析了青藏高原东部牧区雪灾的年季变化;郝璐等[8]分析了中国雪灾灾次的高、低值区与草地退化程度的关系,从承灾体脆弱性的角度揭示了雪灾格局形成的机制,探索研究了抗灾防灾方面的一些评价指标。在雪灾风险区划和防御对策方面需进一步深入研究。

　　内蒙古巴彦淖尔市地处内陆深处的内蒙古高原,地理位置在东经 105°12′～109°53′,北纬 40°13′～42°28′,是中温带大陆性气候与季风气候的交界区[9],冬季寒冷漫长,灾害频发。在巴彦淖尔市十年九旱的背景下认识和掌握雪灾演变及时空分布,对减轻雪灾损失,保障畜牧业持续发展具有重要意义。

# 1　雪灾风险区划

## 1.1　形成白灾气象条件

　　白灾是巴彦淖尔市主要牧业灾害之一。大量降雪是白灾的起因,但是如果降雪很快融化,没有积雪则不成白灾,降雪量和气温是积雪状况的决定因素。近 50 a 资料分析表明:白灾年的气候特征首先冬雪大,其次气温低。统计表明,很多发生白灾地区的冬雪(11—2 月的总降雪量)比常年要偏多 40％以上;平均气温一般比常年偏低 1～2 ℃,个别月份偏低 6 ℃以上。严重白灾年不但冬季气温偏低,而且全年平均温度也明显偏低[10,14]。巴彦淖尔市冬季河套地区日平均气温低于 −5 ℃,北部牧区则低于 −9 ℃,在有雪覆盖的情况下,地面最高气温保持在 0 ℃以下,积雪难以很快融化,导致积雪持续时间较长,具备形成白灾的气象条件。

## 1.2　形成雪灾环流特征

　　暴雪形成机理研究[10-13]常采用数值预报试验、数值模拟、物理量诊断和中尺度分析,也包括湿位涡、矢量、湿有效位能、稳定度、锋生函数、锋生次级环流等分析,对重要暴雪天气个例进行动力机制、热力机制、水汽收支诊断研究,试图揭示暴雪系统发生、发展的机理及其物理过程,掌握大尺度天气系统变化与暴雪系统的相互关系,建立暴雪系统中尺度天气模型。研究取得了以下的基本共识:(1)暴雪发生在对流稳定中,非线性对称不稳定是暴雪发生发展的动力学机制,热量和水汽收支主要决定于水汽凝结和潜热释放,对流层中层加热、上层冷却是暴雪发生发展的主要热力机制;(2)暴雪发生的大尺度环流形势主要是两脊一槽型或两支锋区汇合型,具有南支锋区配合形成的强锋区、经向型的上游脊、较为稳定的下游脊、强高空急流和偏南低空急流等基本配置;(3)暴雪系统结构具有强烈的上升运动和水汽汇集,表现在天气系统中有短波槽、中尺度切变线、辐合线、中尺度气旋和低层暖切变等;(4)高空急流决定了水汽的主要输送通道,低空急流对暖湿水汽起着重要补充作用,并创造不稳定条件,加剧上升运动。根据新疆西北部、内蒙古中部、青藏高原东北部等三片高发区和东北、华北等地的暴雪天气研究发现,暴雪形成机理基本类同,但具体的系统、结构和位置有明显的差异[13-14]。

　　从大气活动来看,以冷平流为主的降雪过程,易形成雪灾。从天气现象来看,以暴风雪为主的天气过程危害更大。从形成暴风雪天气的动力、热力条件看,内蒙古巴彦淖尔地区暴风雪天气发生的基本规律和主要特征是:强冷空气爆发性南下,速度快、强度大、持续时间长,暴风雪天气发生时,巴彦淖尔市受高空(500~200 hPa)急流控制,对流层中低层暖湿气流活跃,河套地区南部具有旺盛的水汽输送和暖平流,低压(多数为冷涡)系统急剧发展,形成有组织的次级环流,与暖平流配合的上升支产生强降雪,与冷平流配合的下沉支使地面大风加强,形成暴风雪天气[10]。

### 1.3 雪灾指标确定及时空分布

由于巴彦淖尔地处内陆腹地,为东南季风的西北边缘,降水稀少,年变率大,季节分配不均。李金田[9]等在《巴彦淖尔市农牧业气候资源与区划》中分析出:近70%的降水集中在6—8月。近40 a全市测站年降水量在131~231 mm,冬季11月到翌年2月降水仅为全年的3.6%。全市冬季降水量分布在4.6~8.5 mm,其中:西部地区为4.6~6.4 mm,东部地区6.6~8.5 mm。冬季降水的年代际变率非常大,多降水年是少降水年的90余倍。

根据巴彦淖尔地区冬春季节降水少的气候特点和易形成雪灾的量级指标,本次雪灾区划选取≥3 mm的降雪为研究对象。从1971—2010年的气象资料统计表明,巴彦淖尔地区降雪最早出现在10月,最晚到次年5月结束,发生在4月、5月和10月的降雪频率较小,即使达到大雪或暴雪标准,由于降雪消融快,积雪时间不长,也不至于发生灾害。形成灾害的降雪主要集中在11月到翌年3月,尤其12月、1月、2月形成雪灾的概率最大。

11月到翌年3月,日降雪量≥3 mm,并出现积雪和路面结冰现象的日数:乌前旗最多为29 d,五原、乌中旗、大余太、临河、杭锦后旗、磴口、海力素在25~16 d,乌后旗最少仅有6 d,从≥3 mm的降雪地域分布趋势看,东部多于西部,东南部最多,西北部最少。11月到翌年3月,日降雪量≥5 mm,并出现积雪和路面结冰现象的日数,西北部的海力素、乌后旗仅有1天,东部地区8~10 d,五原、乌中旗为10 d。

11月到翌年3月,积雪深度≥5 cm的积雪日数,海力素最多为244 d,大余太、临河、五原、乌前旗、杭锦后旗、乌中旗分别为84 d、56 d、48 d、41 d、38 d、32 d,乌后旗、磴口最少,仅有13 d和10 d。

### 1.4 降雪和积雪日数年代际变化

从各地≥3 mm的降雪日数的年代际变化(图1)看,山前20世纪80年代大雪日数比70年代有所减少,北部牧区呈现上升趋势,表明牧区出现白灾的概率增大,90年代以后的20年间,大雪日数整体呈现上升趋势。发生雪灾的可能性明显增大。

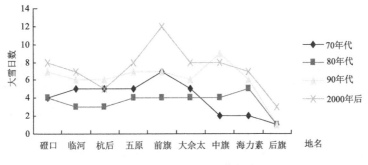

图1 各地日降雪量≥3 mm的年代际变化

　　分析积雪深度≥5 cm 的积雪日数年际变化(图 2),2000 年以后的 10 年间,巴彦淖尔市境内,≥5 cm 积雪日数海力素跃增,临河、杭后也明显增加。各地≥5 cm 积雪日数分布不均的特点也更加显著。

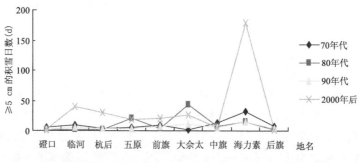

图 2　各地积雪深度≥5 cm 的积雪日数年代际变化

　　40 年来,巴彦淖尔市最大降雪出现在河套地区东南部,而最长积雪日数和最深积雪均出现在北部牧区的海力素。这是由于海力素年平均气温在巴彦淖尔市境内最低,冬季平均气温低于零下 9.5 ℃,导致积雪难以融化。2009 年 11 月 11 日,海力素出现了罕见的暴雪,形成了严重的白灾,≥5 cm 的积雪日数长达 78 d,连续最长积雪时间达 104 d。2010 年 1 月有 2 天海力素积雪深度达 19 cm。显然,积雪日数和积雪深度不仅仅与降雪量有关,还与温度有直接关系。

### 1.5　雪灾风险区划

　　由于形成雪灾的重要条件是:降雪量大,积雪深度深,积雪日数长,因此,人们通常把降雪量、积雪积雪的日数为基础,对积雪深度、积雪日数通过专家打分,赋予不同的权重,运用 GIS技术,建立相关资料地理数据库,实现空间数据库的浏览、检索,对数据库数据进行叠加分析和计算,对导出新的数据进行空间插值,将插值后的数据形成栅格图层,通过计算、分割,得到每个栅格的分布指数,最后采用自然断点的分级方法[15-17],生成巴彦淖尔市雪灾等级分布图(图3,另见彩图 23)。由图 3 可见,五原、乌前旗、乌中旗南部、乌后旗的海力素、临河东部雪灾最严重,划分为一级;磴口、杭锦后旗、临河西部、乌中旗中部、乌后旗东南边缘相对较弱,划分为二级;乌后旗大部、乌中旗西北边缘雪灾最轻划分为三级。雪灾危害程度由东南向西北递减(海力素附近除外)。

　　灾害风险区划应考虑致灾因子、孕灾环境和承灾体承载能力以及社会生产力和经济发展状态,甚至可扩展到抗灾救灾、恢复重建的能力,因此巴彦淖尔地区雪灾,除主要考虑致灾因子危险性外,还应考虑设施农业、草场状况等因素。根据巴彦淖尔地区设施农业、草场状况和民政部门有记载的雪灾普查分析。在 NOAA 卫星遥感雪覆盖监测图像上,利用加权综合与层次分析法,建立雪灾判别模型[15-18]。通过专家意见,在研究区内分析了历年降雪量和积雪深度对雪灾的贡献率,结合当地实际情况确定。将设施农业分布、草场分布取不同权重的栅格数据叠置于巴彦淖尔市雪灾等级分布图上。选取 NOAA/AVHRR 遥感数据为基础信息源,采集雪灾发生期间:2003 年 1 月到 2012 年 12 月 10 年积雪季的 NOAA 雪覆盖监测资料,在 NO-AA 卫星遥感雪覆盖实况监测数据经预处理后与 GIS 连接,地形图经数字化进入 GIS,生成巴彦淖尔市雪灾风险区划图[18](图 4,另见彩图 24)。

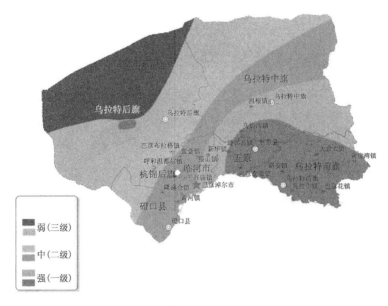

图 3 巴彦淖尔市雪灾等级分布图

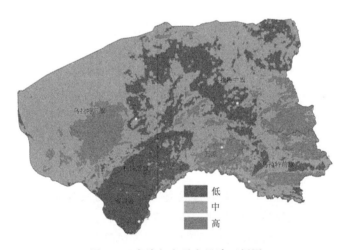

图 4 巴彦淖尔市雪灾风险区划图

由图 4 可见,雪灾分布最严重的地区为五原县大部、乌前旗南部和东北部部分区域、乌中旗东南和西南两块区域、乌后旗的海力素附近大片区域,与历史实况检验相符。

## 2 雪灾防御

### 2.1 加强降雪天气监测与研究,建立雪灾评价指标体系

研究分析大(暴)雪和暴风雪天气过程,找出其发展过程的物理机制和表现特征,确定降雪时间和范围。利用气象资料探测系统、卫星遥感系统、多普勒天气雷达系统对强降雪进行跟踪

监测。建立雪灾评价指标体系,从多角度、多手段入手进行研究,为政府和决策部门提供信息服务和决策支持[18-19]。

## 2.2　拓宽雪灾预报预警发布渠道

遇强降雪和暴风雪天气,及时通过大喇叭、电子显示屏、气象短信、"12121"、广播、电视、网络等各种渠道发布预报预警信息。还要充分发挥气象助理员、信息员的作用,共同做好信息传播和减灾服务工作。

## 2.3　加强雪灾应急联动,完善减灾体系

制定雪灾专项应急预案,落实防雪灾和防冻害应急工作,加强气象与农业、牧业、建设、电力、通信等部门的协作和联动,建立起完善配套的减灾体系[20]。

## 2.4　做好敏感行业的雪灾防御

农业、牧业、林业、交通、电力等部门应根据预警信息、防御指引和应急预案积极采取措施,进行有针对性的防御。做好农牧业设施、输电设施的抗雪压标准化建设[20]。

## 2.5　加强牧区白灾气候预测,实现农牧区优势互补

加强牧区防灾基础设施建设,充分利用农区剩余秸秆,采取"南草北凋、北繁南育"措施,达到优势互补。入冬前根据草场承载能力和雪灾年度风险度进行白灾的气候预测,以增加饲草储备和加大牲畜出栏率来减轻白灾的威胁。特别是因气候异常而牧草生长较差的年份,要及早做好冬储草工作。合理利用气候资源,发挥巴彦淖尔市农牧业的自然优势,发展牧业的集约化经营。

# 3　结语

雪灾是巴彦淖尔地区冬春季的主要的自然灾害之一。对农牧业生产、交通运输和人民生活带来重大影响。利用卫星遥感数据和地理信息系统,进行大范围积雪监测和农牧区雪灾灾情判别与评估,是雪灾风险区划研究的重要手段。雪灾风险区划,对雪灾防御和减轻其灾害损失,具有十分重要的现实意义。

加权综合法考虑了致灾因子危险性,还考虑了设施农业、草场状况等因素,同时应用了NOAA雪覆盖实况监测资料,得出的巴彦淖尔市雪灾风险区划图较为科学、合理。

## 参考文献

[1]　梁天刚,刘兴元,郭正刚.基于3S技术的牧区雪灾评价方法[J].草原学报,2006,15(4):122-129.

[2]　曾群柱,雍世鹏,顾钟炜.中国雪灾的分类分级和危险度评价方法的研究[M].北京:中国科技出版社,1993.

[3]　冯学智,曾群柱.西藏那曲雪灾的遥感监测研究[A].中国科学院兰州冰川冻土研究所集刊(第8号)[M].北京:科学出版社,1995.

[4]　张祥松,施雅风.中国的冰雪灾害及其发展趋势[J].自然灾害学报,1996,5(2):76-85.

[5] 史培军,陈晋.RS 与 GIS 支持下的草地雪灾监测试验研究[J].地理学报,1996,51(4):296-304.

[6] 宫德吉,李彰俊.内蒙古暴雪灾害的成因与减灾对策[J].气候与环境研究,2001(1):133-137.

[7] 周陆生,王青春,李海红,等.青藏高原东部牧区大—暴雪过程雪灾灾情实时预评估方法的研究[J].自然灾害学报,2001,10(2):58-65.

[8] 郝璐,王静爱,满苏尔,等.中国雪灾时空变化及畜牧业脆弱性分析,自然灾害学报,2002(11):42-48.

[9] 李金田,张喜林,孔德胤,等.巴彦淖尔市农牧业气候资源与区划[M].北京:科学普及出版社,2003.

[10] 王娴,唐毅,孙绍菊,等.内蒙古自治区天气预报手册(上册)[M].北京:气象出版社,1987.

[11] 赵斌,赵萃萍,闫巨盛,等.河北两次大(暴)雪过程对比分析[J].气象科技,2010,38(3):281-288.

[12] 王兴.西藏牧区雪灾防御研究的进展及莫展望[J].西藏科技,2006,(10):59-61.

[13] 郝璐,王静爱,满苏尔,等.中国雪灾时空变化及畜牧业脆弱性分析[J].自然灾害学报,2002,11(4):43-48.

[14] 康玲.内蒙古地区雪灾分析[J].内蒙古气象,2007(1):10-14.

[15] 王建鹏,金丽娜,薛荣,等.基于加权综合法的西安城市内涝灾害区划分析[J].气象科技,2012,40(6):1056-1060.

[16] 唐余学,肖稳安,冯民学,等.区域雪灾分布特征及易损度区划[J].气象科技,2009,37(2):216-220.

[17] 殷娴,廖向花,李晶,等.基于 GIS 的重庆市山洪灾害区划[J].气象科技,2011,39(4):423-428.

[18] 张喜林,刘俊林,杨松,等.巴彦淖尔市气象灾害防御规划[M].北京:科学普及出版社,2012.

[19] 韩颖,岳贤平,崔维军.气象灾害应急管理能力评价[J].气象科技,2011,39(2):242-246.

[20] 浙江省德清县人民政府规划编写组.浙江省德清县气象灾害防御规划[M].北京:气象出版社,2009.

# 内蒙古雨雪转换期强降雪多普勒雷达产品特征[*]

李一平　　德勒格日玛　　江靖

（内蒙古自治区气象台，呼和浩特 010051）

**摘要：**对照实况降水及天气背景资料，着重应用赤峰站、通辽站、呼和浩特站以及海拉尔站的多普勒雷达产品资料对 2012 年 11 月初连续出现在内蒙古自治区的两次明显降水天气过程进行较为详细的分析，一方面为了提高多普勒天气雷达产品资料对雨雪转换及降雪天气过程预报的分析、运用能力，另一方面也在探讨新一代雷达产品对雨雪转换的可预报性。结果表明：降雪过程中的雷达回波特征揭示出两次降雪过程均为稳定性降雪过程；降雪回波强度基本小于 35 dBZ，大都在 30 dBZ 以下，高度在 5 km左右；回波强度梯度小，回波顶高低；强降雪时段"牛眼"型结构明显，存在低空急流；降雪期间风随高度顺转，为暖区降雪；雨或雨夹雪期间有明显的零度层亮带，亮带距测站近，高度低；由雨或雨夹雪转为降雪后，回波强度有所减弱，回波顶高有所降低。

**关键词：**雷达产品；强降雪；雨雪转换；可预报性

## 引言

　　雪灾是内蒙古自治区的主要灾害之一[1]，除内蒙古东北地区外，大降雪天气多发生在秋冬及冬春季节转换时期，也多为雨雪转换，以湿雪为主，如果再伴有降温、大风等，更会出现寒潮、大风、暴风雪等灾害性天气，给人民生活生产造成严重影响，对牧业及交通运输业影响尤为突出。近些年，许多气象学者对大雪、暴雪形成机理做了广泛深入的研究[2-7]，提高了对其发生发展规律的认识。多普勒天气雷达是探测降水系统的主要手段，是对强天气（冰雹、雷电大风、龙卷和暴洪）进行监测和预警的主要工具之一[8]。近年来在短时临近预报预警业务中多普勒天气雷达发挥了必不可少的作用，如同卫星云图在台风预报中一样重要。俞小鼎等[9]主编的天气雷达原理业务应用论文集收录了 54 篇论文，反映了我国新一代天气雷达的业务应用情况和水平，内容包括了强冰雹、龙卷、雷雨大风、暴洪的多普勒天气雷达监测和预警，定量降水估计，雷暴路径和降水的临近预报，雷达数据质量控制，雷达数据三维拼图等。吕江津等[10]用多普勒雷达对三次强对流天气的短时预报做了对比分析。孙健康等[11]分析表明，喇叭口地形对气

---

　　[*] 本文发表于《干旱区研究》，2015，32(1)：123-131。

流的狭管效应和地形爬升作用,为地形附近强降水形成起到了增大雨强的作用。李照荣等[12]、武麦凤等[13]利用多普勒雷达资料对中小尺度对流系统导致的冰雹和暴雨天气进行了分析,提到地形对强对流天气的重要作用。付双喜等[14]利用多普勒雷达资料对在河西走廊的一次地形强降水过程进行分析后发现,特殊的口袋状地形是造成局地强降水机理的主要原因。刘新伟等[15]利用多普勒雷达资料对甘肃发生的大暴雨天气分析发现垂直液态水含量分布对于此次暴雨过程中有很好指示意义。但由于降雪天气大都属于稳定性天气,目前应用雷达资料分析降雪天气的文献还比较少,刁秀广等[16]分析了山东半岛冷流暴雪雷达回波特征。本文着重通过多站雷达产品在不同降水相态时段的表现特征进行比较详细的分析,一方面为了提高多普勒天气雷达资料对雨雪转换及降雪天气过程预报的分析、运用能力,另一方面也在探讨新一代雷达产品对降水天气过程中雨雪转换的指示意义。

# 1　天气实况及灾情概述

2012年11月初,内蒙古迎来两次大范围的雨(雪)天气过程,大部地区降水偏多,多站次创历史极值。2012年11月1—12日全区平均降水量为16.1 mm,为1961年以来历史同期第一位,在全区117个气象站中,48个气象站降水量超过历史极值,15站为历史第二,8站居历史第三位。两次雨(雪)过程给当地农业、牧业以及交通运输业带来不利影响。

11月2日至6日,全区大部地区出现雨(雪)降温天气。最大降水量出现在赤峰市喀喇沁旗达到61 mm,呼和浩特市至通辽市偏南大部地区雨(雪)量为10～33 mm(图1a,另见彩图25a)。全区积雪覆盖38.52万 km²,积雪深度5～49 cm;全区百分之七十以上站点累计雨雪量达到历史前10位,尤其是赤峰市大部、锡林郭勒盟中南部和乌兰察布市中南部的33个观测站超过有气象记录以来最大值。

11月9日开始,全区自西向东迎来第二轮大范围降雪天气。这次降雪依然集中在中东部偏南地区,主要影响区域与上一轮基本一致,而且向东扩展,最大降水量出现在通辽市宝国图达41 mm(图1b,另见彩图25b)。新一轮降雪过程中,大部地区降雪量10～41 mm,5个气象台站超过30 mm,64个台站日降雪量超历史最大值,33个台站累计降雪量超历史同期最大值。

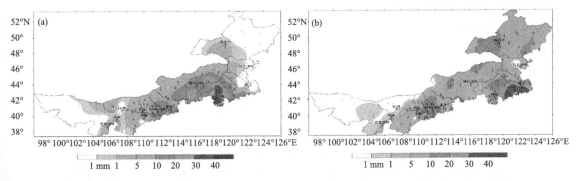

图1　(a)11月2日至6日累计降雪量分布图(单位:mm);(b)11月9日至13日累计降雪量分布图(单位:mm)

11月2日夜间开始出现的大范围寒潮降雪天气,给群众生活、农牧业生产都带来极大影响。截至11月5日,灾害造成我区赤峰市大部、锡林郭勒盟及乌兰察布市12个旗县的19908人受灾,转移安置248人;957座蔬菜大棚被压垮,造成1550 hm² 大棚蔬菜受灾,68 hm² 绝收;

倒塌房屋 176 间,严重损坏房屋 451 间,一般损坏房屋 205 间;死亡大小牲畜 2055 头只,灾害共造成直接经济损失 11849 万元。

11 月 9—12 日,内蒙古自治区出现新一轮降雪降温天气过程,由于这一轮降雪与 11 月 2—6 日的降雪区域基本一致,大部分地区形成座冬雪,对畜牧业、设施农业等产生不利影响。截至 11 月 12 日,此次灾害造成内蒙古自治区赤峰市、通辽市、锡林郭勒盟及呼和浩特市 17 个旗县的 107207 人受灾,196 座蔬菜大棚被压垮,造成 8391 hm² 大棚蔬菜受灾,487 hm² 绝收;倒塌房屋 51 间,严重损坏房屋 18 间,一般损坏房屋 18 间;死亡大小牲畜 859 头只,灾害共造成直接经济损失 6567 万元,其中通辽市灾情较重。

伴随降温大部牧区座冬雪已形成,在锡林郭勒盟阿巴嘎旗及以东地区大于 25 cm 积雪覆盖区域已经造成一定程度的白灾,对牧区放牧产生不利影响。

另外两次降雪都对交通带来严重影响,国道、省道路面积雪严重,多条高速公路封闭、长途班车全线停运。在机场方面,呼伦贝尔机场、锡林浩特机场航班延误,呼和浩特机场、赤峰机场、通辽机场、鄂尔多斯机场、二连浩特机场一度关闭,多架次航班被取消或延误。

## 2　环流背景简述

两次降水过程的主要影响系统均为高空槽、低空切变、低空急流、高空低涡、地面倒槽以及地面气旋,但由于高低空系统强度及配置的差异,降水持续时间及落区还有差异。

第一次降水自西向东从 2 日夜间开始到 5 日上午结束。降水开始前欧亚中高纬环流调整,极涡中心分裂,1 日 20 时维持两槽两脊,槽强脊弱。内蒙古自治区主要受贝加尔湖长波槽影响,该槽向南北伸展 10 个纬距以上,温度槽落后于高度槽,随后逐渐东移发展,到 3 日 20 时断裂为南北两支,4 日 08 时南支发展形成低涡,低涡继续东移,其北部给内蒙古自治区中东部偏南地区造成降水天气。1 日 20 时在内蒙古自治区呼伦贝尔市一带有弱脊存在,随后也逐步东移,对低槽的移动有一定的阻挡作用。5 日 20 时随低涡的进一步东移,降水在内蒙古自治区结束。500 hPa 系统动态图见图 2a。

地面系统动态图如图 2b,2 日 20 时地面形成倒槽,倒槽顶部伸到锡林郭勒盟西部,新疆北部外蒙有 1050 hPa 的冷高压,冷空气扩展南压,使得内蒙古自治区河套一带降水持续时间短,量级小。地面倒槽随后东移北挺,3 日 05 时在乌兰察布市与河北省西北部交汇处形成小低压,到 08 时又减弱消失,维持倒槽,到 14 时在河北省东南部又发展成为黄河气旋,一直维持并东移。内蒙古自治区主要降水就出现在地面低压发展加强为气旋并东移阶段,前期在气旋东北部出现雨或雨夹雪,随后转为雪。降水范围可以向北扩展到气旋外围 7~8 根等压线的区域,明显降水则出现在 3~5 根等压线间。4 日 20 时气旋东移至辽东半岛,对内蒙古自治区的影响逐渐减弱。

第二次降水自西向东从 9 日上午开始到 12 日夜间结束。500 hPa 欧亚中高纬度地区处于两脊一槽经向型环流控制中,脊窄槽宽,蒙古国到贝加尔湖一带一直处于宽广的低值区中,到 10 日 20 时槽区逐渐变窄,分为南北两支,11 日 08 时南支发展为低涡,并迅速向东北移动。随着涡槽的东移,自西向东扫过我区大部,槽前偏南暖湿气流携带大量水汽给内蒙古自治区中东部带来较强降水。500 hPa 系统动态图见图 2c。

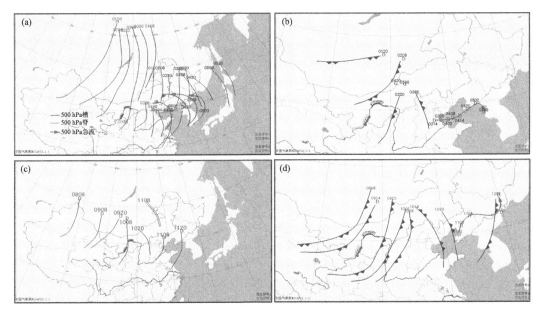

图2 (a)1日20时到5日20时500 hPa系统演变动态图;(b)1日20时到5日08时地面冷锋及
低压中心演变动态图;(c)8日08时到11日20时500 hPa系统演变动态图;
(d)8日08时到12日02时地面冷锋及低压中心演变动态图

分析实况降水与地面系统的配置,可以发现降水区可以延伸至倒槽的顶部,09日14时降水开始时在地面锋区前面3个纬距锋区中段,以雨夹雪为主,到20时逐渐加强,在锋区中段两侧,降水前面大,以雪为主,此后逐渐东移且向北扩展,锋区顶端(存在辐合)雪量加大。10日14时地面锋区转向,由东北—西南向逐渐转为西北—东南向,地面倒槽也分为南北两段,北段位于内蒙古东部地区,南段在江淮地区,降水区范围扩大,但量级减小,以雪或雨夹雪出现,10日20时南段发展为江淮气旋,随后东北上,入海后加强,同时北段东南发展,到11日02时南北两段合并加强在辽东半岛生成气旋,降水区覆盖气旋周边,气旋中心及其西北部两根等压线间降水量大,赤峰市大都是雪,通辽市东部、南部前期有雨或雨夹雪,后期也转为雪。地面主要系统动态图如图2d。

# 3 多普勒雷达产品分析

## 3.1 实况降水情况

选择两次降水最多的两个站喀喇沁旗和宝国吐以及雷达所在站点呼和浩特、赤峰和通辽6 h降水时序图,考虑到降水量及降水持续时间,第一次只选了喀喇沁旗和赤峰(图3a),第二次选了呼和浩特、赤峰、宝国吐和通辽(图3b)。

从图中不难看出第一次喀喇沁旗的降水主要集中在4日02到20时,每6 h降水都不足20 mm,平均来讲小时降水量在3 mm左右,配合地面实况资料分析可知喀喇沁旗开始降水为雨夹雪,后转为雪。赤峰站的降水时段在3日20时到5日14时,最强的出现在3日夜间和4日下午,最大降水量为6 h 9 mm,均为降雪。

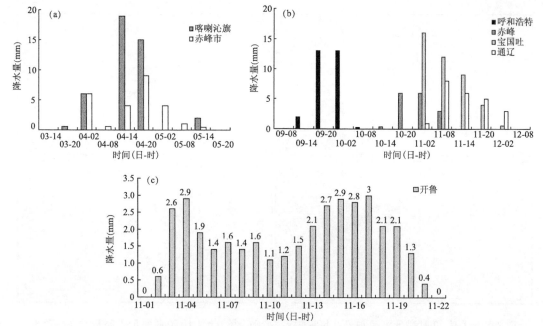

图 3　各站降水时序图(a、b 为 6 h 降水变化,c 为 1 h 降水变化)

第二次赤峰站的降水在 10 日 08 时到 11 日 08 时,主体降水集中在 10 日午后到前半夜,两个 6 h 降水均为 6 mm,表现为雪;呼和浩特站的降水主体在 9 日午后到前半夜,两个 6 h 降水量均为 13 mm,表现为雨夹雪转雪,白天时雨时雪;宝国吐和通辽站的降水时段基本一致,10 日 20 时到 12 日 02 时,宝国吐最强降水在 11 日 02 时前雨夹雪转雪,而通辽最强降水在 11 日 08 时前,为雨,11 日 14 时为雨夹雪,到 17 时才转为雪。

再选择内蒙古为数不多的几个 10 月后有小时降水资料的开鲁自动站降水资料(图 3c),图中显示开鲁从 11 日 02 时到 21 时持续 20 h 降水,累计降水量 37.2 mm,是第二次降水过程降水量第二多的站,小时降水量在 3 mm 之内。开鲁基本位于通辽西边,相距 1 个经距,其降水也表现为雨转雨夹雪再转雪。

## 3.2　多普勒雷达产品分析

对照雷达所在站点实况降水资料,详细分析不同时刻、不同相态、不同雷达的基本反射率因子,平均径向速度、垂直风廓线 VWP 以及回波顶高等产品,掌握各种产品的不同特征,更进一步提高多普勒天气雷达产品资料在雨雪转换及降雪预报中的分析、运用能力。表 1 给出所用几部雷达的具体位置及拔海高度,便于分析使用,其中通辽站雷达的型号与其他 3 个站不同,显示时间为世界时,其他均为北京时。

表 1　雷达位置及拔海高度

| 站名 | 经度 | 纬度 | 站址拔海高度(m) | 天线拔海高度(m) |
|---|---|---|---|---|
| 呼和浩特 | 111.70° | 40.98° | 2050 | 2062 |
| 赤峰 | 118.97° | 42.23° | 810 | 840 |
| 海拉尔 | 119.75° | 49.20° | 628 | 676.5 |
| 通辽 | 122.26° | 43.62° | 178 | 265 |

### 3.2.1　赤峰站两次过程对比分析

从地面天气实况表现看赤峰两次过程均为降雪,且累积雪量均超过 10 mm,达到暴雪标准。连续分析不同仰角雷达资料,对照实况选择赤峰站两次过程降水较强时段(2012 年 11 月 04 日 19:33:16 和 2012 年 11 月 10 日 22:09:42)雷达产品进行比较 (图 4,另见彩图 26)。可

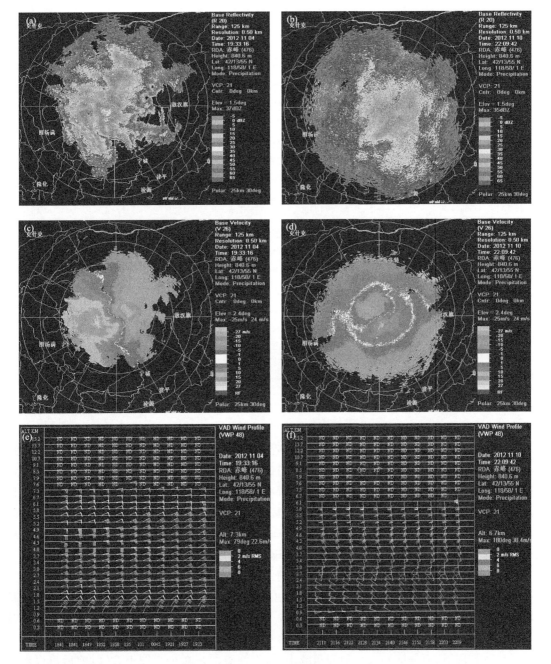

图 4　赤峰站雷达反射率因子 1.5°(a,b)、平均径向速度 2.4°(c,d)以及 VWP(e,f)产品
(a,c,e)2012 年 11 月 04 日 19:33:16;(b,d,f)2012 年 11 月 10 日 22:09:42

以看出:反射率因子图中两次过程回波强度都小于 35 dBZ,呈片状,比较均匀,回波梯度小,且第一次略强于第二次,这与实况降水也一致;径向速度图中存在明显的"牛眼"型结构,说明中低空存在明显的大速度区,形成急流,第一次也比第二次强,第一次零速度线有明显的"S"结构,低层东北风,往上顺转为偏东风,说明有暖平流,第二次则在 700 hPa 附近有明显的对头风,可以表示高低空系统所处的位置;对照 VWP 资料和很好地说明了径向速度场分析的结果,同时可以分析出观测时段第一次处在地面气旋西北部,为东北风,高空低涡顶部,偏东风,第二次处在地面冷锋后西北气流中,高空在低涡前部偏南气流中,使得低层湿度条件变差,降水量比第一次小。

### 3.2.2　通辽站不同降水相态对比分析

表 2 给出了第二次过程通辽市地面逐 3 h 要素变化情况,通辽市的降水以雨开始,11 日02 时前开始,11 日 11 时之前均为雨,14 时前后表现为雨夹雪,17 时转为雪。

**表 2　通辽市地面逐 3 h 要素变化情况**

| 时间 | 气温 (℃) | 露点温度 (℃) | 海平面气压 (hPa) | 3 h 变压 (hPa) | 风向 | 风速 (m·s⁻¹) | 降水相态 |
|---|---|---|---|---|---|---|---|
| 10 日 20 时 | 4 | −3 | 1019.4 | −1.8 | 东北 | 4 | 无 |
| 11 日 02 时 | 2 | −1 | 1011.6 | −3.5 | 北 | 4 | 雨 |
| 11 日 05 时 | 1 | 0 | 1007.1 | −4.5 | 东北 | 6 | 雨 |
| 11 日 08 时 | 1 | 1 | 1004.7 | −2.4 | 东北 | 4 | 雨 |
| 11 日 11 时 | 1 | 1 | 1001.4 | −3.3 | 北 | 4 | 雨 |
| 11 日 14 时 | 0 | 0 | 999.5 | −1.9 | 北 | 4 | 雨夹雪 |
| 11 日 17 时 | −1 | −1 | 1001.6 | 1.9 | 北 | 6 | 雪 |
| 11 日 20 时 | −2 | −2 | 1003.7 | 2.1 | 西北 | 8 | 雪 |
| 12 日 02 时 | −1 | −4 | 1006.1 | 1.3 | 西 | 6 | 无 |

分析通辽站第二次过程的雷达产品(以下时间均为世界时)。从 0.5°仰角的反射率因子图看,10 时测站西南和偏西地区 150～200 km 范围内就存在回波,强度在 15～35 dBZ,此后不断向北扩展,而且南边还有回波不断移入或新生。14 时回波范围明显增大,距离测站更近,尤其西南大部 70～200 km 均覆盖 15～35 dBZ 的片状回波,80～100 km 正南方有小面积回波强度达 35～40 dBZ,16 时测站西南方回波逼近测站,180～240 度扇形范围内 10～100 km 回波强度多为 30～35 dBZ,35～40 dBZ 的区域也明显扩大,17 时除测站正北部小些外,周边均被回波包围,西部 50 km 范围内最强回波达 45～50 dBZ,但仅维持两个体扫时间,此后中心强度逐渐减弱后维持 35～40 dBZ,并不断有 35 dBZ 左右的回波从南部生成补充。00 时正南方150 km 处又新生一带状回波,强度和面积迅速发展加强并北移,02 时已经移到 70 km 附近,中心强度达 50～55 dBZ,此后继续北偏东移,中心强度逐渐减弱为 45～50 dBZ,到 06 时由带状转为片状,07 时中心在东南方 50 km 处,40～45 dBZ,随后进一步减弱,11 时大面积回波基本在 30 dBZ 以下,此后东移,到 16 时回波已移过测站,位于测站东部。1.5°和 2.4°仰角图上也对应有较强回波,但范围和大小随仰角减小,值得注意的是在 1.5°图上 22 时前后可以看到0 ℃层亮带,持续一个多小时,而 2.4°图上 18 时就出现 0 ℃层亮带,一直持续到 11 日 01 时,且越来越靠近测站中心,消失后在 04 时又出现,随后彻底消失。这是因为融化的冰晶的散射

可能超过同体积球形水滴的散射,因此当雷达扫描区域温度接近 0 ℃或 0 ℃以上时,降水粒子相态转变使得雨雪交界处回波强度有较大的梯度。

　　对照实况降水资料选择不同降水相态时段(2012 年 11 月 10 日 22:05:44——雨、2012 年 11 月 11 日 06:05:52——雨夹雪及 2012 年 11 月 11 日 11:20:01——雪,世界时)雷达产品对上述阐述进行比较说明(图 5,另见彩图 27)。可以看出:反射率因子图中降雪时段比降雨或雨夹雪时都小,这是因为冰晶和雪对微波的后向散射能力比水滴小得多,降雪回波范围较大、分布比较均匀、强度较弱。

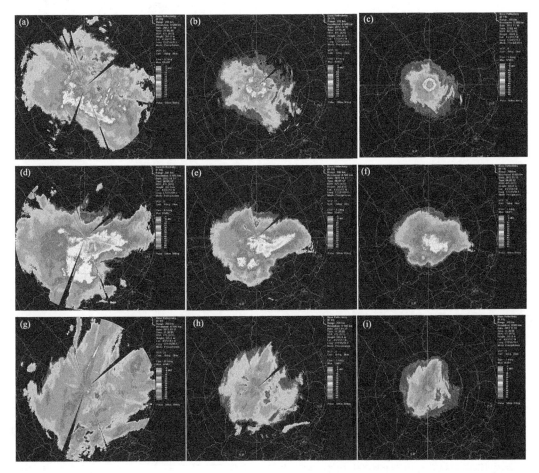

图 5　通辽站不同时段、不同仰角雷达反射率因子产品 (a,b,c)2012 年 11 月 10 日 22:05:44;(d,e,f) 2012 年 11 月 11 日 06:05:52;(g,h,i)2012 年 11 月 11 日 11:20:01;其中(a,d,g)为 0.5°仰角(b,e,h) 为 1.5°仰角(c,f,i)为 2.4°仰角

　　再分析径向速度及回波顶高图。0.5°仰角 10 日 17 时出现较完整的零速度线,呈"S"结构(NE 转 E),有暖平流,21 时"S"曲率加大,随后曲率逐渐减小,到 11 日 05 时变为辐合风场,入流面积大于出流且入流速度大于出流速度,为东北气流,随后出流区域及速度均加大,风向也发生逆转,到 08:46 出流速度出现模糊,变为北风,系统减弱。1.5°仰角(图 6,另见彩图 28)16 时就出现"S"结构(E 转 SE)的暖平流,20 时曲率减弱,03 时出现"牛眼"结构,风向逆转,风速加大,06 时出现 NE 急流,08 时变为偏 N,到 11 时转为(NNE),风速也进一步加大。2.4°仰角

类似 1.5°,但特征不及 1.5°明显。通过径向速度图的分析还可知低层风由偏东转为东北再转为偏北风,这与当时地面实况资料完全吻合,表明地面气旋不断东移。回波顶高图中(图略),降雪时段回波顶高降低,基本在 5 km 上下。

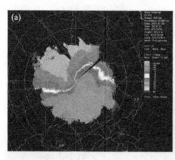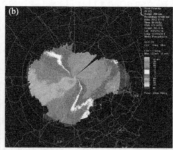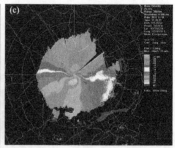

图 6　通辽站 1.5°仰角平均径向速度图 (a)2012 年 11 月 10 日 18:37:12;
(b)2012 年 11 月 11 日 06:05:52;(c)2012 年 11 月 11 日 11:20:01

### 3.2.3　呼和浩特及海拉尔站补充分析

图 7(另见彩图 29)为降水较强时段呼和浩特站(2012 年 11 月 09 日 17:35:29)和海拉尔站(2012 年 11 月 11 日 01:24:41)的反射率因子、平均径向速度、回波顶高与 VWP 图。呼和浩特站当时出现湿雪,强度较大,而海拉尔站则是纯雪。对比更证明了以上分析的结论:呼和浩特测站附近有零度层亮带存在,高度低,降雪回波相对弱,比较均匀,回波顶相对低,在这一过程中呼和浩特与海拉尔径向速度也存在"牛眼"结构与弱暖平流。回波顶是以平均海平面为参考的,呼和浩特站雷达设在 2000 m 以上,因而回波顶也相对高。通常只有在大面积降水情况下才能得到比较完整的垂直风廓线。该两站都有较为完整的 VWP 图(拟合均方根误差较小)。因而可知此次过程为稳定性降雪过程。

## 4　讨论和结论

通过以上分析两次降水过程都产生在大的环流背景场中,主要影响系统均为高空槽、低空切变、低空急流、高空低涡、地面倒槽以及地面气旋,但由于高低空系统强度及配置的差异,降水相态、持续时间及落区有一定的差异。而雷达产品的分析可以更加细致地刻画高低空系统的位置及移动,对降水相态的变化也有一定的指示作用,固态降水粒子(冰晶和雪)比液态降水粒子(雨)回波强度要小得多。

1)多普勒雷达产品能详尽地反映降水区发生、发展和演变的过程,同时也能反映天气系统的移动及位置;

2)降雪过程中的雷达回波特征揭示出两次降雪过程均为稳定性降雪过程;

3)降雪回波强度基本小于 35 dBZ,大都在 30 dBZ 以下,高度在 5 km 左右;

4)回波范围较大、分布比较均匀,回波强度梯度小,回波顶高低,起伏不大;

5)强降雪时段"牛眼"型结构明显,存在低空急流;

6)降雪期间风随高度顺转,为暖区降雪;

7)雨或雨夹雪期间有明显的零度层亮带,亮带距测站近,高度低;

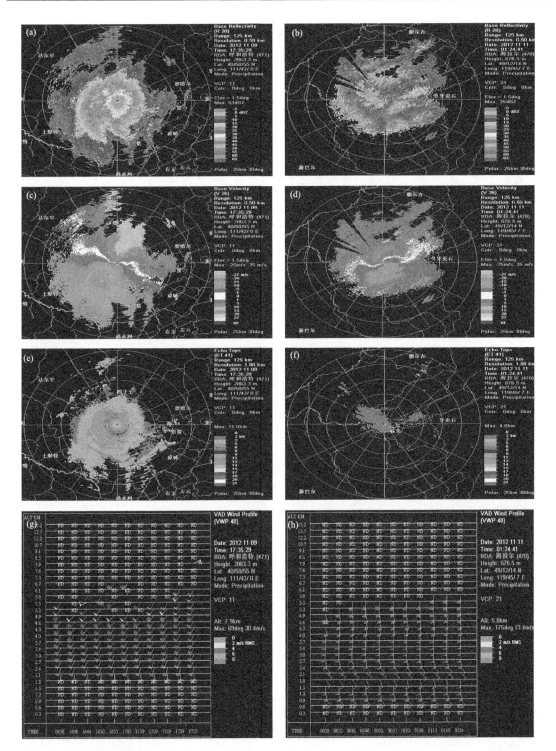

图 7　呼和浩特站和海拉尔站雷达反射率因子 1.5°R20(a,b)、平均径向速度 1.5°V26(c,d)、回波顶高 ET41(e,f)和 VWP(g,h)产品:(a,c,e,g)呼和浩特站 2012 年 11 月 09 日 17:35:29;(b,d,f,h)海拉尔站 2012 年 11 月 11 日 01:24:41

8)由雨或雨夹雪转为降雪后,回波强度有所减弱,回波顶高有所降低。

## 参考文献

[1] 顾润源.内蒙古自治区天气预报手册[M].北京:气象出版社,2012.

[2] 赵桂香,程麟生,李新生."04.12"华北大到暴雪过程切变线的动力诊断[J].高原气象,2007,26(3): 615-623.

[3] 董啸,周顺武,胡中明,等.近50年来东北地区暴雪时空分布特征[J].气象,2010,36(12):74-79.

[4] 赵桂香,杜莉,范卫东,等.山西省大雪天气的分析预报[J].高原气象,2011,30(3):177-188.

[5] 侯瑞钦,张迎新,范俊红,等.2009年深秋河北省特大暴雪天气成因分析[J].气象,2011,37(11): 1352-1359.

[6] 孟雪峰,孙永刚,姜艳丰.内蒙古东北部一次致灾大到暴雪天气分析[J].气象,2012,38(7):877-883.

[7] 陈涛,崔彩霞."2010.1.6"新疆北部特大暴雪过程中的锋面结构及降水机制[J].气象,2012,38(8): 921-931.

[8] 俞小鼎,姚秀萍,熊廷南,等.多普勒天气雷达原理与业务应用[M].北京:气象出版社,2006.

[9] 俞小鼎.天气雷达原理业务应用论文集[M].北京:气象出版社,2008.

[10] 吕江津,刘一玮,王彦.用多普勒雷达对三次强对流天气的短时预报对比分析[J].气象,2009,35(1): 48-54.

[11] 孙健康,武麦凤,谢在发.青藏高原东部一次大暴雨过程分析[J]干旱区研究,2007,24(4):516-521.

[12] 李照荣,张强,陈添宇,等.一次强冰雹暴雨天气过程闪电特征分析[J].干旱区研究,2007,24(3): 322-327.

[13] 武麦凤,李社宏,许伟峰,等.一次强飑线过程的特征分析[J].干旱区研究,2007,24(3):333-338.

[14] 付双喜,张鸿发,楚荣忠.河西走廊中部一次强降水过程的多普勒雷达资料分析[J].干旱区研究,2009, 29(5),656-663.

[15] 刘新伟,段海霞,赵庆云.甘肃一次区域性大暴雨分析[J].干旱区研究,2010,27(1),128-134.

[16] 刁秀广,孙殿光,符长静,等.山东半岛冷流暴雪雷达回波特征[J].气象,2011,37(6):677-686.

# 蒙古气旋影响下一次中到大雪天气过程成因分析

王慧清

（呼伦贝尔市气象局，呼伦贝尔 021008）

## 1　天气实况

受蒙古冷涡影响，2016 年 3 月 4 日 09 时至 3 月 5 日 08 时呼伦贝尔市出现大范围降雪天气。从 4 日 12 时开始，全市范围内自西向东逐渐出现降雪。4 日 16 时降雪开始加强，到夜间 22 时降雪达到第一个峰值（图 1a），全市小时总降雪量为 7.1 mm，之后降雪略有减小，02 时又开始加强，03 时达到第二个峰值，全市小时总降雪量为 6.3 mm。据统计，全市 24 h 平均降雪量为 4.7 mm。扎兰屯、阿荣旗、莫旗、鄂伦春、图里河、牙克石、博克图 24 h 内降大雪，降雪量为 5.0～9.0 mm；满洲里、陈旗、海拉尔、鄂温克、小二沟、根河 24 h 内降中雪，降雪量为 3.3～4.7 mm；其他 3 个观测站 24 h 降小雪，降雪量为 0.8～1.3 mm。其中，牙克石市、鄂伦春旗和博克图 24 h 降雪量分别为 8.7 mm、7.4 mm 和 9.0 mm，达到暴雪量级（图 1b，表 1）。

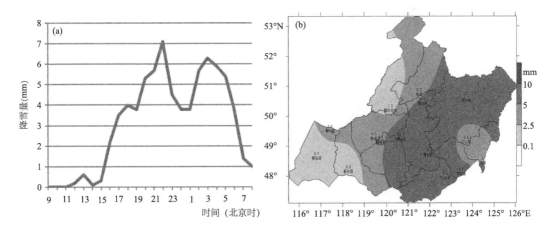

图 1　2016 年 3 月 4 日 09 时至 3 月 5 日 08 时小时降雪量（a）、24 h 降雪量（b）实况分布图

表1　2016 年 3 月 4 日 09 时—3 月 5 日 08 时降雪量及积雪深度

(雪量单位:mm,积雪深度单位:cm)

| 站名 | 雪量 | 积雪深度 | 站名 | 雪量 | 积雪深度 |
|---|---|---|---|---|---|
| 满洲里 | 3.5 | 15.0 | 莫旗 | 5.0 | 6.0 |
| 新右旗 | 0.9 | 7.0 | 鄂伦春 | 7.4 | 8.0 |
| 新左旗 | 0.8 | 7.0 | 小二沟 | 3.3 | 6.0 |
| 陈旗 | 4.7 | 20.0 | 额尔古纳 | 1.3 | 12.0 |
| 海拉尔 | 4.5 | 21.0 | 根河 | 3.7 | 22.0 |
| 鄂温克 | 4.2 | 19.0 | 图里河 | 6.1 | 15.0 |
| 扎兰屯 | 5.6 | 8.0 | 牙克石 | 8.7 | 16.9 |
| 阿荣旗 | 5.7 | 8.0 | 博克图 | 9.0 | 13.0 |

## 2　环流背景

　　500 hPa 图上,整个欧亚大陆为一槽两脊型,西部的高压脊较东部高压脊发展强盛。2 日

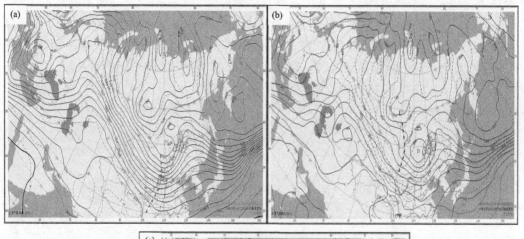

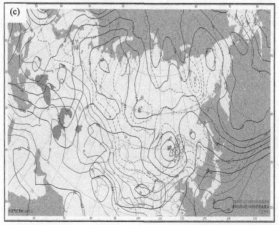

图2　2016 年 3 月 4 日 20 时 500 hPa(a)、700 hPa(b)、850 hPa(c)高空天气形势图

20时(图略),乌拉尔山以西存在阻塞高脊,脊线位于50°E附近,高脊发展强盛,脊顶北挺到60°N以北,振幅≥15个纬距,极地冷涡位于80°~140°E、70°N附近,冷涡中心分裂为二,分别位于90°E、70°N和130°E、70°N附近,位于90°E、70°N附近冷涡底部分裂出冷槽向南伸到巴尔喀什湖地区。冷涡西侧与乌拉尔山高脊之间是一支较强西北急流,随着冷空气不断加强,高压脊前的西北急流推动冷涡东移南下,涡后冷平流使得冷涡底部分裂出的冷槽的斜压性加强,有利于冷槽的发展。24 h后,乌拉尔山以西的高压脊位置少动,经向度加大,脊顶北挺到70°N以北。极地冷涡沿着脊前西北气流不断下滑南亚,其底部分裂出的冷槽东移至萨彦岭以东,开始影响我国西北地区,呼伦贝尔市受下游高压脊的影响。4日20时(图2a),低槽进一步东移,到达蒙古国东部地区,冷槽有明显的斜压性,槽后为冷平流,使得冷槽强烈发展加深,呼伦贝尔市处于低槽前部西南气流控制当中。槽前为暖平流,使得下游高脊不断发展加强,形成阻塞高脊,有利于冷槽在呼伦贝尔市上空停留,使得降雪得以维持。在700 hPa图上(图2b),在蒙古国东部为一低涡,低涡前部已压到呼伦贝尔市西部,呼伦贝尔市主体处于低涡前部西南气流影响下,低涡位置与500 hPa冷槽同位相叠加。850 hPa图上(图2c),呼伦贝尔市同样受低涡影响,低涡前部为暖脊,暖湿气流沿着涡前西南气流不断向我市上空输送。850 hPa低涡的形成发展略比中高层系统偏东,形成后倾系统。总体来看,从低层到高层,系统的发展和形成位置大体一致,表明该系统发展深厚,有利于降水的形成的和持续。

## 3　主要影响系统

海平面气压场上,2日20时(图略),在巴尔喀什湖、萨彦岭以东一带为一弱高压系统,蒙古国中部为一闭合低压,但是强度较弱,只有一根闭合等压线,中心值为1010 hPa。3日20时,位于巴尔喀什湖、萨彦岭以东一带的弱高压不断加强为一强盛的高压系统,中心值达1045 hPa。其前部位于蒙古国中部的低压系统也不断加强,形成3根闭合等压线,中心值为1007.5 hPa。此时,呼伦贝尔市受下游地区弱高压的控制。4日14时(图3a),高压继续东移到萨彦岭以东蒙古国境内,同时,蒙古气旋也进一步东移,强度加强,呼伦贝尔市处于其前部外围控制下,受其影响,我市西部地区开始出现降雪天气。4日20时(图3b),系统进一步东移,中心压到呼伦贝尔市西部,此时,降雪范围进一步扩大,降雪强度也加大。之后,蒙古气旋不断加强,受下游系统的阻挡在呼伦贝尔市上空停留打转,给呼伦贝尔市带来持续性降雪天气。

此次降雪过程中,蒙古气旋的移动路径呈"U"字型(图3c)。自其在蒙古国中部形成起,先东移南压,影响内蒙古中部地区,之后东移北上,开始影响呼伦贝尔市,给呼伦贝尔市带来大范围降雪天气。受下游阻塞高压的影响,其在呼伦贝尔市上空持续停留打转,使得降雪得以维持,是造成此次中到大雪天气的主要原因之一。

## 4　成因分析

### 4.1　动力条件

#### 4.1.1　高、低空急流的耦合

本次降雪发生时,高空300 hPa存在一条西南风急流,其出口区左侧与低空850 hPa西南

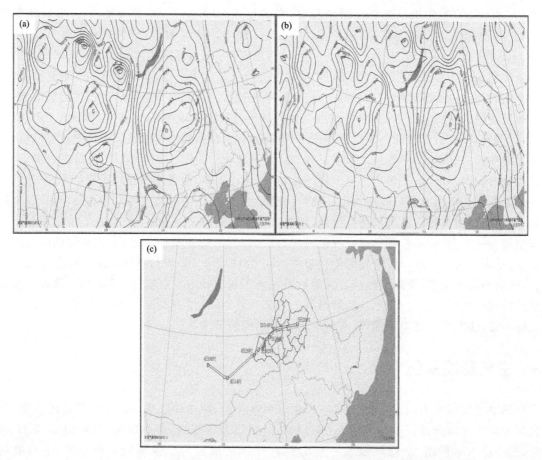

图 3　2016 年 3 月 4 日 14 时(a)、20 时(b)海平面气压场及蒙古气旋移动路径图(c)

风左前方耦合(图 4)。高空急流出口区左侧为强辐散区,即有高空"抽吸"作用,有利于上升运动的形成和维持,导致出口区低层西南风急流的形成,对该区域对流层低层的低值系统形成和

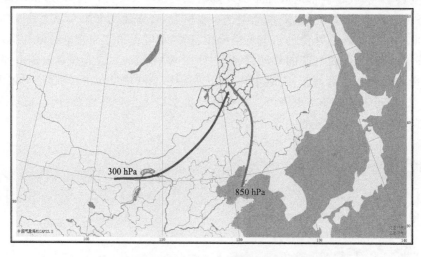

图 4　2016 年 3 月 4 日 20 时高低空急流耦合图

发展也极为有利,同时也有利于低层低空急流对暖湿的输送,高层则造成干冷空气平流,从而使大气产生强的潜在不稳定。高低空急流的耦合还可以在垂直方向激发次级环流,其上升支将触发潜在不稳定能量的释放,容易使得降雪加大。

低空急流的存在,一方面为降雪的形成提供水汽输送条件,另一方面由于次级环流的存在可造成上升运动,其抬升冷却作用将使上升的湿空气接近饱和,从而形成不稳定能量。

### 4.1.2　散度场特征

在对散度场的分析中可以看出(图 5a,5b),2016 年 3 月 4 日 20 时呼伦贝尔市 850 hPa 散度中心值为 $-10 \times 10^{-5}$ $s^{-1}$,配合高空 500 hPa 该地区散度值为 $9 \times 10^{-5}$ $s^{-1}$ 的辐散,形成高层辐散低层辐合的形势,这种高低空配置的抽吸作用,使上升运动得以发展加强,对降雪的形成极为有利。对 4 日 20 时散度场做了空间垂直剖面图(图 5c),分析发现同样结论,呼伦贝尔市西部 115°~120°E(此时已出现降雪)上空具有低层辐合和高层辐散的结构。在 700 hPa 以下皆为辐合层,900 hPa 层附近辐合最强达 $-12 \times 10^{-5}$ $s^{-1}$,而 500 hPa 以上辐合相对较弱,400 hPa 辐合中心强度为 $8 \times 10^{-5}$ $s^{-1}$。低层辐合明显强于高层辐散,因此也说明了本次降雪的产生主要是由中低层系统强烈发展所致。而呼伦贝尔市东部地区 121°~125°E(此时还未出现降雪)上空具有低层辐散和高层辐合的结构,有下沉气流产生。这样在垂直方向上形成一次级

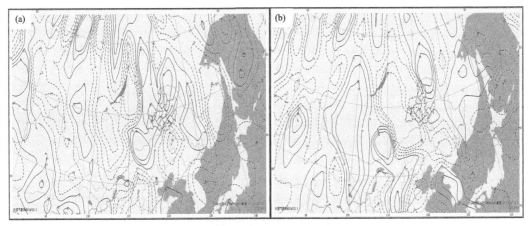

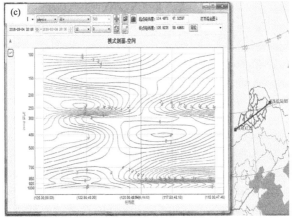

图 5　2016 年 3 月 4 日 20 时 500 hPa(a)、850 hPa(b)散度场($10^{-6}$ $s^{-1}$)及散度场空间垂直剖面图(c)

环流,其辐合上升支区域有降雪产生,而它的下沉支区域降雪还未出现。随着系统东移北上,降雪区域也逐渐东移。

### 4.1.3　垂直运动特征

垂直运动使水汽冷却凝结,是产生降雪的重要条件。2016 年 3 月 4 日 20 时呼伦贝尔市上空从低层到高层为一致的上升运动区,700 hPa 垂直速度中心值为 $-28$ Pa·$s^{-1}$(图 6a),上升运动发展强烈,为本次强降雪的产生提供了有利的动力抬升条件。在 4 日 20 时垂直速度空间剖面图上(图 6b),开始产生降雪的区域上空整层均处于强烈的上升运动区中,垂直运动最大中心位于 700～400 hPa 层次上,这支强上升运动是降雪的重要条件。未产生降雪的区域上空整层均处于下沉运动区中,最大中心也位于 700～400 hPa 层次上。从垂直速度空间剖面图上也可看出在垂直方向上存在一次级环流,其辐合上升支区域有降雪产生,而它的下沉支区域降雪还未出现。

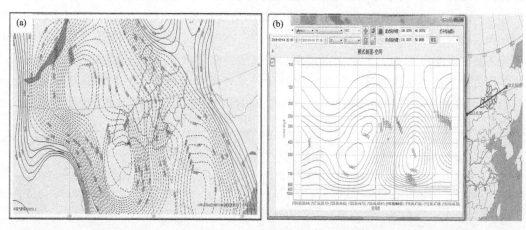

图 6　2016 年 3 月 4 日 20 时 700 hPa(a)垂直速度场($10^{-2}$ Pa·$s^{-1}$)及垂直速度场空间垂直剖面图(b)

### 4.1.4　涡度平流分析

依据位势倾向方程,高空正涡度平流使地面气旋加深,负涡度平流使地面高压发展。在高空冷平流作用下蒙古冷涡形成并发展加强,在蒙古冷涡前方产生较强的正涡度平流区,随着蒙古冷涡加强,涡度平流也加强。在涡度平流的强迫下(涡度平流随高度增加)产生上升运动,地面减压蒙古气旋迅速形成并强烈发展。通过分析 4 日 20 时 500 hPa 高度和涡度平流叠加图(图 7)得知,本次降雪天气发生时呼伦贝尔市正好处于 500 hPa 高空槽前的正涡度平流区中,且正涡度平流区与地面蒙古气旋在垂直方向上叠置,这样就使得地面的低压系统获得动力性发展,从而加深加强,这在一定程度上也进一步加强了本次降雪天气。

### 4.2　水汽条件

#### 4.2.1　水汽输送特征

由于冬季降水过程与夏季不同的主要是水汽条件,因此着重分析此次过程的水汽条件。图 8a 是 2016 年 3 月 4 日 20 时 850 hPa 水汽通量和流场叠加图,从图中可见,此次降水的水汽通道有两条,一条是西南路径,水汽通量大值区位于孟加拉湾,中心值为 8 g·$s^{-1}$cm$^{-1}$,配合西南气流将水气输送到呼伦贝尔市上空,一条是偏南路径,水汽通量大值区位于渤海湾,中

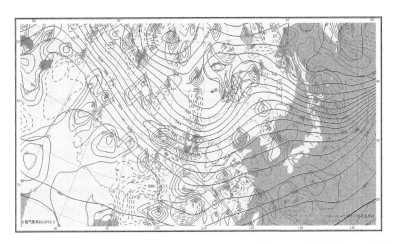

图 7  2016 年 3 月 4 日 20 时 500 hPa 高度场和涡度平流场叠加（黑线为高度场，红线为涡度平流）

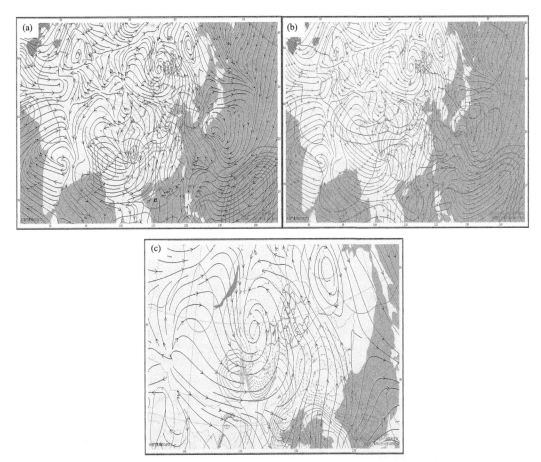

图 8  2016 年 3 月 4 日 20 时 850 hPa 水汽通量和流场（a）；比湿和流场（b）；水汽通量散度和流场（c）

心值为 6 g·s⁻¹cm⁻¹，配合偏南气流将水气输送到呼伦贝尔市。850 hPa 比湿和流场叠加图
（图 8b），比湿线与流线有很好的叠加，流场上在呼伦贝尔市西部偏西地区有明显的辐合，而湿
舌从孟加拉湾及渤海湾一直北伸到呼伦贝尔市西部，表明降雪发生时呼伦贝尔市上空有水汽

的堆积,也说明西南低空急流对水汽输送起重要作用。因此,低空的水汽和动力辐合是造成本次大雪天气的重要条件。

从水汽通量散度与流场叠加图(图8c)分析知,自孟加拉湾的水汽源源不断地输送到呼伦贝尔市上空,水汽通量散度在呼伦贝尔市西部偏西地区有一个明显的辐合区,大值中心强度达 $-9 \times 10^{-7}$ g·s$^{-1}$·cm$^{-2}$·hPa$^{-1}$。风场辐合中心与水汽辐合中心基本重合,这说明水汽伴随西南气流源源不断地向呼伦贝尔市输送并在呼伦贝尔市上空堆积,也说明水汽和动力的辐合是造成本次大到暴雪天气的重要条件。

#### 4.2.2　本地水汽特征

强降雪发生时本地水汽也是非常重要的。选取50527站做单站探空相对湿度分析图(图9a),从图中可以看出,大致在850 hPa以上一直到600 hPa相对湿度都在90%～100%,而从50527站的温度对数压力图上(图9b)看到,从925 hPa到600 hPa附近温度与露点线几乎重合,说明对流层中低层湿度较大,基本达到饱和,非常有利于强降雪的产生。

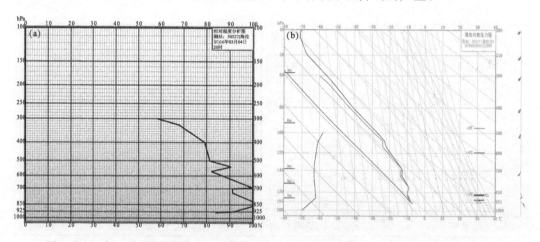

图9　2016年3月4日20时50527站单站探空相对湿度分析图(a)及温度对数压力图(b)

## 5　卫星云图特征

4日08时(图10a,另见彩图30a),与蒙古冷涡配合的涡旋云系已经形成,卷云盾发展旺盛,中层云从卷云盾下面露出已经发展成钩形,冷侧边界清晰,冷锋尚未发展强盛。4日14时(图10b,另见彩图30b),冷侧边界移入与旺盛的对流层低层的暖湿急流相遇,冷锋云系迅速发展,形成宽广的暖输送带(WCB)和湍流区,降雪开始。4日20时和5日02时(图10c、10d,另见彩图30c、30d),冷锋云系、宽广的暖输送带(WCB)和湍流区维持强盛,强降雪发生在地面气旋附近,暖输送带(WCB)和中到强度的湍流区中。5日08时,涡旋云系、暖输送带(WCB)和湍流区东移,我市强降雪结束。

## 6　雷达特征

海拉尔降雪比较集中的时段主要集中在15时、16时、21时和22时,选取了海拉尔雷达站

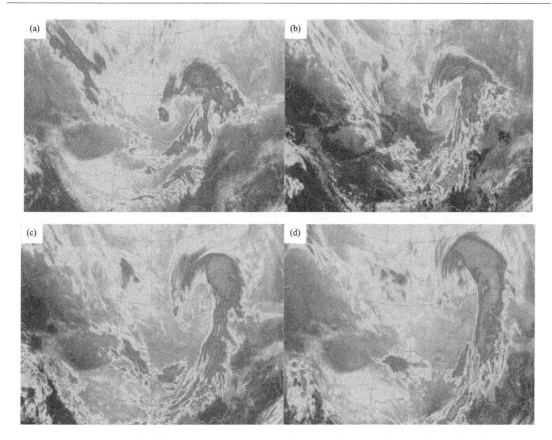

图 10 2016 年 3 月 4 日 08 时(a)、14 时(b)、20 时(c)、02 时(d)红外云图

降雪集中时段的组合反射率因子(图 11,另见彩图 31)。从图中可以看出,本次降雪刚发生时(图 11a、11b,另见彩图 31a、31b),在呼伦贝尔市上空一直有均匀的絮状回波存在,最大反射率因子为 30 dBZ,对于降雪来说,回波强度较强。在整个降雪过程中反射率因子回波强度梯度较小,回波分布比较均匀,为层状云降水回波。随着时间的推移(图 11c,另见彩图 31c),出现一条近东西向的强回波带,比较整齐,之后回波面积逐渐扩大(图 11d,另见彩图 31d),强度略有加强,降雪强度也随之加强。在西南气流的推动下,强回波不断东北移,降雪区域也向呼伦贝尔市北部不断推进,海拉尔周围降雪逐渐减弱。

# 7 服务情况

针对此次过程,我们在 2016 年 3 月 3 日发布了强降雪、大风、降温天气重要天气报告,报告指出:受蒙古冷涡东移的影响,3 月 4 日至 6 日呼伦贝尔市将有一次明显的降雪大风降温天气过程,预计农区和鄂伦春旗累积降雪量在 10.0～15.0 mm,林区和牧区东北部累积降雪量 5.0～10.0 mm,其余地区累积降雪量在 1.0～5.0 mm。各地偏东风转西北风 4～5 级,牧区 5～6 级。雪后气温持续下降 6～8 ℃。并分别于 4 日、5 日先后发布了大风蓝色预警信号、暴雪蓝色预警信号和寒潮蓝色预警信号,针对全市即将或者已经出现的灾害性天气通过新媒体、电视、短信、网络、12121、大喇叭等多种手段多种途径提前告知广大公众及相关部门,以提前做好防灾减灾工作。

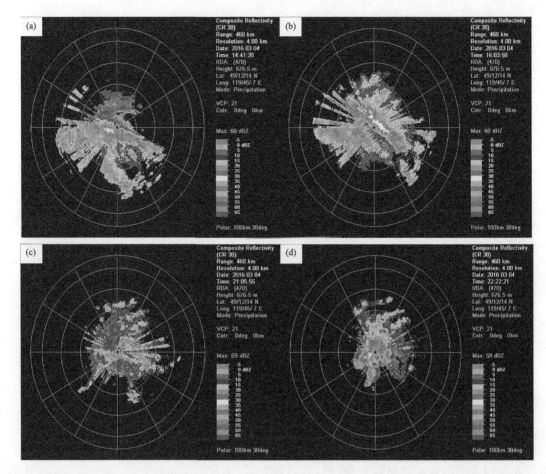

图 11　2016 年 3 月 4 日 50527 雷达站 15 时(a)、16 时(b)、21 时(c)、22 时(d)组合反射率因子

**表 2　2016 年 3 月 4 日 09 时至 6 日 08 时降水量**　　　　　单位:mm

| 台站 | 4 日 09 时至 6 日 08<br>时总降水量 | 4 日 09 时—4 日 20 时<br>12 h 降水量 | 4 日 21 时—5 日 08 时<br>12 h 降水量 | 平均小时<br>降水量 | 最大小时<br>降水量 |
|---|---|---|---|---|---|
| 满洲里 | 3.8 | 1.8 | 1.7 | 0.3 | 0.7 |
| 新右旗 | 0.9 | 0.6 | 0.3 | 0.3 | 0.6 |
| 新左旗 | 1.0 | 0.6 | 0.2 | 0.1 | 0.2 |
| 陈旗 | 4.9 | 1.8 | 2.9 | 0.4 | 0.8 |
| 海拉尔 | 4.6 | 2.5 | 2.0 | 0.4 | 0.7 |
| 鄂温克 | 4.9 | 2.0 | 2.2 | 0.4 | 0.8 |
| 扎兰屯 | 6.0 | 0.6 | 5.0 | 0.5 | 1.2 |
| 阿荣旗 | 5.7 | | 5.7 | 0.6 | 1.0 |
| 莫旗 | 5.1 | | 5.0 | 0.6 | 1.2 |
| 鄂伦春 | 8.3 | | 7.4 | 0.5 | 1.7 |
| 小二沟 | 3.3 | | 3.3 | 0.4 | 0.8 |

| 台站 | 4 日 09 时至 6 日 08 时总降水量 | 4 日 09 时—4 日 20 时 12 h 降水量 | 4 日 21 时—5 日 08 时 12 h 降水量 | 平均小时降水量 | 最大小时降水量 |
| --- | --- | --- | --- | --- | --- |
| 额尔古纳 | 1.9 | 0.3 | 1.0 | 0.2 | 0.4 |
| 根河 | 6.3 | 1.0 | 2.7 | 0.4 | 1.0 |
| 图里河 | 8.8 | 1.0 | 5.1 | 0.4 | 1.3 |
| 牙克石 | 9.6 | 5.6 | 3.1 | 0.6 | 1.9 |
| 博克图 | 9.0 | 2.2 | 6.8 | 0.7 | 1.3 |

表 2 给出了 2016 年 3 月 4 日 09 时至 6 日 08 时的累计降雪量、分时段的 12 h 降雪量、过程平均降雪量以及最大小时降雪量。可以看出,本次预报服务工作比较圆满,基本准确预报出了降雪较大的区域,但降雪量预报相对偏大。发生大风范围预报较准确,过程降温幅度预报略小。

在发布的大风蓝色预警信号中,总共发布 8 站次(满洲里市、海拉尔区、牙克石市、额尔古纳市、陈巴尔虎旗、新巴尔虎左旗、新巴尔虎右旗、鄂温克旗),预报正确站次有 3 个(满洲里市、海拉尔区、新巴尔虎右旗),其余 5 站属于空报,没有漏报站次出现。

$$TS=37.5\%,TAR=62.5\%,PO=0,POD=100\%$$

在发布的暴雪蓝色预警信号中,总共发布 8 站次(海拉尔区、鄂伦春旗南部(诺敏镇、大杨树镇、宜里镇、乌鲁布铁镇)、陈巴尔虎旗、扎兰屯市、阿荣旗、鄂温克旗、莫力达瓦旗、牙克石市),预报正确站次有 3 个(扎兰屯市、阿荣旗、莫力达瓦旗),其余 5 站属于空报,漏报 3 站次(鄂伦春旗、图里河镇、博克图镇)。

$$TS=27.27\%,TAR=62.5\%,PO=50\%,POD=50\%$$

在发布的寒潮蓝色预警信号中,总共发布 14 站次(满洲里市、海拉尔区、牙克石市、博克图、图里河、额尔古纳市、根河市、鄂伦春旗、小二沟、陈巴尔虎旗、新巴尔虎左旗、新巴尔虎右旗、鄂温克旗、莫力达瓦旗),预报正确站次有 13 个(满洲里市、海拉尔区、牙克石市、博克图、图里河、额尔古纳市、根河市、小二沟、陈巴尔虎旗、新巴尔虎左旗、新巴尔虎右旗、鄂温克旗、莫力达瓦旗),1 站次出现空报(鄂伦春旗),没有漏报站次出现。

$$TS=92.85\%,TAR=0.07\%,PO=0,POD=100\%$$

# 8 小结

## 8.1 天气过程特点

(1)本次降雪过程是产生在欧亚洲中高纬度两脊一槽型的环流形势下,500 hPa 上低槽、乌拉尔山高压脊以及日本海阻塞高压是主要的影响天气系统。

(2)在 700 hPa 图上,在蒙古国东部为一低涡,呼伦贝尔市主体处于低涡前部西南气流影响下,低涡位置与 500 hPa 冷槽同位相叠加。

(3)本次降雪过程的主要影响系统是蒙古气旋,其移动路径呈"U"字型。

(4)降雪过程中强劲高空急流起到了重要作用。其出口区左前方的辐散区,强烈的高层辐散抽吸作用使地面蒙古气旋强烈发展,对本次中到大雪的形成起了重要的作用。

　　(5)动力条件方面,高层辐散低层辐合的高低空配置,使上升运动得以发展加强,强烈发展的上升运动是降雪的重要条件。500 hPa高空槽前的正涡度平流与地面蒙古气旋在垂直方向上叠置,就使得地面的低压系统获得动力性发展,从而加深加强,在一定程度上进一步加强了本次降雪天气。

　　(6)850 hPa上存在一支西南低空急流,配合比湿≥2 g·kg$^{-1}$;水汽通量散度−9×10$^{-7}$ g·s$^{-1}$·cm$^{-2}$·hPa$^{-1}$,西南低空急流使得低纬度水汽源源不断地向我市输送并使得水汽在呼伦贝尔市上空辐合堆积,有利于降雪的产生。本次降雪发生时本地水汽也起了很重要的作用。

　　(7)配合蒙古气旋的发展加强,有发展的涡旋云系形成,强降雪发生在地面气旋附近,暖输送带(WCB)和中到强度的湍流区中。

　　(8)本次降雪发生时,在呼伦贝尔市上空有最大反射率因子为30 dBZ且均匀分布的层状云降水回波存在。

## 8.2　预报关键因子

　　关于降雪预报的关键因子,一是对系统移速及未来移动方向以及发展或者减弱的把握,这样就可准确预报降水落区以及降水强度。对于冷涡型降水,大量级的降水落区一般处于地面气旋顶前部;其次是对各物理量的准确应用,尤其是产生降雪的两个关键性因子:动力条件和水汽条件,其中水汽条件更为重要一些,一般比湿大于等于2 g·kg$^{-1}$时,即可预报大雪量级以上降雪。第三是灵活解释应用数值预报,不可一成不变,固守成规,同时要加强本地预报指标的提炼和应用。

## 8.3　预报得失总结

| 站点名称 | 前磨2度 | | | 低温2度 | | | 天气现象 | | | | |
|---|---|---|---|---|---|---|---|---|---|---|---|
| | 本台 | 实况 | 指导 | 本台 | 实况 | 指导 | 本台 | 晴雨 | 实况 | 晴雨 | 指导 |
| 50425 颚尔古纳市 | -5.0 | -5.2 | -5.6 | -10.0 | -8.4 | -13.3 | 大雪转小雪 | √ | 1.4 | √ | 中雪转小雪 |
| 50431 根河市 | -3.0 | -4.7 | -4.3 | -13.0 | -8.6 | -18.3 | 大雪转小雪 | √ | 5.0 | √ | 中雪转小雪 |
| 50434 图里河 | -3.0 | -4.4 | -4.9 | -13.0 | -12.6 | -13.7 | 大雪转小雪 | √ | 6.7 | √ | 中雪转小雪 |
| 50445 鄂伦春旗 | -3.0 | -4.3 | -3.5 | -10.0 | -9.7 | -15.0 | 大雪转小雪 | √ | 8.3 | √ | 中雪转小雪 |
| 50514 满洲里 | -4.0 | -5.1 | -2.3 | -12.0 | -12.8 | -10.3 | 中雪转小雪 | √ | 1.8 | √ | 小雪 |
| 50524 陈巴尔虎旗 | -4.0 | -4.8 | -3.8 | -8.0 | -9.5 | -8.6 | 中雪转小雪 | √ | 3.1 | √ | 小雪 |
| 50525 鄂温克旗 | -4.0 | -4.8 | -4.6 | -9.0 | -9.0 | -11.3 | 中雪转小雪 | √ | 2.9 | √ | 小雪 |
| 50526 牙克石 | -4.0 | -5.5 | -3.6 | -10.0 | -7.3 | -13.4 | 中雪转小雪 | √ | 3.7 | √ | 小雪 |
| 50527 海拉尔 | -4.0 | -4.8 | -3.5 | -8.0 | -10.3 | -11.5 | 中雪转小雪 | √ | 2.1 | √ | 小雪 |
| 50548 小二沟 | 0.0 | -1.9 | 0.2 | -9.0 | -8.5 | -12.4 | 大雪转小雪 | √ | 3.3 | √ | 中雪转雨夹雪 |
| 50603 新巴尔虎右旗 | -4.0 | -2.9 | -3.8 | -8.0 | -11.3 | -8.3 | 小雪 | √ | 0.4 | √ | 小雪 |
| 50618 新巴尔虎左旗 | -3.0 | -2.6 | -0.6 | -7.0 | -11.0 | -5.2 | 小雪 | √ | 0.4 | √ | 小雪 |
| 50632 博克图 | -2.0 | -2.5 | -0.3 | -11.0 | -6.4 | -13.7 | 中雪转小雪 | √ | 6.8 | √ | 中雪转小雪 |
| 50639 扎兰屯 | 2.0 | 0.5 | | -7.0 | -5.0 | -9.0 | 大雪转阴 | √ | 5.0 | √ | 大雪转阴 |
| 50645 莫力达瓦旗 | 0.0 | 0.1 | -1.0 | -8.0 | -6.6 | -10.4 | 大雪转小雪 | √ | 5.1 | √ | 中雪转小雪 |

　　本次 24 h 预报中,对于晴雨和最高温度以及最低温度的预报都较好。对降水落区以及量级的把握都较为准确,只是个别站的量级报的比实况略小,但总体比中央气象台指导预报报得要好。最高温度的预报上,本台的准确率是 100%,中央气象台指导预报的准确率为 81.25,最低温度本台的准确率为 68.75%,中央气象台指导预报的准确率为 18.75,本台预报准确率要明显高于中央气象台指导预报,尤其是最低温度的预报。但本次预报也存在很多不足,今后需加强对灾害性天气的落区以及量级的预报,不断提高呼伦贝尔市的预报预测能力。

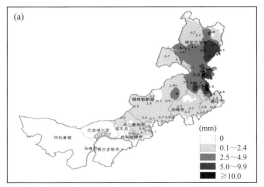
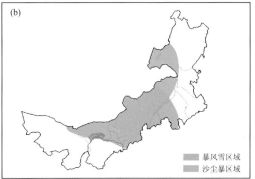

图 1　2015 年 2 月 21 日 08：00 至 22 日 08：00 内蒙古降雪量(a)和

暴风雪、沙尘暴出现区域(b)

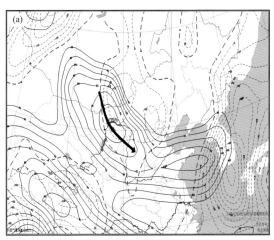
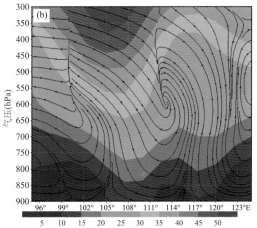

图 2　2010 年 1 月 3 日 20：00 300 hPa 全风速与散度(a)14：00 沿

42°N 全风速(阴影)与流场剖面图(b)

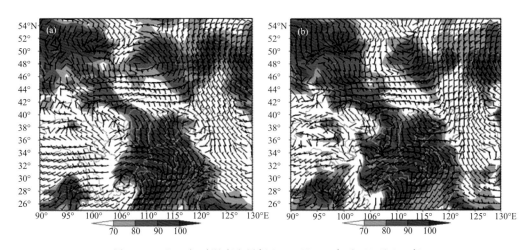

图 3　850 hPa 相对湿度和风场(a：21 日 14 时；b：21 日 20 时)

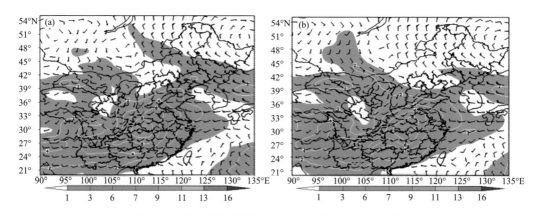

图 4    850 hPa 水汽通量(a:21 日 08 时;b:21 日 14 时)

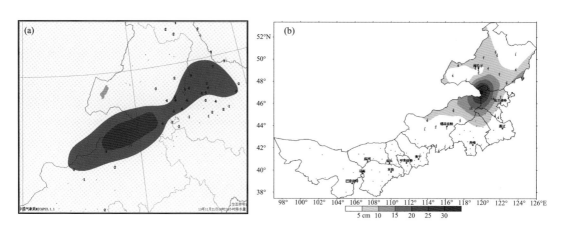

图 5    2010 年 11 月 22 日 08 时 24 h 降雪量图(a)和积雪深度分布图(b)(单位:cm)

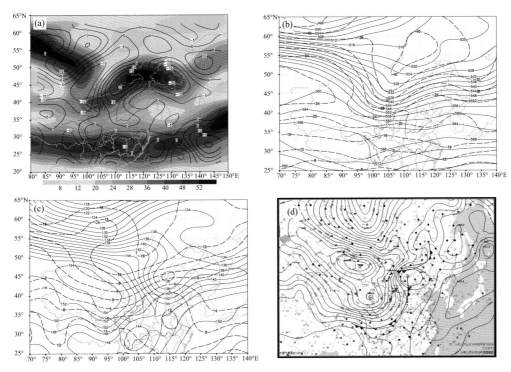

图 6　2010 年 11 月 20 日 20 时 300 hPa 高空急流(a)(等值线为散度,阴影为全风速),
500 hPa(b)和 850 hPa(c)形势场(实线为高度,虚线为温度),以及地面图(d)

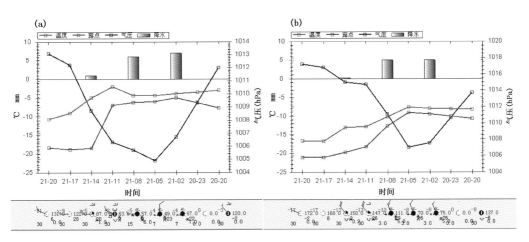

图 7　2010 年 11 月 20 日 20 时至 21 日 20 时索伦(a)、阿尔山(b)地面要素时间演变图

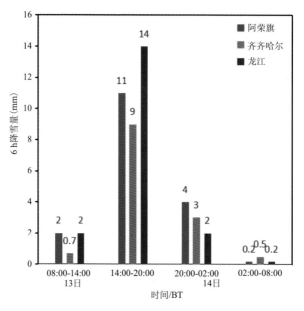

图 8　2016 年 11 月 13 日 08∶00 至 14 日 08∶00 阿荣旗、
齐齐哈尔、龙江 6 h 降雪量（单位∶mm）

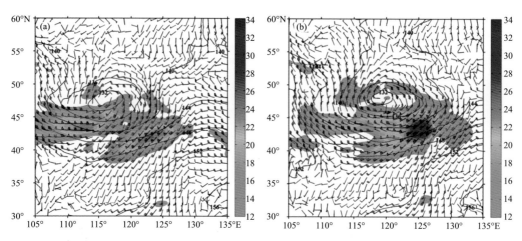

图 9　2016 年 11 月 13 日 14∶00(a)、20∶00(b) 850 hPa 环流形势综合图
（蓝色实线，850 hPa 等高线，单位∶dagpm，风羽，850 hPa 风场，单位∶m・s⁻¹，
阴影，850 hPa 低空急流，单位∶m・s⁻¹）

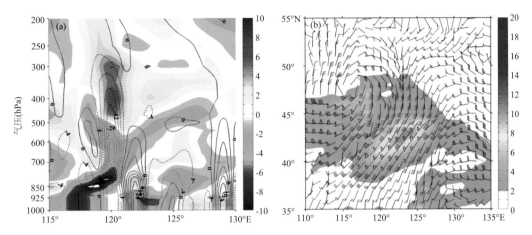

图 10　2016 年 11 月 13 日 14:00(a)沿 47°N 散度和垂直速度剖面图(黑线,垂直速度,单位:$10^{-1}$ Pa·s$^{-1}$;
阴影,散度,单位:$10^{-5}$ s$^{-1}$)、(b)850 hPa 水汽通量和风场($u$、$v$ 风合成场)(阴影,水汽通量,单位:
g·cm$^{-1}$·hPa$^{-1}$·s$^{-1}$;风羽,850 hPa 风场,单位:m·s$^{-1}$)

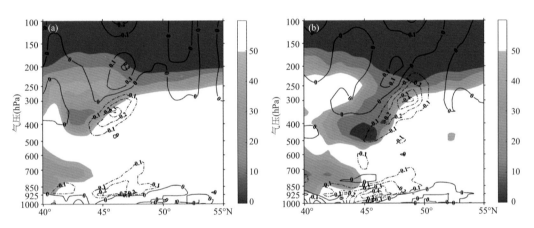

图 11　2016 年 11 月 13 日 14:00(a)、20:00(b)MPV2、相对湿度沿 123°E 剖面图
(黑线,MPV2,单位:PVU;1PVU=$10^{-6}$ m$^2$·s$^{-1}$·K·kg$^{-1}$;阴影,相对湿度,单位:%)

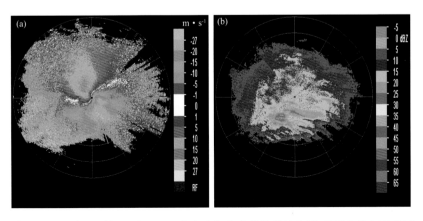

图 12　2016 年 11 月 13 日 16:54 齐齐哈尔市多普勒雷达(a)1.5°仰角径向速度图
(单位:m·s$^{-1}$)、(b)2.4°仰角反射率因子图(单位:dBZ)

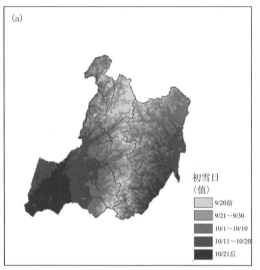
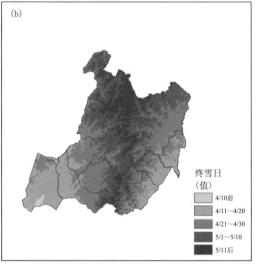

图 13　呼伦贝尔市平均积雪初日(a)、终日(b)空间分布

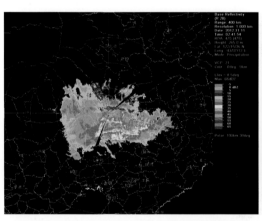
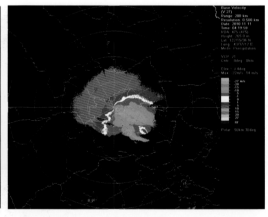

图 14　2012 年 11 月 11 日 02:41 反射率因子　　　图 15　2010 年 11 月 11 日 04:19 基本速度

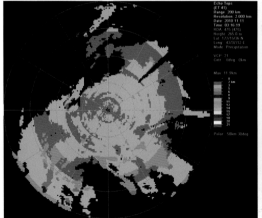

图 16　2010 年 11 月 11 日 03:16 回波顶高　　　图 17　2010 年 3 月 14 日 07:18 垂直风廓线

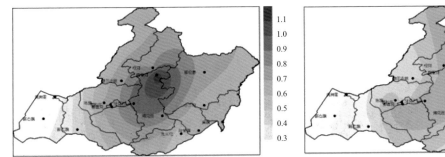

图 18　呼伦贝尔市各站大雪年均次数

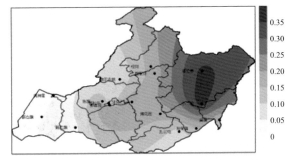

图 19　呼伦贝尔市各站暴雪年均次数

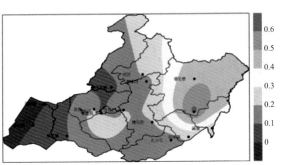

图 20　呼伦贝尔市暴雪与大雪比值

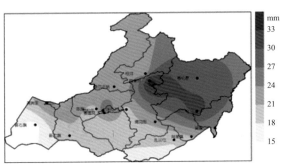

图 21　呼伦贝尔市降雪量极值

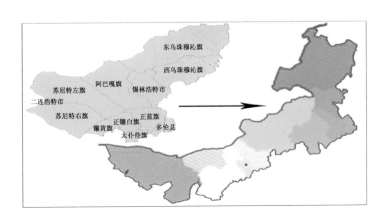

图 22　锡林郭勒盟气象站点分布图

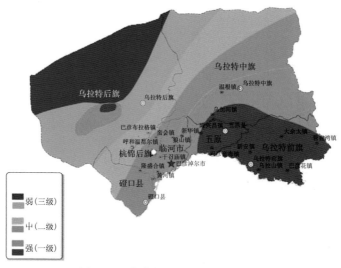

图 23　巴彦淖尔市雪灾等级分布图

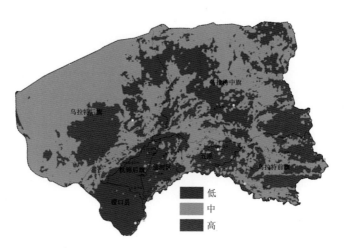

图 24　巴彦淖尔市雪灾风险区划图

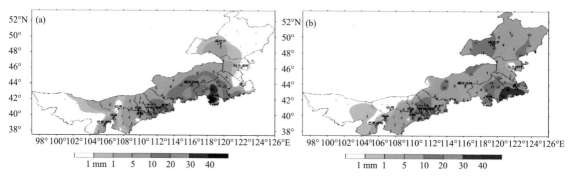

图 25　(a)11 月 2 日至 6 日累计降雪量分布图(单位:mm);(b)11 月 9 日至 13 日累计降雪量分布图(单位:mm)

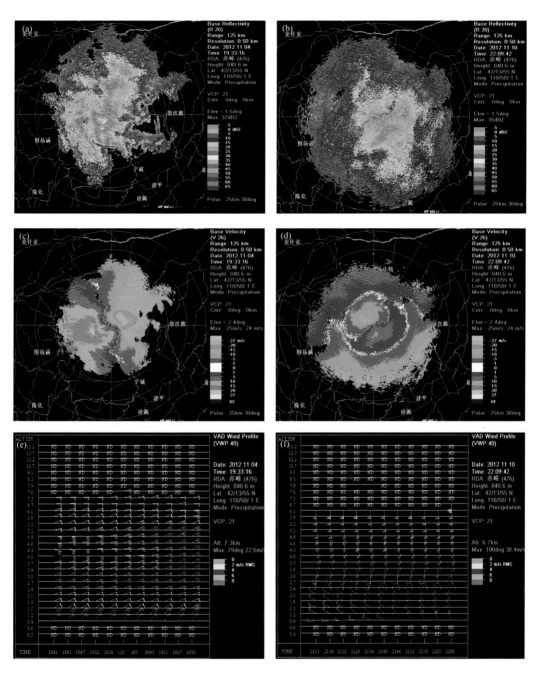

图 26 赤峰站雷达反射率因子 1.5°(a,b)、平均径向速度 2.4°(c,d)以及 VWP(e,f)产品

(a,c,e)2012 年 11 月 04 日 19:33:16;(b,d,f)2012 年 11 月 10 日 22:09:42

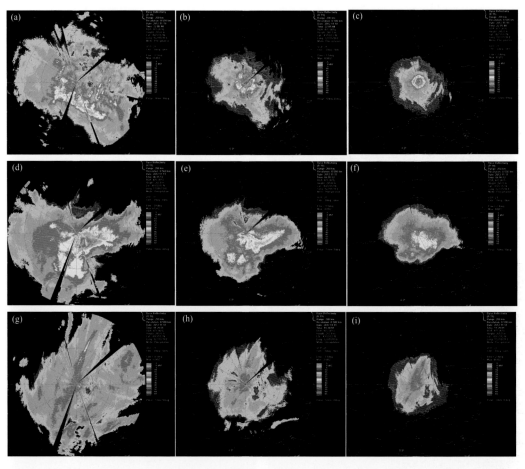

图 27　通辽站不同时段、不同仰角雷达反射率因子产品:(a,b,c)2012 年 11 月 10 日 22:05:44;(d,e,
f)2012 年 11 月 11 日 06:05:52;(g,h,i)2012 年 11 月 11 日 11:20:01;其中(a,d,g)为 0.5°仰角(b,e,h)
为 1.5°仰角(c,f,i)为 2.4°仰角

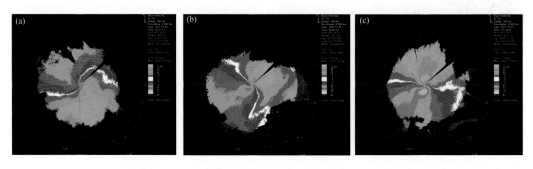

图 28　通辽站 1.5°仰角平均径向速度图:(a)2012 年 11 月 10 日 18:37:12;
(b)2012 年 11 月 11 日 06:05:52;(c)2012 年 11 月 11 日 11:20:01

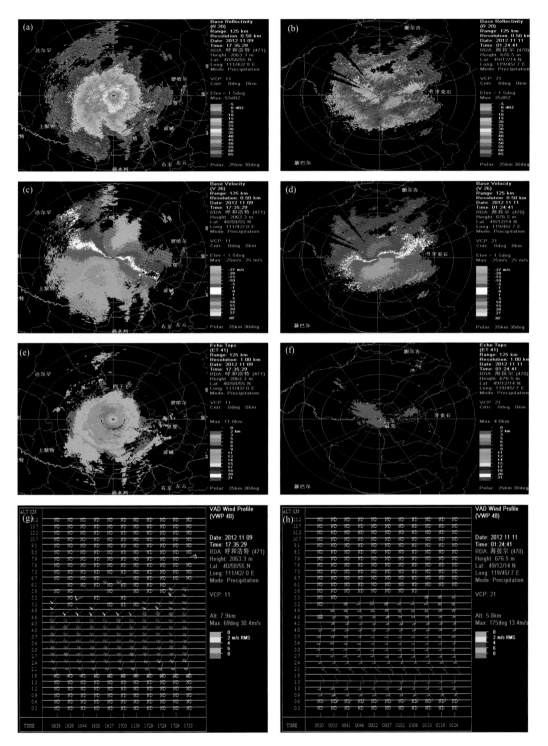

图 29　呼和浩特站和海拉尔站雷达反射率因子 1.5°R20(a,b)、平均径向速度 1.5°V26(c,d)、回波顶高 ET41(e,f)和 VWP(g,h)产品:(a,c,e,g)呼和浩特站 2012 年 11 月 09 日 17:35:29;(b,d,f,h)海拉尔站 2012 年 11 月 11 日 01:24:41

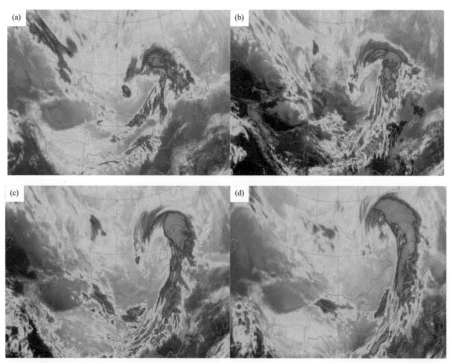

图 30　2016 年 3 月 4 日 08 时(a)、14 时(b)、20 时(c)、02 时(d)、05 时(e)红外云图

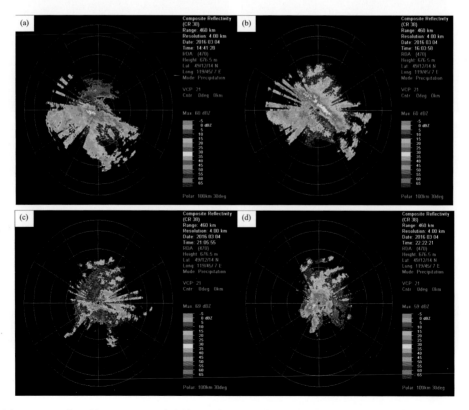

图 31　2016 年 3 月 4 日 50527 雷达站 15 时(a)、16 时(b)、21 时(c)、22 时(d)组合反射率因子